住房和城乡建设部“十四五”规划教材

高等院校智能建造专业“互联网+”创新规划教材

智能建造概论

主　编　刘文锋　廖维张　胡昌斌

内 容 简 介

智能建造专业是“土木工程 + 人工智能”的新工科专业，也是我国新开设的土木工程特色专业，目前急需相关教材。智能建造概论是智能建造专业的一门专业课。本书以智能建造的应用需求为导向，以智能建造概论的专业基础知识和关键技术为主线，全面、系统地介绍了绪论、智能建造的基础共性技术、智能规划与设计、智能生产、智能施工、智能运维和智慧基础设施。

本书内容全面、新颖，具有系统性、知识性、实用性和可读性的特点，尽量少用公式，多介绍技术思想和要点，简洁明了、通俗易懂。背景和拓展知识通过二维码嵌入，力求使读者能快速熟悉智能建造的概况。同时配套了丰富的学习资源及学习模块，涵盖教学课件、思维导图、本章小结、复习思考题等，拓展了教材内容。

本书可作为普通高等院校、职业高等院校、继续教育学院的智能建造、土木工程、工程管理等专业的教材，也可作为建筑设计、施工、监理、咨询、科研、管理等各类从业人员学习智能建造的参考书。

图书在版编目 (CIP) 数据

智能建造概论 / 刘文锋，廖维张，胡昌斌主编．—北京：北京大学出版社，2021.9

高等院校智能建造专业“互联网 +”创新规划教材

ISBN 978-7-301-32425-7

Ⅰ.①智… Ⅱ.①刘… ②廖… ③胡… Ⅲ.①智能技术—应用—土木工程—概论 Ⅳ.①TU

中国版本图书馆 CIP 数据核字（2021）第 170942 号

书　　名　智能建造概论
ZHINENG JIANZAO GAILUN

著作责任者　刘文锋　廖维张　胡昌斌　主编

策划编辑　赵思儒　杨星璐

责任编辑　范超奕　赵思儒

数字编辑　蒙俞材

标准书号　ISBN 978-7-301-32425-7

出版发行　北京大学出版社

地　　址　北京市海淀区成府路 205 号　100871

网　　址　http://www.pup.cn　　新浪微博：@ 北京大学出版社

电子邮箱　编辑部 pup6@pup.cn　　总编室 zpup@pup.cn

电　　话　邮购部 010-62752015　　发行部 010-62750672　　编辑部 010-62750667

印 刷 者　三河市北燕印装有限公司

经 销 者　新华书店

787 毫米 ×1092 毫米　16 开本　16 印张　382.5 千字

2021 年 9 月第 1 版　2023 年 8 月修订　2024 年 1 月第 6 次印刷

定　　价　49.00 元

前言 Preface

2020年8月住房和城乡建设部等13部委发布《关于推动智能建造与建筑工业化协同发展的指导意见》，我国智能建造落地实施的大幕已经拉开，急需培养大批从事智能建造的专业人才，智能建造专业的教材建设十分迫切。

本书以智能建造的应用需求为导向、以智能建造的专业基础知识和关键技术为主线进行编写。同时融入党的二十大内容，贯彻党的二十大精神。本书共分7章：第1章绪论，介绍土木工程建造的历史发展、装配式建造、数字建造和智能建造，重点阐述智能建造的发展历程、应用需求和技术体系；第2章智能建造的基础共性技术，介绍人工智能、大数据、云计算、物联网、5G技术和BIM技术，重点阐述与智能建造相关的新一代信息与智能技术知识；第3章智能规划与设计，介绍智能规划和智能设计，重点阐述智能规划和智能设计解决建造问题的新思路和新方法；第4章智能生产，包括智能生产概述、智能生产框架及平台、智能生产流程、智能生产案例分析，重点阐述基于智能工厂的建造构件的关键技术和生产流程；第5章智能施工，包括智能施工概述、智能施工关键技术与应用、智慧工地，重点阐述基于人机协同的施工关键技术和管理平台；第6章智能运维，介绍智能运维模式与发展趋势、实现智能运维的技术途径、建筑智能运维案例分析，重点阐述数字化、网络化和智能化环境下的运维管理技术和模式；第7章智慧基础设施，包括智慧基础设施概述、结构健康监测与防灾减灾、桥梁健康监测、智能交通和路面养护管理系统，重点阐述基础设施的智慧化和土木工程防灾减灾。

本书由青岛理工大学土木工程学院教授刘文锋、北京建筑大学土木与交通工程学院教授廖维张、福州大学土木工程学院教授胡昌斌任主编。本书具体编写分工如下：第1～3章由刘文锋编写，第4～6章由廖维张编写，第7章由胡昌斌编写，全书统稿工作由刘文锋负责。

本书在编写过程中，参考了大量国内外教材、专著、论文和研究报告，武汉大学城市设计学院特聘讲师李策参与了部分章节编写的前期准备工作，广联达科技股份有限公司提供了部分案例，王全杰和刘思海参与了教材章节目录的讨论，在此对相关资料的作者及给予帮助的同人一并表示感谢。

由于编者的水平和时间有限，书中不当之处在所难免，敬请广大读者批评指正。

资源索引

编　者

2023年6月

本书课程思政元素

本书课程思政元素从“格物、致知、诚意、正心、修身、齐家、治国、平天下”中国传统文化角度着眼，再结合社会主义核心价值观“富强、民主、文明、和谐、自由、平等、公正、法治、爱国、敬业、诚信、友善”设计出课程思政的主题。然后紧紧围绕“价值塑造、能力培养、知识传授”三位一体的课程建设目标，在课程内容中寻找相关的落脚点，通过案例、知识点等教学素材的设计运用，以润物细无声的方式将正确的价值追求有效地传递给读者。

本书的课程思政元素设计以“习近平新时代中国特色社会主义思想”为指导，运用可以培养大学生理想信念、价值取向、政治信仰、社会责任的题材与内容，全面提高大学生缘事析理、明辨是非的能力，把学生培养成为德才兼备、全面发展的人才。

每个思政元素的教学活动过程都包括内容导引、展开研讨、总结分析等环节。在课程思政教学过程，老师和学生共同参与其中，在课堂教学中教师可结合下表中的内容导引，针对相关的知识点或案例，引导学生进行思考或展开讨论。

页码	内容导引	思考问题	课程思政元素
2	土木工程建造的历史发展	1. 科学技术是如何推动土木工程发展的？ 2. 举例说明历史上世界各国具有代表性的建筑体现了怎样的文化内涵？	科技发展 传统文化 世界文化
5	建造施工装配化、工业化	近年来，我国出台了一系列发展装配式建筑的政策，这对于我国建筑业发展有什么重要意义？	工业化 产业升级
12	土木工程建造向可持续方向发展	土木工程建造的可持续发展可以在哪些方面着手？	可持续发展
14	装配式建筑国内外发展概况	了解发达国家的装配式建造技术特点。 结合我国建筑业现状，谈谈我国装配式建造技术的发展方向。	国际视野 西为中用 产业发展
37	智能建造	查阅“中国工程科技2035发展战略研究”确定的发展领域及其子领域，了解前沿科技发展方向。	国家战略 科技前沿
56	大数据技术的发展	《中华人民共和国个人信息保护法》将于2021年11月1日起施行，在移动互联网大数据时代，这一法律的施行有怎样的意义？	国家安全 依法治国
84	5G技术的发展	中国、美国和韩国作为全球5G商用第一梯队的国家，5G技术的发展呈现出不同特点，我国的优势是什么？其他国家的5G发展经验对我国有什么启示？	先发优势 产业崛起
91	BIM在国内的发展	1. 我国出台的一系列发展BIM的政策对BIM在国内的快速发展有什么重要意义？ 2. 作为未来的建筑业从业人员，掌握BIM技术职业发展会有怎样的影响？	制度自信 发展意识

注：教师版课程思政设计内容可联系出版社索取。

目录

Contents

第 1 章 绪论

思维导图

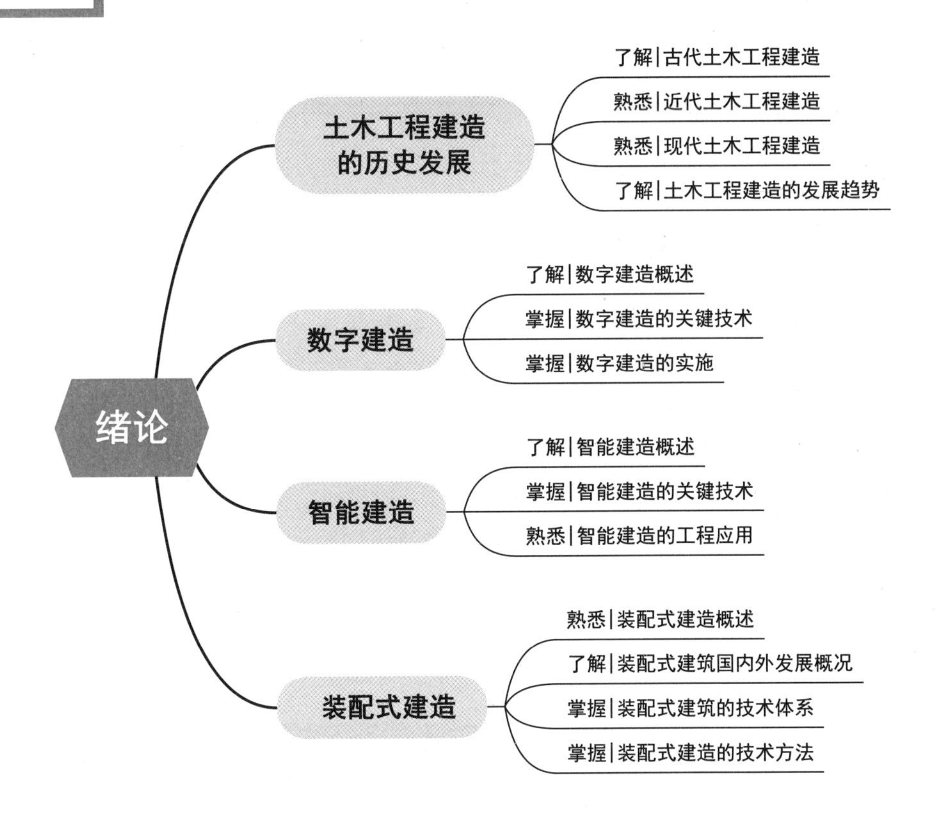

绪论
土木工程建造的历史发展
了解|古代土木工程建造
熟悉|近代土木工程建造
熟悉|现代土木工程建造
了解|土木工程建造的发展趋势
数字建造
了解|数字建造概述
掌握|数字建造的关键技术
掌握|数字建造的实施
智能建造
了解|智能建造概述
掌握|智能建造的关键技术
熟悉|智能建造的工程应用
装配式建造
熟悉|装配式建造概述
了解|装配式建筑国内外发展概况
掌握|装配式建筑的技术体系
掌握|装配式建造的技术方法

1.1 土木工程建造的历史发展

土木工程是建造各类工程设施的科学技术的总称。它不但包括土木工程建设的对象，即建造在地上或地下、陆上或水中，直接或间接为人类生产、生活、军事、科研服务的各种工程设施，如房屋、道路、桥梁、隧道、铁路、机场、港口、给水排水及防护工程等，还包括所应用的材料、设备和所进行的咨询、勘测、设计、施工、监理、保养维修等技术活动。

自从人类出现以来，为了满足住和行及生产活动的需要，从构木为巢、掘土为穴的原始工程，到今天建造的摩天大楼、跨海大桥、海底隧道，以至移山填海的宏伟工程，土木工程经历了漫长的发展过程。总体来说，土木工程的发展经历了古代、近代和现代三个阶段。古代土木工程的发展大致从新石器时代（约公元前5000年起）开始到17世纪中叶；近代土木工程的发展时间跨度为17世纪中叶到第二次世界大战结束（20世纪中叶），历时300余年，是土木工程发展史中迅猛前进的阶段；现代土木工程的发展为第二次世界大战结束后至今。

1.1.1 古代土木工程建造

古代土木工程建造所用材料大多就地取材。最早土木工程所用材料大多是天然材料（如泥土、树木、茅草、砾石），后来才逐步发展到土坯、石材、砖、瓦、木材、青铜、铁及混合材料（如草筋泥、混合土）等人工材料。最早使用的工具是石斧、石刀等，后来发展到了斧、凿、钻、锯、铲等青铜和铁制工具，同时兴起了窑制技术和煅烧技术，出现了简易型打桩机、简易型桅杆式起重机等机械。古代世界各国的土木工程建造几乎全靠经验和身手相传，缺乏系统的理论依据和指导。这一时期的土木工程特点可概括为“设计没有理论，建造依靠经验，材料取自天然，工具原始简单”。中国的长城（图1.1）、京杭大运河、都江堰、故宫，古埃及的金字塔（图1.2）及欧洲的米兰大教堂、巴黎圣母院等哥特式建筑等是古代土木工程的优秀代表。

图1.1 长城

图 1.2 金字塔

拓展讨论

传承至今的长城、京杭大运河、都江堰、故宫，既是我国古代先进工程技术的体现，也是我国古代传统文化中艺术和哲学思想的载体。结合党的二十大报告提出的传承中华优秀传统文化，请讨论如何在现代土木工程中传承中国传统文化？

1.1.2 近代土木工程建造

17 世纪 60 年代—19 世纪 40 年代，社会经济基础发生了巨大的变革，科学技术出现飞跃式发展，也促进了土木工程的快速发展和巨大进步。近代土木工程的发展主要表现在以下几个方面。

（1）在理论方面，以力学和结构理论为核心构建起了学科的理论基础，理论力学、材料力学、结构力学、土力学等学科逐渐形成，为土木工程设计提供了分析方法。设计理论的发展保证了工程结构的安全和人力物力的节约。结构形式在不断地创新、改进和发展，出现了桁架、框架、拱结构等结构形式。理论上的突破又极大地促进了工程实践的发展，促使了土木工程学科的日臻完善和成熟。

（2）在材料方面，砖、瓦、木、石等建筑材料得到广泛的使用，混凝土、钢材、钢筋混凝土及早期的预应力混凝土等新型人工合成材料开始大规模应用。

（3）在施工方面，不断出现的新工艺和新机械，使得施工技术水平不断提升，建造规模迅速膨胀，建造速度不断提高。

近代土木工程建造在理论和实践上都臻于成熟，可称为成熟时期，其发展的规模和速度大大超过了古代。

1.1.3 现代土木工程建造

近代的建造理论、工程材料和施工方法为土木工程建造的进一步发展奠定了坚实的基础。第二次世界大战以后，许多国家经济逐步腾飞，现代科学日益进步，又为土木工程的进一步发展提供了强大的动力和技术支撑。现代土木工程的特征之一是工程设施与它的使用功能或生产工艺紧密地结合在一起。土木工程与各行各业紧密相连、相互渗透、相互支持、相互促进，使土木工程建造出现了崭新的面貌，有力地支撑了现代经济社会的发展，这一阶段土木工程建造的特点可概括为以下几个方面。

1. 建造理论科学化、精确化

理论上的成熟和进步，是现代土木工程的一大特征。一些新的理论与分析方法，如计算力学、结构动力学、动态规划、网络、随机过程和波动理论等已深入到土木工程的各个领域。特别是随着计算机的问世和普及，其测试手段、分析方法、数据处理和动态管理等展现出了一幅全新的图景。许多复杂的工程过去无法进行分析，也难以模拟，现在由于现代技术和计算机的应用，以往存在的问题已逐步得到了解决。1981 年英国建成单跨达 1410m 的亨伯（Humber）悬索桥。1959 年巴黎建成的多波双曲薄壳的跨度达 210m。1976 年美国新奥尔良建成的网壳穹顶直径为 2073m。1975 年美国密歇根建成的庞蒂亚克体育馆充气塑料薄膜覆盖面积达 35000m^2，可容纳观众 8 万人。1983 年西班牙建成单跨达 440m 的卢塞纳（Lucena）预应力混凝土斜拉桥。在中国，薄壳、悬索、网架、网壳充气和混合结构大跨度建筑蓬勃发展，斜拉桥、悬索桥和预应力混凝土拱桥也大量兴建。2008 年建成的北京奥运会主体育馆“鸟巢”可容纳观众 9 万人，采用 Q460 高强钢材，结构主要由巨大的门式刚架组成，大跨度屋盖支撑在 24 根桁架柱上，如图 1.3 所示。2008 年建成的国家游泳中心又被称为“水立方”，它是根据细胞排列形式和肥皂泡天然结构设计而成的，堪称世界膜结构之最，如图 1.4 所示。

图 1.3 “鸟巢”

图 1.4 “水立方”

土木工程涉及的材料特性、结构分析、结构抗力计算、极限状态理论，在土木工程的各个分支中都得到了充分发展。理论分析由线性分析到非线性分析，由平面分析到空间分析，由单个分析到系统的综合整体分析，由静态分析到动态分析。美国、苏联开始将可靠性理论引入土木工程领域，设计方法建立在作用效应和结构抗力的概率分析基础上，由经验定值分析到随机分析乃至随机过程分析，由数值分析到模拟试验分析，由人工手算、人工做方案比较、人工制图到计算机辅助设计、计算机优化设计、计算机制图。计算机也远不只是用于结构的力学分析，而是渗透到土木工程的各个领域，如计算机辅助设计、辅助制图、现场管理、网络分析、结构优化、专家系统，乃至人工智能等。工程地质、土力学和岩体力学的发展为研究地基、基础和开拓地下、水下工程创造了条件。结构抗震理论由反应谱理论、两水准三阶段设计向性能化设计、韧性抗震方向发展。以工程决策、多目标全局和全寿命优化、不确定信息的科学处理、智能专家系统、反馈理论及结构性态控制等为内涵的智能设计方法已开始应用。以上土木工程建造理论给土木工程这个古老的学科带来了蓬勃发展的生机，现已经达到相当高的水平。

2. 工程材料高强化、轻质化

现代土木工程的材料进一步高强化和轻质化。工程用钢的发展趋势是采用低合金钢。中国从20世纪60年代起推广锰硅系列和其他系列的低合金钢，大大节约了钢材用量并改善了结构性能。高强钢丝、钢绞线和粗钢筋的大量生产，使预应力混凝土在桥梁、建筑等工程中得以推广，C50～C80号混凝土已在工程中普遍应用。普通混凝土向轻骨料混凝土、加气混凝土和高性能混凝土方向发展，使混凝土的容量由24.0kN/m^{3}降至6.0～10.0kN/m^3，抗压强度从20～40N/mm^{2}提高到60～100N/mm^2，轻集料混凝土和加气混凝土已应用于高层建筑。例如，美国休斯敦的贝壳广场大楼，用普通混凝土只能建造35层，改用陶粒（轻集料）混凝土后，自重大大减轻，用同样的造价可建造52层。而大跨、高层、结构复杂的工程又反过来要求混凝土进一步高强化、轻质化。钢材也向低合金、高强度方向发展，高强钢材与高强混凝土的结合使预应力结构得到较大的发展，在桥梁、建筑工程中已广泛应用预应力混凝土结构。此外，铝合金、镀膜玻璃、石膏板、建筑塑料、玻璃钢等工程材料发展迅速。

新材料的出现与传统材料的改进是以现代科学技术的进步为背景的，从20世纪80年代起，随着材料技术和大规模集成电路技术的进步，美国军方率先提出并开始了智能材料的应用。智能材料在土木工程领域的应用主要有两个方面：一方面是具有自诊断和自适应功能的“机敏混凝土”系统，另一方面是具有感应和自我调节功能的“智能减震”系统。在智能建造方面，中国也呈现出了良好的发展势头，中国目前智能建造的投资约占建造总投资的5%～8%，有的地区可达10%。

3. 建造施工装配化、工业化

建造施工装配化、工业化是以构件预制化生产、装配式施工为生产方式，以设计标准化、构件部件化、施工机械化为特征，整合设计、生产、施工等完整产业链，实现建筑产品节能、环保、全生命周期价值最大化的持续发展的新型建筑生产方式。20世纪50年代人们开始逐渐认识装配式建筑，20世纪60年代初人们开始初步研究装配式建筑的施工方法，并形成了一种新兴的建筑体系。到了20世纪80年代，装配式建筑开始在我国有了一定发展，但是由于装配式建筑存在局限性和不足之处，加之我国当时的设计水平和施工水平有限，装配式建筑发展缓慢。2010年以后，国家密集出台发展装配式建筑的政策，确立以装配式混凝土结构、钢结构和木结构为主要形式，来发展建筑工业化的目标。装配式建筑发展迅速，从2012年新建面积1425万m^2，逐步增长到2020年新建面积63000万m^2。

从我国目前各地在装配式建筑的实施情况来看，装配式建造方式相对于传统建造方式，在资源利用、进度控制、质量控制、成本控制等方面的优势并不明显。因此，业内也正在探讨基于施工现场的工业化建造技术，取消施工现场对模板与钢筋仍然采用现场加工方式等不符合建筑工业化要求、耗费大量人工并产生大量建筑垃圾的作业方式，研发并推广应用新型模板与模架技术、钢筋集中加工配送体系，以实现现浇体系的工业化建造。如采用大型集成化、机械化的施工平台，以减少现场劳动作业量和对环境的影响。在这方面做出的具有代表性的探索有碧桂园集团研发的SSGF建造体系、万科的“5＋2＋X”建造体系及卓越集团研发的空中造楼机，如图1.5所示。

(a) SSGF建造体系

(b)“5＋2＋X”建造体系

(c) 空中造楼机

图1.5　新型建造体系与技术

4. 工程功能多样化、规模宏大化

复杂的现代工业流程和日益提升的生活水平，对土木工程提出了各种专门的要求，现代土木工程的功能化问题日益突出，工程设施必须满足使用功能或生产工艺需求。有的工程规模极为宏大，如大型水坝混凝土用量达数千万立方米，大型高炉基础的混凝土用量也达数千立方米；有的工程则要求十分精密，如电子工业和精密仪器工业要求工业建筑能防微振。土木工程日益同它的使用功能或生产工艺紧密结合，公共和住宅建筑物要求建筑、结构、给水、排水、采暖、通风、燃气、供电等要素结合成整体，工业建筑物往往要求恒温、恒湿、防微振、防腐蚀、防辐射、防火、防爆、防磁、防尘、防高（低）温、耐高（低）湿，并向大跨度、超重型、灵活空间方向发展。

对土木工程有特殊功能要求的各类特种工程结构也发展起来。例如，核工业的发展带来了新的工程类型。20世纪80年代初世界上已有23个国家拥有27座核电站，另外在建的还有613座，分布在40个国家。中国从20世纪50年代以来建成了60余座加速器工程。我国海洋工程发展迅速，20世纪80年代初海底石油的产量已占世界石油总产量的23%，海上钻井已达3000多口，固定式钻井平台已有300多座。目前在渤海、南海等处已开采海底石油，海洋工程已成为土木工程的新分支。

5. 城市建设绿色化、立体化

随着经济的发展、人口的增长，城市用地更加紧张，交通更加拥挤，这就迫使房屋建筑和道路交通向高空和地下发展，高层建筑成了现代化城市的象征。现代高层建筑由于设计理论的进步和材料的改进，出现了新的结构体系，如筒体、筒中筒、束筒结构等。1967年苏联莫斯科建成高537m的莫斯科电视塔。1973年美国芝加哥建成高达443m的西尔斯

(Sears)大厦，其高度比1931年建造的纽约帝国大厦高出65m。1976年加拿大多伦多建成的多伦多电视塔为三肢抱中心圆构成的Y形截面预应力混凝土结构，高549m。1995年我国建成的上海电视塔“东方明珠”，高468m。1996年马来西亚建成高450m的吉隆坡双子塔（图1.6)。1997年我国建成的上海金茂大厦采用钢筋混凝土和钢结构的混合结构，高421m（图1.7)。2008年采用钢结构建造的上海环球金融大厦高达460m。2009年建成的广州塔高达600m，为中国第一高塔。2010年迪拜建成的哈利法塔为束筒结构，总高达828m，造价15亿美元，为当前世界第一高楼与人工构造物（图1.8)。2012年建成的东京晴空塔（又称“天空树”），高达634m（图1.9)。2017年建成的上海中心大厦，高达632m。

图1.6 吉隆坡双子塔

图1.7 上海金茂大厦

在地下结构方面，地铁在近几十年得到快速发展。中国首条地铁线路在1969年通车，目前地铁已基本覆盖我国省会城市，并成为城市交通的重要组成部分。地下城市空间开发利用发展十分广泛，地下停车库、地下油库日益增多。城市道路下面密布着电缆、给水、排水、供热、供燃气的管道，构成城市的脉络。现代城市建设已经成为一个立体的、有机的系统，对土木工程各个分支及它们之间的协作提出了更高的要求。

图 1.8　迪拜哈利法塔

图 1.9　东京晴空塔

6. 交通设施高速化、网络化

现代世界是开放的世界，人、物和信息的交流都要求更高的速度。1934 年德国首次开通高速公路，在第二次世界大战之后，世界各地开始了较大规模的高速公路修建。1983 年，世界高速公路总里程已达 11 万 km，很大程度上取代了铁路的职能。高速公路的里程数，已成为衡量一个国家现代化程度的标志之一。铁路出现了电气化和高速化的趋势。日本“新干线”铁路行车时速达 210km/h，法国巴黎到里昂的高速铁路运行时速达 260km/h，我国已基本建成世界上最大的“四纵四横”高铁网。2010 年 12 月 3 日中国高铁试跑出 486.1km/h 的速度，2014 年 1 月 16 日创造试验速度 605km/h（保持 10min），打破了法国列车在 2007 年 4 月 3 日从巴黎-斯特拉斯堡东线铁路上创造的 574.8km/h 的有轨列车最高时速世界纪录。

交通高速化直接促进了桥梁、隧道技术的发展。不仅穿山越江的隧道日益增多，而且出现了长距离的海底隧道。日本越过津轻海峡连接本州与北海道的青函海底铁路隧道长达 53.85km，埋深为 140m，是世界上最长的海底铁路隧道。1990 年贯通的英法海峡隧道长 50.5km，它的最浅处埋深 45m，海水深度 60m。我国于 1970 年建成通车的第一条水底隧道（上海黄浦江隧道）全长 2.76km。

1937 年建成的钱塘江大桥是中国工程师主持建设的第一座近代大跨径桥梁。1996 年建成的连接日本的本州与四国岛的明石海峡大桥，主跨 1991m，是目前世界上跨度最大的悬索桥（图 1.10）。1999 年中国建成的江阴长江大桥，主跨 1385m。1997 年建成的香港青马大桥，主跨度1377m。1997年，在四川万县建成的跨长江的混凝土拱桥，拱跨420m，居世界第一。1993年在上海建成的杨浦大桥，为斜拉桥，主跨602m。2008年建成的苏通大桥，为斜拉桥，跨度1088m。2012年建成的俄罗斯岛大桥，为斜拉桥，跨度1104m。2005年建成的润扬长江大桥，为悬索桥，跨度1409m。2018年建成的港珠澳大桥，连接中国香港、珠海、澳门三地，大桥全长55km，其中桥–岛–隧集群的主体工程长约29.6km，包括22.9km的桥梁、6.7km的海底隧道及连接隧道和桥梁的东西人工岛（图1.11)，它也是当前世界最大规模的桥–岛–隧集群工程，被英国《卫报》称为“现代世界七大奇迹”之一。

图1.10 明石海峡大桥

图1.11 港珠澳大桥

拓展讨论

党的二十大报告指出，促进区域协调发展。深入实施区域协调发展战略、区域重大战略、主体功能区战略、新型城镇化战略，优化重大生产力布局，构建优势互补、高质量发展的区域经济布局和国土空间体系。目前已部署推动了京津冀协同发展、长江经济带发展、粤港澳大湾区建设、长江三角洲区域一体化发展、黄河流域生态保护和高质量发展等区域重大战略。请查阅资料，了解除举世瞩目的粤港澳大湾区建设工程项目港珠澳大桥外，更多区域协调发展战略的成果。

1.1.4 土木工程建造的发展趋势

随着人类文明进程的发展，世界经济和科技水平将促使土木工程向以下几个方向发展。

1. 向高性能、绿色材料方向发展

随着高层、超高层建筑及大跨度结构的兴建，土木工程对材料的强度要求越来越高的同时又希望减轻结构自重。钢材将朝着高强度，具有良好的塑性、韧性和可焊性方向发展。日本、美国、俄罗斯等国家已经把屈服点为700N/mm^{2}以上的钢材列入了国家标准。高性能混凝土及其他复合材料也将向着轻质、高强度、良好的韧性和工作性方向发展。目前的化学合成材料主要用于门窗、管材、装饰材料，今后的发展是向大面积围护材料及结构骨架材料发展。目前，碳纤维以其轻质、高强度、耐腐蚀等优点用于结构补强，在其成本降低后有望用作混凝土的加劲材料，国外已经采用碳纤维钢筋网和碳纤维绞线。传统混凝土的使用将受到限制，会采用污染少、能重复利用的材料，固废材料制作的混凝土将得到广泛研究和应用。对建筑能耗影响巨大的墙体围护材料，也将朝着节能、环保、高效方向发展。智能材料应用于土木工程，将使工程结构由不变的、无智能的和无生命的，向可变的、有智能的和有生命的方向发展。

2. 向高空、地下、海洋、荒漠、太空开拓

(1) 向高空延伸。

为了解决城市土地供求矛盾，城市建设将向高空方向发展。例如高层建筑，目前最高的摩天大楼迪拜哈利法塔总高828m，是将商业、娱乐等融于一体的竖向城市。而中国计划在上海附近的1.6km宽、200m深的人工岛上建造一栋高1250m的仿生大厦，容纳居民可达10万人。

(2) 向地下发展。

1991年在日本东京召开的地下空间利用国际会议通过了《东方宣言》，提出“21世纪是人类开发利用空间的世纪”，建造地下建筑将有效改善城市拥挤、耗费能源和噪声污染等问题。1993年日本开始建造的东京新丰州地下变电所，深达地下70m。我国城市地下空间的开发尚处于初步发展阶段，目前已有或在建地下建筑的城市包括北京、上海、广州、西安、郑州、南昌、哈尔滨、兰州、济南、青岛等。

(3) 向海洋拓展。

为了防止机场噪声对城市居民的影响，也为了节约使用陆地，许多机场已开始填海造地。如中国澳门机场、日本关西国际机场等都修筑了海上人工岛，在岛上建造跑道和候机楼。迪拜的哈利法塔也是填海而建。现代海上采油平台体积巨大，在平台上建有生活区，工人在平台上可持续工作几个月，如果将平台扩大，建成海上城市是完全可能的。

(4) 向荒漠进军。

全世界约有1/3的陆地是荒漠，每年约有600万km^{2}的耕地被风沙侵蚀。若能有效地控制和治理荒漠，将极大地缓解人口压力。为争取可利用土地，对荒漠的改造在未来将不可忽视。世界未来学会对22世纪初世界十大工程设想之一是将西亚和非洲的沙漠改变成绿洲。在缺乏地下水的沙漠地区，学者们正在研究开发使用沙漠地区的太阳能淡化海水的可行方案，该方案一旦实施，将会启动近海沙漠地区大规模的建设工程。我国沙漠输水工程已经全线建成试水，顺利地引黄河水入沙漠。我国首条沙漠高速公路——榆靖高速公路已于2003年全线动工通车，全长116km。

（5）向太空迈进。

向太空迈进是人类长期的梦想，地球资源有限，而且由于近些年来的开发，许多重要资源（如石油）的储量急剧减少，人类不得不开始考虑前往太空寻找资源。现已证实月球上的岩石可以制成水泥，因此，土木工程在太空有发展的可能。随着太空站和月球基地的建立，人类可向火星进发。

3. 向信息化和智能化方向发展

信息化和智能化技术在工业、农业、运输业和军事工业等各行各业中得到了越来越广泛的应用，土木工程也不例外，将这些高新技术应用于土木工程将是今后相当长时间内的重要发展方向。

（1）信息化施工。

所谓信息化施工，是指在施工过程中各部分、各阶段广泛应用信息技术，对工期、人力、材料、机械、资金、进度等信息进行收集、存储、处理和交流，并加以科学地综合利用，为施工管理及时准确地提供决策依据。例如，在隧道及地下工程中将岩土样品性质的信息和掘进面的位移信息收集集中、快速处理，及时调整并指挥下一步挖掘及支护，可以大大提高工作效率并避免事故。信息化施工还可通过网络与其他国家和地区的工程数据库联系，在遇到疑难问题时可及时查询和解决。信息化施工可大幅度提高施工效率和保证工程质量，减少工程事故，有效控制成本，实现施工管理现代化。

（2）智能化建筑。

智能化建筑还没有确切的定义，但有两个方面的要求应予以满足：房屋设备应用先进的计算机系统监测与控制，并可通过自动优化或人工干预来保证设备运行的安全、可靠、高效；房屋设备应安装对居住者的自动服务系统。对于办公楼来讲，智能化要求配备办公自动化设备、快速通信设备、网络设备、房屋自动管理和控制设备。

（3）智能化交通。

欧美已于20世纪90年代开始研究智能化交通，目前中国也在迎头赶上。智能化交通一般包括以下几个系统：交通管理系统、交通信息服务系统、车辆控制系统、车辆调度系统、公共交通系统等。智能化交通应具有信息收集、快速处理、优化决策、大型可视化等功能。

（4）计算机仿真分析和虚拟技术。

土木工程的计算机仿真分析和虚拟技术的应用是今后需要重点研究和加以应用的课题。许多工程结构是毁于台风、地震、火灾、洪水等灾害作用。在这种小概率、大荷载作用下，工程结构性能很难一一去做试验验证，原因在于参数变化条件不可能全模拟，实体试验成本过高及因破坏试验有危险性，设备达不到要求。计算机仿真技术可以模拟工程结构在灾害荷载作用下从变形到倒塌的全过程，从而揭示结构不安全部位和因素，用此技术指导设计可大大提高工程结构的可靠性。此外用计算机仿真技术进行抗爆、抗海啸、防火、防撞、防辐射等研究也有广泛的应用前景。

（5）健康监测。

将健康监测应用于超大跨桥梁、超大跨空间结构、超高层建筑、大型水利工程、大型海洋平台结构及核工业建筑等重大土木工程，以上建筑的使用期长达几十年甚至上百年，环境侵蚀、材料老化和荷载的长期效应、疲劳效应与突变效应等因素的耦合作用，将不可避免地导致结构抵抗自然灾害甚至正常使用的能力下降，极端情况下，也易引发灾难性的突发事故。因此，为了保障其结构的安全性、完整性、适用性与耐久性，已建成使用的许多重大工程结构和基础设施亟须采用有效的手段监测和评定其安全状况。随着传感器技术、数据传输技术、计算机技术、信号分析技术、人工智能技术等的迅速发展，人们开始研究基于计算机的自动、连续甚至实时的工程结构监测系统。目前，在超高层建筑、超大跨桥梁中，健康监测已取得了一系列成果。

4. 向可持续方向发展

在三种广泛存在的、相互联系的关系——人口快速增加、城市化进程加快、对自然资源的需要消耗日益上升，超出了供应的能力出现后，人们才认识到可持续性发展的必要性。可持续发展的原则已被广泛认同。可持续发展是指既满足当代人的需要，又不对后代人满足其需要的发展构成危害。土木工程的可持续发展就是发展绿色节能建筑、智能建筑等，达到人与环境的和谐统一。

拓展讨论

党的二十大报告指出，中国式现代化是人与自然和谐共生的现代化。结合我国发展现状，讨论我们在探索土木工程的发展方向时，应该在哪些领域注意人与自然的和谐共生？

1.2 装配式建造

1.2.1 装配式建造概述

我国鼓励发展装配式建筑相关政策

1. 装配式建造的意义

建筑行业传统的粗放型生产方式存在建设周期长、能耗高、污染重、生产效率低和标准化程度低等问题。同时，建筑产业工人老龄化和用工短缺的问题也日渐突显。面对日益严峻的环境和资源危机及劳动力短缺问题，必须改变建筑行业粗放的管理模式和以破坏生态环境为代价的传统生产方式，建筑业的发展迫切需要实现以标准化、工业化、集约化生产和现场装配式施工为特征的现代化生产方式，建筑产业转型和变革已成为建筑业新的根本任务。为此，国务院进一步明确提出“发展装配式建筑是建造方式的重大变革，是推进供给侧结构性改革和新型城镇化发展的重要举措，有利于节约资源能源、减少施工污染、提升劳动生产效率和质量安全水平，有利于促进建筑业与信息化、工业化深度融合，培育新产业新动能，推动化解过剩产能”。作为建筑业转型升级的方向，装配式建筑无疑是推动绿色化建造、工业化建造和信息化建造的关键技术。

2. 装配式建造的概念

（1）建筑工业化。

建筑工业化，就是用工业产品的设计和制造方法，进行房屋建筑的生产。把产品设计成具有一定批量的标准化构件，再用标准构件组装成房屋产品。在数量和规模够大时，采用先进的机械设备提高生产质量和效率、降低劳动强度，同时降低生产成本。

建筑功能的多样性，建设过程的复杂性，以及建筑产品的唯一性，导致了工业化建造具有一定的难度。组成建筑最重要的结构类型包括钢结构、混凝土结构、木结构，以及由钢构件、混凝土构件、木构件组成的混合结构等。不同的结构形式所用的材料和加工方法差别很大，例如钢结构的制造一般采用在工厂切离后焊接的方法，在工地施工时一般采用螺栓、铆钉或者焊接的组装方法。从以上可以看出不同的建筑结构形式，其生产特点差别很大，因此实现建筑工业化的方法就有很多种。钢结构和木结构一般都是在工厂生产，现场装配工，因此都是装配式建筑，其生产施工的方法可以按照工业化的方法生产，技术方法和生产工艺不需要进行太大的改进。目前，工业化建造的主要矛盾体现在混凝土建筑方面，将混凝土结构工厂预制后装配化施工是需重点解决的问题之一。

除了主体结构的建造以外，建筑一般还需要进行机电设备的安装及装饰装修才能具备完备的功能。因此，工业化建造的主要内容包括主体结构的建造、机电管线和设备的安装及装饰装修。

(2) 装配式建造。

装配式建筑是指结构系统、外围护系统、内装系统、设备与管线系统的主要部分采用预制构件集成的建筑。据此，从狭义上讲，装配式建筑是指用预制构件通过可靠的连接方式在工地上装配而成的建筑。从广义上理解，装配式建筑是指用新型工业化的建造方式建造的建筑。以钢筋混凝土为主体结构的装配式建筑，则是以工厂化生产的混凝土预制构件为主要构件，经现场装配、拼接或结合部分现浇而成的建筑。相对于传统建筑建造时高能耗、高污染的问题，装配式建筑更加节能、高效、环保，能大幅降低操作工人的劳动强度，有利于文明施工，而且其资源利用率高，产品质量易控制，现场装配施工周期短。装配式建造是工业化建造的主要内容，装配式建造以其工业化的建造方式带来设计、生产、施工全过程的建造模式，具有标准化设计、工厂化生产、装配化施工、一体化装修、信息化管理、智能化应用等建造特征。虽然在装配式建筑发展初期阶段，相比传统建筑，装配式建筑成本可能小范围有所增加，但是从长远的角度来看，其市场优势会逐渐突显。在国家倡导发展低碳、环保、节能、绿色建筑的背景下，装配式建造有着巨大的发展空间。

3. 装配式建造与传统建造的比较

装配式建造是建筑产业现代化的重要组成部分，建筑产业现代化是以建筑业转型升级为目标，以技术创新为先导，以现代化管理为支撑，以信息化为手段，以装配化建造为核心，对建筑产业链进行更新、改造和升级，用精益建造的系统方法，控制建筑产品的生成过程，实现最终产品绿色化、全产业链集成化、产业工人技能化，实现传统生产方式向现代工业化生产方式转变，从而全面提升建筑工程的质量和效益。装配式建造与传统建造的比较，见表 1-1。

表 1-1　装配式建造与传统建造的比较

内容	传统建造	装配式建造
设计阶段	不注重一体化设计 设计与施工相脱节	标准化、一体化设计 信息化技术协同设计 设计与施工紧密结合
施工阶段	以现场湿作业、手工操作为主 工人综合素质低、专业化程度低	设计施工一体化 构件生产工厂化 现场施工装配化 队伍专业化

续表

内容	传统建造	装配式建造
装修阶段	以毛坯房为主 采用二次装修	装修与建筑设计同步 装修与主体结构一体化
验收阶段	竣工分部、分项抽检	全过程质量检验、验收
管理阶段	以包代管、专业化协同弱 依赖农民工劳务市场分包 追求设计与施工各自效益	工程总承包管理模式 全过程的信息化管理 项目整体效益最大化

1.2.2 装配式建筑国内外发展概况

1. 国外装配式建筑发展概况

国外的装配式建筑始于工业革命，大规模应用和推广是在第二次世界大战之后。从最初的以满足工业化、城市化及战后复苏带来的基建及住宅需求的初级阶段，到通过相关政策确立行业标准、规范行业发展，以保证住宅质量与功能，以及以舒适化为目标推进产业化生产的快速发展阶段，目前已经发展到了相对成熟、完善的阶段。装配式建筑行业规模化程度高，技术先进，追求高品质与低能耗以及资源循环利用。日本、美国、澳大利亚、法国、瑞典、丹麦是最具典型性的国家，各国按照各自的特点，选择了不同的装配式建筑的发展道路和方式。

(1) 欧洲装配式建筑的发展。

1891 年，巴黎 Ed. Coigent 公司首次在建筑中使用装配式混凝土梁。第二次世界大战以后，欧洲各国为了加快住宅建设速度而发展了预制装配式住宅。西欧及北欧各国，在 20 世纪 60 年代中期预制装配住宅的比重占 18%～26%，之后，随着住宅紧缺的问题逐步解决而下降。苏联及东欧各国直到 20 世纪 80 年代装配式住宅的比例还在上升，如在民主德国 1915 年占 30%，1975 年占 68%，1978 年上升到 80%；波兰 1962 年占 19%，1980 年上升到 80%；苏联 1959 占 15%，1971 年占 37.8%，1980 上升到 55%。

目前在欧洲，德国、英国、法国和丹麦等国的装配式建造技术最为先进，已经形成了完整的产业体系，涵盖了建筑设计、软件和信息化工具、生产工艺、施工安装、物流运输、配套产品供应等方面，作为第一梯队引领全球的工业化建筑研发和实践。德国的装配式建筑大都因地制宜、根据项目特点选择现浇与预制构件混合建造体系或钢混结构体系建设实施，并不单纯追求高装配率，而是通过策划、设计、施工、安装、装饰各个环节的精细化优化过程，寻求项目的个性化、经济性、功能性和生态环保性能的综合平衡。英国政府明确提出英国建筑生产领域通过新产品开发、集约化组织、工业化生产以实现“成本降低 10%、缺陷率降低 20%、事故发生率降低 20%、劳动生产率提高 10%、最终实现产值利润率提高 10%”的具体目标。

欧洲装配式建筑的发展有以下几大特征。

① 欧洲国家的预制装配式结构技术从 20 世纪 60 年代到 70 年先后由专用体系向通用体系发展，构件通用程度扩大到公共建筑。欧洲大部分地区没有抗震要求，因此其装配式混凝土结构比较灵活，装配率和工业化程度很高，预应力技术在构件中应用广泛。

② 在政策标准方面，装配式建筑的发展需要政府主管部门与行业协会密切合作。规定装配式建筑首先应该满足通用建筑综合性技术的要求，同时也要满足再生产、安装方面的要求，并鼓励不同类型装配式建筑技术体系的研究，逐步形成适用范围更广的通用技术体系，推进规模化应用，以降低成本、提高效率。

③ 在环保、材料及工艺方面，注重环保建筑材料和建造体系的应用，追求建筑设计的个性化、精细化，不断优化施工工艺，改进建筑施工机械；实行建筑构件的标准化、模数化，强调建筑的耐久性；因地制宜选择合适的建造体系，发挥装配式建筑的优势，达到提升建筑品质和环保性能的目的，不盲目追求高装配率。

④ 根据装配式建筑行业的专业技能要求，建立专业水平和技能的认定体系，推进全产业链人才队伍的形成，除了关注开发、设计、生产和施工外，还注重扶持材料供应和物流等全产业链的发展。

(2) 北美装配式建筑的发展。

北美以美国为代表进行说明。美国大规模推广装配式建筑源于20世纪50年代。美国国会于1976年通过了《国家工业化住宅建造及安全法案》，同年颁布了一系列严格的行业规范标准，沿用至今。美国的装配式建筑发展不同于其他发达国家的发展路径，装配式建筑偏好钢结构＋PC挂板组合结构，广泛应用于房屋建筑，如住宅、公共建筑、养老居所、旅游度假酒店、会所、营房、农村住房等各类建筑，具有绿色、低碳、节能等特点，满足高抗震设防要求。据有关资料，所有构件工厂化生产，现场安装快捷方便，比传统建筑施工节约了60%的工时。大部分建筑构件可通用互换，90年的房屋寿命结束后，90%的材料可以回收利用，避免二次污染。美国的装配式混凝土结构主要用于低层、多层建筑，特点是构件的大型化和预应力化相结合，施工机械化程度很高，现场工作量较小。典型的装配式混凝土建筑是大量采用预制柱、墙、预制预应力双T板楼面的装配式停车楼。住宅建设以低层木结构和轻钢结构装配式住宅为主，美国构件生产与住宅建设达到了较高的水平，多样化、个性化是其显著特点，居民可通过产品目录，选择住宅建设所需部品部件。在美国的地震高烈度地区如加利福尼亚州，近年来非常重视抗震和中高层装配式混凝土结构的工程应用技术研究，开展了一系列预制装配式混凝土结构抗震性能的研究和实践，主要包括预制楼盖体系的面内刚性及整体性研究、预制预应力抗震体系研究等。

美国装配式建筑发展有以下两大特点。

一是以市场化、社会化发展为主，市场机制占据了主导地位，政府也出台了一系列推进装配式建筑发展的对策。在技术标准方面，美国主要由预制预应力混凝土协会长期研究与推广预制装配式混凝土结构，相关标准规范很完善，标准化、系列化、通用化程度高。

二是社会化分工与集团化发展并重，工程生产商的产品有15%～25%的销售是直接针对建筑商，同时大建筑商并购生产商建立伙伴关系大量购买住宅组件，通过扩大规模降低成本。

(3) 亚洲装配式建筑的发展。

日本、新加坡是亚洲装配式建筑典型代表国家，目前在住宅产业化方面走在了世界前列。日本通过立法和认定制度大力推广建筑产业化，20世纪60年代颁布了《建筑基准法》，成为大力推广住宅产业化的契机；70年代设立了工业化建筑质量管理优质工厂认定制度，同时期占总约15%的住宅采用产业化方式生产；80年代确定了工业化建筑性能认

定制度，装配式住宅占总数的20%～25%；90年代，经过多年的实践和创新，形成了适应客户不同需求的中高层装配式建筑生产体系，同时完成了规模化和产业化的结构调整，提高了建筑工业化水平与生产效率。

日本目前应用的装配式混凝土结构主要包括板式结构、整体式框架结构、壁式框架剪力墙结构、预应力预制混凝土结构。

① 板式结构是中层住宅的一种主要结构形式，由钢筋混凝土墙板、楼板构成。该结构在日本的最大使用高度为8层，可采用预制装配式混凝土工法（WPC工法），以房间面积为单位将墙体和楼盖板进行分割和组装。现场很少需要混凝土浇筑等湿作业，施工受天气影响小，施工进度快。

② 整体式框架结构是目前日本超高层装配式混凝土结构的主要形式，并普遍与各种减、隔震措施结合使用。整体式框架结构由柱和梁在节点刚性连接而形成骨架结构，并结合预制混凝土外挂墙板使用。整体式框架结构的装配式工法发展也较早，有多种装配整体式方案，是将传统工法和PC工法适度结合并优化的产物。

③ 壁式框架剪力墙结构是小高层住宅建筑最常用的结构形式，它是利用板式结构柱和梁等宽的特点，在开间方向由扁平截面柱和与之等宽的梁构成框架结构，在进深方向形成带翼缘的剪力墙结构。壁式框架钢筋混凝土结构的装配式工法被称为WRPC工法，柱、梁及墙体为预制，通过现浇节点及现浇带形成整体。

④ 预应力预制混凝土结构，即预制构件之间通过钢索施加的预应力压紧而连接为整体。这种工法主要用于大型运动场、停车楼、仓库、住宅、学校等多层建筑，一般不用于高层或者超高层建筑。

日本装配式建筑发展的特点：一是从产业结构调整角度出发，在政策上引导；二是建立住宅生产工业化促进补贴制度和会计体系生产技术开发补助金制度，引导生产方式，将住宅产业工业化作为重点。

2. 我国装配式建筑发展历程

我国装配式建筑起步较晚，大致经历了三个发展阶段：20世纪50—80年代的萌芽与探索期、20世纪80—90年代末的停滞与萎缩期、21世纪初至今的提升与发展期。

（1）萌芽与探索期。

我国对装配式建筑的尝试始于20世纪50年代。在第一个五年计划期中，我国主要发展预制构件和大板预制装配式建筑，初试建筑工业化发展之路。其中，标准化和模数化的设计方法得到了应用，设计水平与国际接轨，各种预制屋面梁、吊车梁、预制屋面板、预制空心楼板及大板建筑等得到大量应用。本阶段发展有以下特点。

① 装配式建筑技术体系初步创立，大板住宅体系、内浇外挂住宅体系及框架轻板住宅体系得到大量应用。

② 预制构件生产技术快速发展，大量预制构件厂在此阶段成立，国外预制构件生产技术也传至我国。

③ 住宅标准化设计技术得到应用，形成了住宅标准化设计的概念，编制了标准设计方法及标准图集。

④ 由于当时我国预制装配式建筑技术比较落后，建筑工业化整体水平较低，所以相应的装配式建筑质量偏低，比如楼（屋）面板的密封效果不好，防水措施不完善，以致存

在隔声效果差、漏水等问题，因此装配式建筑没有得到较大程度的发展。

（2）停滞与萎缩期。

在20世纪80年代到90年代末，随着我国改革开放，经济发展进入快车道，投资驱动建筑业快速发展，大体量、高复杂度、异形建筑层出不穷。装配式建筑在设计水平、构件制作的精细程度和装配技术方面比较落后，原有的装配式建筑产品已不能满足建筑发展多样化的需求，且因技术相对落后导致质量问题较多。同时商品混凝土兴起，城市化进程中农民工群体的出现，为现浇建筑方式提供大量廉价劳动力，现浇建筑的优势逐步体现。我国装配式建筑出现低谷，现浇式建筑崛起，工业化发展停滞不前，预制构件在建筑领域应用率很低。但是在此阶段，我国初步建立了装配式建筑标准规范体系，模数标准与住宅标准设计逐步完善，住宅产业化的概念也在社会上逐步形成共识。

（3）提升与发展期。

进入21世纪，随着我国经济发展模式逐步从投资拉动向质量发展转变，对绿色建筑、生态环境、建筑能耗等要求不断提高。同时，随着劳动力成本的不断上升，预制构件加工精度与质量、装配式建筑施工技术和管理水平的提高及国家政策因素的推动，装配式建筑重新升温。特别是随着《中共中央国务院关于进一步加强城市规划建设管理工作的若干意见》《关于大力发展装配式建筑的指导意见》等一系列政策的发布，提出大力推广装配式建筑，积极推进建设国家级装配式建筑生产基地，不断提高装配式建筑占新建建筑的比例等，为装配式建筑的发展提供了政策支持。随着建筑工业化重新崛起，不同结构体系开始积极探索发展。多地出台相关政策，地方政府积极推动。一些优秀的城市和企业依然不断进行技术研发创新，也是在此时期推动建立了一批国家住宅产业化基地，形成了试点城市探索发展道路的工作思路，装配整体式混凝土结构体系开始发展。近几年，装配式建筑进入全面发展时期，政策支持与技术支撑已逐步建立，行业内生动力也逐渐增强。

1.2.3 装配式建筑的技术体系

1. 装配式建筑体系

1）装配式建筑集成系统

装配式建筑是用预制构件在工地装配而成的建筑，装配式建筑由四大系统构成，如图1.12所示。

（1）结构系统。

结构系统包括钢筋混凝土（PC）结构、钢结构、木结构及组合结构等。

结构系统分为柱、梁、楼梯、剪力墙、楼板、基础等一级子类，一级子类下根据二级子类预制特征分为若干二级子类，二级子类下根据二级子类预制特征分为若干三级子类。

（2）外围护系统。

外围护系统的总体发展趋势是集结构承重、建筑功能、装饰装修于一体，它是装配式建筑中预制构件用量最大的部分，约占总预制构件的50%～60%，是目前我国发展装配式建筑的关键。外围护系统分为外围护墙板、门窗、幕墙、屋面、阳台与空调和其他外围护部品部件等一级子类，一级子类下根据二级子类预制特征分为若干二级子类，二级子类下根据二级子类预制特征分为若干三级子类。

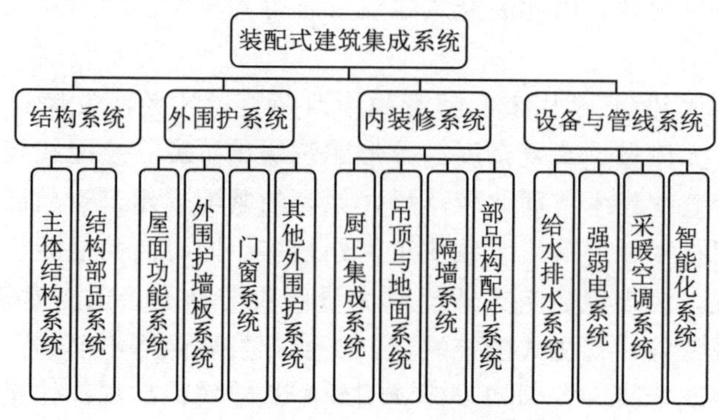

图 1.12 装配式建筑集成系统

(3) 内装修系统。

内装修系统是指由楼地面、墙面、轻质隔墙、吊顶、内门窗、厨房和卫生间等组合而成，满足建筑空间使用要求的整体。装配式建筑要求大力普及全装修应用，应与结构系统、外围护系统、设备与管线系统进行一体化设计，告别毛坯房，不仅给消费者带来方便，也会大幅度提高经济效益、环境效益与社会效益。

内装修可分为收纳系统、集成厨房、内隔墙、集成卫浴间、地面与吊顶小类等一级子类，一级子类下根据二级子类预制特征分为若干二级子类，二级子类下根据二级子类预制特征分为若干三级子类。

(4) 设备与管线系统。

设备与管线系统可分为给水排水与消防、电气与照明、智能系统、暖通空调、燃气设备电梯等一级子类，一级子类下根据二级子类预制特征分为若干二级子类，二级子类下根据二级子类预制特征分为若干三级子类。

2) 装配式建筑技术特征

在我国建筑领域，工业建筑已经基本上实现了装配式或者是工业化建筑，针对量大面广的住宅建筑、公共建筑及常用结构体系，可以归纳装配式建筑技术的特征为“标准化设计、工厂化生产、装配化施工、一体化装修信息化管理、智能化应用”，体现“全产业链、全专业、全生命周期”的理念。装配式建筑技术要遵循“三个一体化”的发展思维，即“建筑、结构、设备、装修一体化”“设计、制造、施工装配一体化”“技术、管理、市场一体化”。

3) 装配式建筑技术标准

近 10 年来，特别是 2016 年国务院办公厅发布了《关于大力发展装配式建筑的指导意见》之后，各级政府密集出台了一系列强力推进装配式建筑的政策和技术标准，为装配式建筑的发展起到支撑和保障作用。表 1-2 为已实施的国家、行业及协会标准。

表 1-2 已实施的国家、行业及协会标准

序号	标准类型	标准名称	标准编号
1	国家标准	装配式混凝土建筑技术标准	GB/T 51231—2016
2	国家标准	装配式钢结构建筑技术标准	GB/T 51232—2016

续表

序号	标准类型	标准名称	标准编号
3	国家标准	装配式木结构建筑技术标准	GB/T 51233—2016
4	国家标准	装配式建筑评价标准	GB/T 51129—2017
5	行业标准	住宅轻钢装配式构件	JG/T 182—2008
6	行业标准	装配箱混凝土空心楼盖结构技术规程	JGJ/T 207—2010
7	行业标准	预制预应力混凝土装配整体式框架结构技术规程	JGJ 224—2010
8	行业标准	预制带肋底板混凝土叠合楼板技术规程	JGJ/T 258—2011
9	行业标准	装配式混凝土结构技术规程	JGJ 1—2014
10	行业标准	装配式劲性柱混合梁框架结构技术规程	JGJ/T 400—2017
11	行业标准	装配式住宅建筑设计标准	JGJ/T 398—2017
12	CECS	钢筋机械连接装配式混凝土结构技术规程	CECS 444：2016

2. 装配式混凝土结构体系

（1）预制框架结构体系。

预制框架结构体系是按标准化设计，根据框架结构的特点将柱、梁、板、楼梯、阳台、外墙等构件拆分，在工厂进行标准化预制生产，现场采用塔式起重机等大型设备安装，吊装就位后，焊接或绑扎节点处的钢筋，通过浇捣混凝土连接为整体，形成刚接节点。既具有良好的整体性和抗震性，又可以通过预制构件减少现场工作量和标准化生产。预制框架结构体系平面布置灵活，抗震性能好，技术成熟，施工效率高，单体预制率范围广（15%～80%），适用于大开间、大柱网的办公、商业、公寓等建筑。

预制框架结构有三种结构布置方案。

① 横向承重布置。房屋平面一般横向尺寸较短，纵向尺寸较长，横向刚度比纵向刚度弱。将框架结构横向布置时，可以在一定程度上改善房屋横向与纵向刚度相差较大的缺点，而且由于连系梁的截面高度一般比主梁小，窗户尺寸可以设计得大一些，室内采光、通风较好。因此，在多层框架结构中，常采用这种结构布置形式。

② 纵向承重布置。在框架结构纵向承重方案中，楼面荷载由纵向梁传至柱子，横梁高度一般较小，室内净高较大，而且便于纵向穿行。此外，当地基沿房屋纵向不够均匀时，纵向框架可在一定程度上调整这种不均匀性。纵向框架承重方案的最大缺点是房屋的横向抗侧移刚度小，因而工程中很少采用这种结构布置形式。

③ 双向承重布置。框架结构双向承重方案因在纵横两个方向中都布置有框架，因此，整体性和受力性能都很好。特别适合在房屋结构整体性要求较高和楼面荷载较大的情况下采用。

施工装配方案有以下两种。

① 分件吊装法。分件吊装法是指起重机开行一次吊装一种构件，如先吊装柱，再吊装梁，最后吊装板。为使已吊装好的构件尽早形成稳定的结构，分件吊装法又可分为分层分段流水作业和分层大流水作业。

② 综合吊装法。综合吊装法是指起重机每开行一次，以节间为单位安装所有结构构件，即分件吊装和节间吊装相结合的方法。

（2）装配式剪力墙结构体系。

混凝土结构的部分或全部采用承重预制墙板，通过节点部位的连接形成的具有可靠传力机制、并满足承载力和变形要求的剪力墙结构，称为装配式钢筋混凝土剪力墙结构，简称装配式剪力墙结构。装配式剪力墙结构体系适用于高层建筑，抗震性能好，户型设计灵活，住户接受度高。

装配式钢筋混凝土剪力墙的最大高度、高宽比和抗震等级应符合相关标准规定。装配式剪力墙结构的建筑平面、立面和竖向剖面布置的规则性应综合考虑安全性能、使用性能、经济性能等因素。宜选择整体简单、规则、均匀、对称的建筑方案，不规则的建筑结构应采取加强措施，不应采用特别不规则的建筑。装配式剪力墙结构高层建筑宜设置地下室，地下室应采用现浇结构。抗震等级为一级时，结构底部加强部位应采用现浇剪力墙，抗震等级为二、三级时，结构底部加强部位宜采用现浇剪力墙。装配式剪力墙结构应采用叠合楼板、现浇楼板或装配整体式楼板。节点连接常采用钢筋套筒灌浆连接或钢筋浆锚搭接连接。

装配式剪力墙结构的装配方案一般为外墙为装配整体式剪力墙，内墙为现浇剪力墙，或者外墙为装配整体式剪力墙，内墙部分为装配整体式剪力墙，部分为现浇剪力墙。

（3）叠合楼板结构体系。

叠合楼板结构体系由预制部分和现浇部分组成，属于半预制体系，结合了预制和现浇混凝土体系各自的优点。预制部分多为薄板，在预制构件加工厂完成，施工时吊装就位，现浇部分在预制板面上完成。预制薄板既作为永久模板，又作为楼板的一部分承担使用荷载。这种结构体系同时具备结构整体性好、抗震性能好、实现建筑构件工业化，构件制作不受季节及气候限制，可提高构件质量，且施工速度快，可节省大量模板和支撑。

根据规范对楼板的要求，嵌固部位的楼层、顶层、转换层及平面中较大洞口的周边、设计需加强的部位、剪力墙结构的底部加强部位不做叠合楼板，其他部位原则上均可采用叠合楼板，如住宅中的厨房、卫生间、阳台板、卧室起居室等。

预制板宽不宜大于 3m，拼缝位置宜避开叠合板受力较大部位。尽量采取整板设计，楼板接缝按无缝设计，制作控制宜按负误差控制。叠合板应满足使用期间及施工过程的承载力及变形要求。

为使吊点处板面的负弯矩与吊点之间的正弯矩大致相等，一般采用 4 点起吊。

（4）叠合式混凝土剪力墙结构体系。

叠合板式混凝土剪力墙结构体系，是采用工业化生产方式，将工厂生产的叠合式预制墙板构配件运到项目现场，使用起重机械将叠合式预制墙板构件吊装到设计部位，然后浇筑叠合层及加强部位混凝土，将叠合式预制墙板的构件及节点连为有机整体。该体系主要通过叠合式预制墙板的安装，辅以现浇叠合层及加强部位混凝土结构，形成共同工作的墙板。叠合式预制墙板安装施工具有施工周期短、质量易控制、构件观感好、减少现场湿作业、节约材料、低碳环保等特点，适用于抗震设防烈度为 7 度及以下地震区和非地震区的一般工业与民用建筑。

叠合式预制楼板的安装铺设顺序应按照楼板的安装布置图进行，并有利于起吊和安全，宜先吊装铺设边缘窄板。

（5）现浇外挂结构体系。

现浇外挂结构体系是结构主体采用现场浇注混凝土，外墙采用预制混凝土构件的结构体系。其特点包括：现场机械化施工程度高，工厂化程度也高；外墙挂板带饰面可减少现场的湿作业，缩短装修工期；外墙挂板构件断面尺寸准确，棱角方正。

现浇外挂结构体系由于内部主体结构受力构件采用现浇，周边围护的非主体结构构件采用工厂预制，运至现场外挂安装就位后，在节点区与主体结构构件整体现浇，这种方式没有突破结构设计规范限制，可适用于超高层建筑。

3. 装配式钢结构建筑体系

（1）钢框架结构体系。

钢框架结构体系是指沿房屋的纵向和横向用钢梁和钢柱组成的框架结构来作为承重和抵抗侧力的结构体系。其优点是：能提供较大的内部空间，建筑平面布置灵活，适用多种类型的使用功能；自重轻，抗震性能好，施工速度快，机械化程度高；结构简单，构件易于标准化和定型化。其缺点是用钢量稍大，造价要略高于混凝土框架结构，耐火性差，后期维修费用高。

基本结构体系一般可分为三种：柱–支撑体系，纯框架体系，框架–支撑体系。钢框架住宅一般不超过6层，其墙体可采用结构自重小、抗震性能良好且施工速度快的轻质材料；钢框架加支撑结构住宅可实现7～15层住宅建造。

（2）钢板剪力墙结构体系。

钢板剪力墙体系是以钢板为材料，以承受水平剪力为主的墙体，其受力单元由内嵌钢板、竖向边缘构件（柱或竖向加劲肋）、水平边缘构件（梁或水平加劲肋）构成。当钢板沿结构某跨自上而下连续布置时，即形成钢板剪力墙结构体系。钢板墙弥补了混凝土剪力墙或核心筒延性不足的弱点，与精致的防屈曲支撑比较，钢板墙不但相对便宜，且制作和施工都比较简单。与纯抗弯钢框架比较，采用钢板墙可节省用钢量50%以上，能有效降低结构自重，减小地震响应，压缩基础费用。相对现浇钢筋混凝土墙，钢板墙能缩短制作及安装时间，其内嵌钢板与梁、柱的连接（焊接或栓接）方式简单易行，施工速度快，特别是对现有结构进行加固改造时，能不中断结构的使用。

（3）钢–混凝土组合结构体系。

钢–混凝土组合结构体系是由钢材和混凝土两种不同性质的材料经组合而成的一种新型结构体系，是钢和混凝土两种材料的合理组合，充分发挥了钢材抗拉强度高、塑性好和混凝土抗压性好的优点，弥补了彼此的缺点。钢–混凝土组合结构可用于多层和高层建筑中的楼面梁、桁架、板、柱，屋盖结构中的屋面板、梁、桁架，厂房中的柱、工作平台梁、板及桥梁，还可用于厂房中的吊车梁。钢–混凝土组合结构有组合梁、组合板、组合桁架和组合柱四大类。

钢–混凝土组合结构体系具有以下优点。

① 承载能力和刚度高，截面面积小。钢–混凝土结构中钢骨架、钢筋、混凝土协同工作。钢骨架和混凝土直接承受荷载，由于混凝土增大了构件截面刚度，防止了钢骨的局部屈曲，使钢骨架部分的承载力得到了提高；另外，被钢骨架围绕的核心混凝土因为钢骨架的约束作用强度得以提高，即钢和混凝土二者的材料强度得到了充分的发挥，从而使构件承载力大大提高。

② 抗震性能好。由于钢-混凝土结构不受含钢率限制，其承载力比相同截面的钢筋混凝土结构高出一倍还多，抗震性能与钢筋混凝土结构相比，钢-混凝土结构尤其是实腹式钢-混凝土结构，由于钢骨架的存在，使得其具有较大的延性和变形能力，显示出良好的抗震性能。

③ 施工速度快，工期短。钢-混凝土结构中钢骨架在混凝土未浇筑以前已形成钢结构，已具有相当大的承载能力，能够承受构件自重和施工时的活荷载，并可以将模板悬挂在钢结构上，不必为模板设置支柱。在多、高层建筑中，不必等待下层混凝土达到一定强度就可以继续上层的施工，可加快施工速度，缩短建筑工期。

④ 耐火性和耐腐蚀性好。众所周知，钢结构耐火性和耐腐蚀性较差，但对于钢-混凝土结构来说，由于外包混凝土的存在，在保证承载力提高的前提下，其构件耐火性和耐腐蚀性较钢结构得到了提高。

(4) 钢框架-混凝土核心筒结构体系。

钢框架-混凝土核心筒结构体系是近年来在我国迅速发展的一种结构体系，其在降低结构自重、减少结构断面尺寸、加快施工进度等方面具有明显的优势，在高层、超高层建筑上得到了极大的推广和应用。混凝土核芯筒主要用于抵抗水平侧力，由于材料特点造成两种构件截面差异较大，混凝土核心筒的抗侧刚度远远大于钢框架，随着楼层增加，核心筒承担作用于建筑物上的水平荷载比重越来越大。钢框架主要是承担竖向荷载及少部分水平荷载，随着楼层增加，钢框架承担作用于建筑物上的水平荷载比重越来越小，由于钢材强度高，可以有效减少柱体断面尺寸，增加建筑使用面积。

4. 装配式竹木结构建筑体系

(1) 轻型竹木结构体系。

轻型竹木结构体系，是将小截面构件按一定的间距等距离平行排列形成框架，然后在框架外根据受力需要，包上结构面板，形成建筑物的墙体、楼板和屋板等基本构件。整个结构体系就是由这些墙体、楼板和屋板构成的箱形建筑体系。作为一种高次超静定的结构体系，轻型竹木结构的结构强度通过主要结构构件（框架）和次要结构构件（墙体、楼板和屋板）的共同作用得到。轻型竹木结构体系在世界上不少国家地区的住宅及商业和工业项目中获得了广泛的应用。北美约有85%的多层住宅和95%的低层住宅采用轻型竹木结构体系，此外还有约50%的低层商业建筑和公共建筑，如餐馆、学校、教堂、商店和办公楼等都采用这种结构体系。

(2) 高层木结构体系。

高层木结构没有明确的定义，一般认为8层及以上的结构即为高层木结构。高层木结构体系包括CLT剪力墙结构、胶合木梁柱支撑结构和木-混凝土混合结构，其中CLT剪力墙结构使用最为广泛。纯木结构的建造高度会受到材料特性的限制，一般可以利用混凝土、钢等材料的力学性能优势，同木材互补，创造出高层甚至超高层混合结构体系。木构件之间主要通过销类抗剪件连接，结构的抗侧刚度较低，且节点处可能发生木材的横纹劈裂破坏。因此，高层木结构中CLT剪力墙等木构件的连接方式、木-混凝土混合结构中木材与混凝土或钢材之间的连接形式与协同工作机理是高层木结构研究的关键。CLT或胶合木在受力状态下构件和节点的抗火性能，以及高层木结构在火灾作用下的整体抗倒塌性能需进行深入的研究。高层建筑居住密度高，且受到水喉喷水压力的限制，在火灾发生时所需的消防通道，楼层之间、户之间等的消防要求需有不同于低层木结构的专门规定。

5. 模块化建筑结构体系

模块化建筑结构体系的结构以单个房间作为一个模块，均在工厂进行制造，并可在工厂对模块内部空间进行布置与装修，然后运输至现场通过吊装将模块可靠地连接为建筑整体。模块化建筑结构体系预制化比例高，可节约人力、物力，减少工期，绿色环保。根据建筑模块的结构与功能类型，目前模块化建筑所用的模块可分为增体承重模块、角柱支撑模块、楼梯模块和非承重模块几种。

模块化建筑结构体系，按种类可分为全模块化建筑结构体系和复合模块化建筑结构体系，全模块化建筑结构体系建筑全部由模块单元装配而成，模块间一般通过螺栓和盖板进行连接，以此作为模块化建筑的传力路径。当层数过多时，还需设独立的抗侧体系，一般适用层数为 4～8 层多层建筑房屋。

为提高模块化建筑的结构与使用性能，需要将模块化建筑与其他建筑形式进行复合，一般包括以下结构复合体系。

（1）与传统框架结构复合体系。

为满足更开放的活动空间，可考虑将模块化建筑与传统钢结构框架进行复合，如以传统钢结构框架建造房屋的 1 层或 1～2 层，并以此传统框架为平台在上部进行模块安装，下部空间一般可作为零售店或停车场。另外，对于一些相对高层的模块建筑，也可以传统钢框架作为结构的外骨架，以此为依附进行模块化建筑的建造。

（2）与板体结构复合体系。

在这种建造形式中，模块堆叠形成一个核心，在其周围布置预制承重墙和楼板。模块通常可形成楼梯井，并在建筑内部提供了公共设施的中心区域。建筑物的模块部分能够容纳大量的公共设施区域，如厨房和浴室等，而在非模块区域则可作为卧室和客厅。从结构的角度看，除了其承重作用，模块化核心还为整个建筑物提供了稳定性。这种布置一般被限制在 4～6 层高度的楼房，是住宅应用的理想选择。

（3）与剪力墙与核心筒复合结构体系。

将模块与剪力墙或核心筒相结合组成复合结构体系，能使模块化建筑有更高层数的发展。

1.2.4 装配式建造的技术方法

装配式建造是工业化建造的主要内容，它是通过设计先行和全系统、全过程的设计控制，统筹考虑技术的协同性、管理的系统性、资源的匹配性。装配式建造技术方法集中体现了工业化建造方式，其主要技术方法体现在标准化设计、工厂化制造、装配化施工、一体化装修和信息化管理等。

1. 标准化设计

1）标准化设计的重要性

（1）标准化设计是一体化建造的核心部分。

标准化设计是工业化生产的主要特征，是提高一体化建造质量、效率、效益的重要手段，是建筑设计、生产、施工、管理之间技术协同的桥梁，是建造活动实现高效率运行的保障。因此，实现一体化建造必须以标准化设计为基础，只有建立以标准化设计为基础的工作方法，一体化建造的生产过程才能更好地实现专业化、协作化和集约化。

（2）标准化设计是工程设计的共性条件。

标准化设计主要是采用统一的模数协调和模块化组合方法，使各建筑单元、构件等具有通用性和互换性，满足少规格、多组合的原则，符合适用、经济、高效的要求。标准化设计有助于解决装配式建筑的建造技术与现行标准之间的不协调、不匹配，甚至相互矛盾的问题，有助于统一科研、设计、开发、生产、施工和管理等各个方面的认识，明确目标、协调行动。

（3）标准化设计是实现工业化大生产的前提。

在规模化发展过程中才能体现出工业化建造的优势，标准化设计可以实现在工厂化生产中的作业方式及工序的一致性，降低了工序作业的灵活性和复杂性要求，使得机械化设备取代人工作业具备了基础条件和实施的可能性，从而提高了生成效率和精度。没有标准化设计，其构件工厂化生产的生产工艺和关键工序就难以通过标准动作进行操作，无法通过标准动作下的机械设备灵活处理无规律、离散性的作业，就无法通过机械化设备取代人工进行操作，其生成效率和生成品质就难以提高。没有标准化设计，其生产构件配套的模具就难以标准化，会导致模具的周转率低，周转材料浪费较大，其生产成本难以降低，不符合工业化生产方式特征。

2）标准化设计的技术方法

标准化、通用化、模数化、模块化是工业化的基础，在设计过程中，通过建筑模数协调、功能模块协同、套型模块组合形成一系列既满足功能要求，又符合装配式建筑要求的多样化建筑产品。通过大量的工程实践和总结提炼，标准化设计可通过平面标准化设计、立面标准化设计、构件标准化设计、部品部件标准化设计四个方面来实现。

（1）平面标准化设计是基于有限的单元功能户型通过模数协调组合成平面多样的户型平面。

（2）立面标准化设计是通过不同的立面元素单元（外围护、阳台、门窗、色彩、质感、立面凹凸等）的组合来实现立面效果的多样化。

（3）构件标准化设计是在平面标准化设计和立面标准化设计的基础上，通过少规格、多组合设计，进行构件一边不变、另一边模数化调整的构件尺寸标准化设计，及钢筋直径、间距标准化设计。

（4）部品部件标准化设计是在平面标准化设计和立面标准化设计的基础上，通过部品部件的模数化协调、模块化组合，来匹配户型功能单元的标准化。

2. 工厂化制造

1）工厂化制造的重要性

新时期下建筑业在劳动力红利逐步淡出的背景下，为了持续推进我国城镇化建设的需要，必须通过建造方式的转变，通过工厂化制造逐渐取代人工作业，大大减少对工人的数量需求，并降低劳动强度。建筑产业现代化的明显标志就是构件工厂化制造，建造活动由工地现场向工厂转移。工厂化制造是整个建造过程的一个环节，需要在生产建造过程中与上下游相联系的建造环节有计划地生产、协同作业。现场手工作业通过工厂机械加工来代替，减少制造生产的时间和资源消耗。机械化设备加工作业相对于人工作业，不受人工技能的差异影响而导致的作业精度和质量的不稳定，实现精度可控、精准。工厂批量化、自动化的生产取代人工单件的手工作业，从而实现生产效率的提高。工厂化制造实现了场外作业到室内作业的转变，从高空作业到地面作业的转变，改变了现有的作业环境和作业方式，也规避了由于受自然环境影响而导致的现场不能作业或作业效率低下等问题。

2）工厂化制造的技术方法

(1) 工厂化生产工艺布局技术。

工厂化制造区别于现场建造，有其自身的科学性和特点，制造工艺工序需要满足流水线式的设计，满足生产效率和品质的最大化要求。工厂化生产工艺需要依据构配件产品的特点和特性，结合现有生产设备功能特性，按照科学的生产作业方式和工序先后顺序，以生产效率最大化、生产资源最小化为目标，以生产节拍均衡为原则，以自动化生产为前提，对生产设备、工位位置、工人操作空间、物料通道、构件、部品部件、配套模具工装等进行布局设计。

(2) 工厂化生产的自动化制造关键技术。

工厂化生产是通过机械设备的自动化操作代替人工进行生产加工，流水化作业，来提高自动化水平。以结构构件为例，根据其生产工艺，确定定位划线、钢筋制作、钢筋笼与模具绑扎固定、预留预埋安放、混凝土布料、预养护、抹平、养护窑养护、成品拆模等工艺，在工序化设置的基础上，通过设备的自动化作业取代人工操作，满足自动化生产需求。

(3) 工厂化生产的管理技术。

工厂化生产是建造过程中的关键环节，需要有完善的生产管理体系，保证生产的运行。工厂化生产管理系统，需要建立与生产加工方式相对应的组织架构体系。组织架构体系的设置一方面需要保证各相关部门高效运营、信息对称、高效生产；另一方面需要与设计、施工方的组织架构体系有很好的衔接，能保证设计、生产、施工的整个组织管理体系是一个完整系统的组织体系。

(4) 工厂化生产的信息化技术。

未来建筑业的发展趋势是信息化与工业化的高度融合，工厂化生产在结合机械化操作的基础上必须通过信息化的技术手段实现自动化，信息化技术的应用又分为技术和管理两个层面的应用：技术层面，主要是通过加工产品的设计信息能被工厂生产设备自动识别和读取，实现生产设备无须人工读取图样信息再录入就可以进行加工，直接进行信息的精准识别和加工，提高加工精度和效率；管理层面，实现工厂内部管理部门在统一信息管理系统下进行运行，各个部门在工厂信息管理系统下进行信息的共享、自动归并和统计，提高管理效率。此外，还便于设计方、施工方了解生产状态，实现设计、生产、装配的协同。

3. 装配化施工

1）装配化施工的重要性

(1) 装配化施工可以减少用工需求，降低劳动强度。

装配化建造方式可以将钢筋下料制作、构件生产等大量工作在工厂完成，减少现场施工的工作量，极大地减少了现场用工的人工需求，降低了现场的劳动强度，适应于我国建筑业未来转型升级的趋势和劳动力红利逐渐消失的现状。

(2) 装配化施工能够减少现场湿作业，减少材料浪费。

装配化建造方式在一定程度上减少了现场湿作业，减少了施工用水、周转材料浪费等，实现了资源节省。

（3）装配化施工能够减少现场扬尘和噪声，减少环境污染。

装配化建造方式通过机械化方式进行装配，减少了现场传统建造方式扬尘、混凝土泵送噪声和机被噪声等，减少了环境污染。

（4）装配化施工能够提高工程质量和效率。

通过大量的构件工厂化生产，工厂化的精细化生产实现了产品品质的提升，结合现场机械化、工序化的建造方式，实现了装配式建造工程整体质量和效率的提升。

2）装配化施工的技术要点

（1）建立并完善装配化施工技术工法。

施工设计阶段的优化，有利于节省人工及资源，避免工作面交叉，便于机械化设备应用，便于人工操作，有利于现场施工的技术方法和设计方案。通过对装配化施工工序工法的研究，从而建立结构主体装配、节点的连接方式、现浇区钢筋绑扎、模板支设、混凝土浇筑和配套施工设备组装的成套施工工序工法和施工技术。

（2）制订装配化施工组织方案。

在一体化建造体系下，应结合工程特点，制订科学性、完整性和可实施性的施工组织设计方案。施工组织设计在考虑工期、成本、质量、安全协调管理等要素条件下，应制订具体的施工部署、专项施工方案和技术方案，明确相应的构件吊装、安装，构件连接等技术方案，以及满足进度要求的构件精细化堆放和运输进场方案。

在机械化装配方式下，安装机械设备需要在设计方案中确定与构件相配套的一系列工具、工装，原则上要满足资源节省、人工节约、工效提高、最大限度地应用机械设备进行操作的要求，选择配套适宜的起重机、堆放架体、吊装安装架体、支撑架体、外围护操作架体等工装设备。在质量安全方面，应明确构件从原材料、生产、运输、进场到施工装配等的全过程质检专项方案及管控方案。

装配式建造下的施工环节，需要在施工设计阶段根据设计成型的工程项目、工程定额、工效和经验，在工程量明确、工期明确、技术方案明确的条件下，经过科学分析和计算，进一步明确相应的模板、支撑架体、人工及间接资源的投入，做好资源的提前计划、统一调配、统一使用，从而实现资源的统一配套。

（3）实行精细化、数字化施工管理。

精细化施工体现在时间上的精细化衔接和空间上的精细化吻合，时间上需要明确构件到现场的时间，以及现场需要吊装、安装构件的时间，确定在一定时间误差下的不同构件的单件吊装时间、安装时间、连接时间和相互衔接的实施计划。空间上做好前后工作面的交接和衔接，工作面是施工的协同点和交叉点，工作面的衔接有序和合理安排是工程顺利推进、工期得以保证的基本环节。既要保证工作面上支撑架搭设、构件安装、钢筋绑扎、混凝土浇筑的有序穿插，又要保证不同时间段下工作面与工作面的有序衔接和协同。

4. 一体化装修

1）一体化装修的重要性

装配化建造是一种建造方式的变革，是建筑行业内部产业升级、技术进步、结构调整的一种必然趋势，其最终目的是提高建筑的功能和质量。装配式结构只是结构的主体部分，它体现出来的质量提升和功能提高还远远不够，装配化建造还应包含一体化装修，通过主体结构施工与装修一体化才能让使用者感受到建造品质的提升和功能的完善。

在传统建造方式中，“毛坯房”的二次装修会造成很大的材料浪费，甚至有的二次装修还会对主体结构造成损伤，带来很多质量、安全、环保等社会问题，是一种粗放式的建造方式，与新时代建造方式的发展要求不相适应。因此，需要提高对一体化装修的认识，加强对一体化装修的管理，真正实现建筑装修环节的一体化、装配化和集约化。

2）一体化装修的技术方法

一体化装修与主体结构、机电设备等系统进行一体化设计与同步施工，具有工程质量易控、工效提升、节能减排、易于维护等特点，使一体化建造方式的优势得到了更加充分的体现。一体化装修的技术方法主要体现在以下几个方面。

（1）管线与结构分离技术。

采用管线分离，一方面可以保证使用过程中维修、改造、更新、优化的可能性和方便性，有利于建筑功能空间的重新划分和内装部品部件的维护、改造、更换；另一方面可以避免破坏主体结构，更好地保持主体结构的安全性，延长建筑使用生命周期。

（2）干式工法施工技术。

干式工法施工装修区别于现场湿法作业的装修方式，采用标准化部品部件进行现场组装，能够减少湿作业、保持施工现场整洁，可以规避湿作业带来的开裂、空鼓、脱落的质量通病。同时干法施工不受冬季施工影响，也可以减少不必要的施工技术间歇，工序之间搭接紧凑，能提高工效、缩短工期。

（3）装配式装修集成技术。

装配式装修集成技术是指从单一的材料或配件，经过组合、融合、结合等技术加工而形成具有复合功能的部品部件，再由部品部件相互组合形成集成技术系统，从而实现提高装配精度、装配速度和实现绿色装配的目的。集成技术建立在部品部件标准化、模数化、模块化、集成化原则之上，将内部装修与建筑结构分离，拆分成可工厂生产的装修部品部件，包括装配式内隔墙技术系统、装饰一体的外围护系统、一体化的楼地面系统、集成式卫浴系统、集成式厨房系统、机电设备管线系统等技术。

（4）部品部件定制化工厂制造技术。

一体化装修部品部件一般都是在工厂定制生产，按照不同地点、不同空间、不同风格、不同功能、不同规格的需求定制，装配现场一般不再进行裁切或焊接等二次加工。通过工厂化生产，可以减少原材料的浪费，将部品部件标准化与批量化，降低制造成本。

5. 信息化管理

1）信息化管理的重要性

（1）信息化管理是一体化建造的重要手段。

装配式建造中的信息集成、共享和协同工作离不开信息化管理。装配式建造的信息化管理主要是指以BIM技术和信息技术为基础，通过设计、生产、运输、装配、运维等全过程信息数据传递和共享，在工程建造全过程中实现协同设计、协同生产、协同装配等信息化管理。

（2）信息化管理是技术协同与运营管理的有效方法。

信息化管理可以实现不同工作主体在不同时域下围绕同一工作目标，在同一信息平台下，保证信息的及时传递和信息对称，从而提高信息沟通效率和协同工作效率。企业管理信息化集成应用的关键在于联通，联通的目的在于应用。企业管理信息化集成应用就是把信息互联技术深度融合在企业管理的具体实践中，把企业管理的流程、技术、体系、制度、机制等规范固化到信息共享平台上，从而实现全企业、多层级高效运营及有效管控的管理需求。

2）信息化管理的技术方法

企业管理信息化就是将企业的运营管理逻辑，通过管理与信息互联技术的深度融合，实现企业管理的精细化，从而提高企业运营管理效率，进而提升社会生产力。其技术方法主要体现在以下三个方面。

(1) 以技术体系为核心的信息化管理技术。

一体化建造是在建筑技术体系上，实现建筑、结构、机电、装修一体化；在工程管理上，实现设计、生产、施工一体化。实现两个一体化建造方式，必须运用协同、共享的信息化技术手段，更好地实现两个一体化的协同管理。信息化技术手段的应用，主要建立在标准化技术方法和系统化流程的基础上，没有成熟、适用的一体化、标准化技术体系，就难以应用信息化技术手段。

(2) 以成本管理为主线的信息化管理系统。

建设企业经营管理的对象是工程项目，应将信息互联技术应用到工程项目的管理实践，实现生产要素在工程项目上的优化配置，才能提高企业的生产力，发挥信息化的作用。工程项目是建筑企业的收入来源，是企业赖以生存和发展的基础。企业信息化建设应当把着力点放在工程项目的成本、效率和效益上，它是企业持续生存发展的必要条件。成本管理是项目管理的根本，项目过程管理要以成本管理为主线。企业管理信息化的过程就是通过信息互联技术的应用，实现企业管理更加精细、更加科学、更加透明、更加高效。

(3) 满足企业多层级管理的高效运营和有效管控的集成平台。

企业管理信息化集成应用，表现在以下方面。

① 企业上下互联互通，实现分级管理、集约集成。分级管理是指从企业总部到项目实行分层级管理。集约集成是指由底层项目产生的数据，根据从项目部到企业总部各个管理层级在成本管理方面的需求，集成汇总。

② 商务财务资金互联互通，实现项目商务成本向财务数据的自动转换。商务数据向财务数据和资金支付的自动转换过程，应在项目的管控单位（子公司）实现，而非只在项目上实现。

③ 各个业务系统互联互通。企业管理标准化与信息化的融合，要建立企业信息化系统的主干，建立贯穿全企业的成本管理系统，实现业务系统的互联互通，进入管理信息化集成的发展模式。

④ 线上线下互联互通。通过管理标准化→标准表单化→表单信息化→信息集约化的路径，不断简化管理，实现融合。

⑤ 上下产业链条互联互通。充分发挥互联网思维，用“互联网＋”的手段，去掉中间环节，实现建造全过程的连通，比如技术的协同、产品的集中采购，通过信息技术将产业链条上的各环节相互协同，实现高效运营。

1.3 数字建造

1.3.1 数字建造概述

1. 数字建造背景

伴随数字化的变革与智能化时代的到来，技术在发生革命性的进步，数字建模、传感互联、虚拟全息、增强交互、人工智能等技术的广泛应用，世界也逐渐从原来的“二元世界”，即人类的意识世界和物理世界，进入“三元世界”，意识世界—物理世界—数字世界相互交汇、相互作用、融合发展并产生新的演化，如图 1.13 所示。

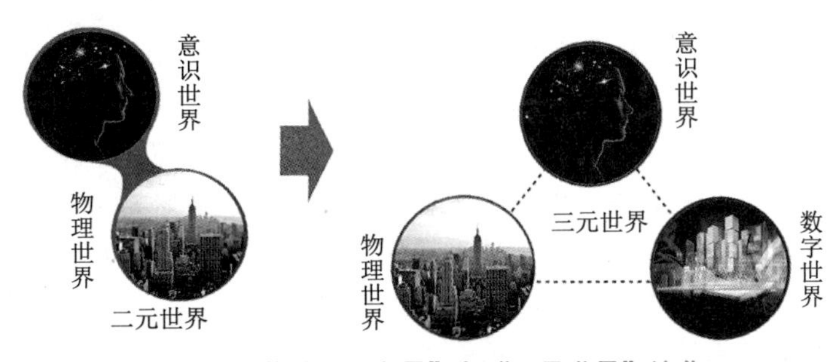

图 1.13 从“二元世界”向“三元世界”演化

人类的意识世界是主观精神的世界，是人们思维活动和思想客观内容的世界。它是人类精神财富所构成的领域，是人类创造性的集中体现。

物理世界是客观的物质世界，是人们能直接感知的物理实体或物理状态的世界。在“二元世界”中，人们要想将意识所想变为现实，只能直接作用于物理世界的实体上，生产出的产品实物如果不符合要求，则需要变更、调整甚至重新生产，因而造成很大的浪费，试错和验证的成本很高。

随着信息技术的进步和发展，通过计算机和互联网，人类的意识世界与物理世界都将数字化和网络化，正如毕达哥拉斯从纯数学角度看待的世界是“万物皆数字”，数字世界（也称“信息空间”或“赛博空间”）将带给人们新的认识世界和改造世界的能力。

在“三元世界”中，人脑是“意识世界”的核心，电脑是“数字世界”的核心，如图 1.14所示。通过数字建模，人们可以将意识所想先作用于数字世界中的数字虚体，可以不受时间和空间的限制进行设计、模拟和优化，可以不眠不休地进行超高速的运算、分析和推演，直到达成最优方案后再加以实施。数字世界中的数字虚体可以借助物联网充分感知物理世界并形成实时的映射，再通过数字驱动的智能算法和程序来操控物理世界中的实体自主化运行。同时，物理世界也不断地将信息与数据反馈给数字世界，从而加速了数字世界的自我学习和进化演进，使其拥有了类似于人的感知和认知能力，为意识世界提供了更智能化的服务，极大地解放了人类的劳动力，进一步提升了人类意识世界的想象力和创造力，进而让意识世界能更充分和全面地感知物理世界，从而更优化创新地改造物理世界。

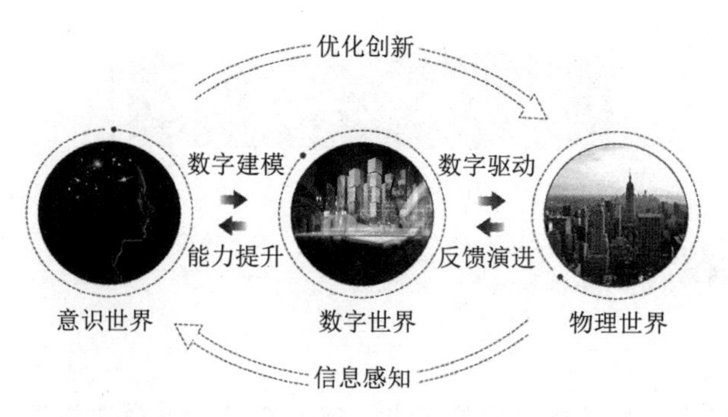

图 1.14 "三元世界"共生发展

在意识世界中能更高效、更低成本、更充分地实现意识世界的构想。"三元世界"的相互促进、共同进化、共生发展，让人们认识世界和改变世界的能力大大提升，成本大幅降低，进一步加速了人们对物理世界的改造效率与进程。

然而，面向数字时代，建筑业的数字化、信息化程度却是十分低的。据麦肯锡国际研究院《想象建筑业数字化未来》的报告统计，在全球机构行业数字化指数排行中，建筑业在资产数字化、业务流程及应用数字化、组织及劳动力数字化方面均处于较低水平，在所有行业中的数字化水平仅高于农业，居倒数第二位。而与建筑业紧密关联的房地产业数字化程度也仅处在中游水平。因此，数字建造发展任重而道远，建筑业转型升级迫在眉睫。

丁烈云院士关于数字建造定义的阐述

2. 数字建造的概念

数字建造这一概念的技术和理论基础，直接来源于工业制造中已逐渐成为主流的数字化制造理论。在工业制造领域中，数字制造已经发展了将近半个世纪，并形成了一套完整的生命周期式的生产模式。数字制造是用数字化定量、表述、存储、处理和控制等方法，支持产品全生命周期和企业的全局优化运作。它以制造过程的知识融合为基础，以数字化建模仿真与优化为特征。它是在虚拟现实、计算机网络、快速原型、数据库等技术的支持下，根据用户的需求，对产品信息、工艺信息和资源信息进行分析、规划和重组，实现对产品设计和功能的仿真及原型制造，进而快速生产出达到用户要求的产品的完整制造过程。工业数字制造不是单纯的一个机械加工过程，而是包含了设计、制造和管理三个方面的内容，并依靠信息技术将三者有机结合起来。在设计方面，数字化设计是数字制造的主要环节之一，是信息资源的源头。在制造方面，数控技术和数控机床代表了数字制造的主要特征，也有其他方面的数字制造技术不断出现。在管理上，为了使生产者能快速适应产品需求的变化，出现了能覆盖整个生命周期所有信息的产品数据管理系统。

相对于制造业在信息技术运用方面的不断成熟，建筑业的数字化建造道路还有很长的路要走。参照数字制造的许多重要特征，建筑业正在形成具有自身特点的"数字制造"，但目前还没有公认的数字建造的定义。

数字建造是一种通过计算机控制机器进行制造的过程，包括增材建造和减材建造。3D打印是增材建造，数控加工和激光切割是减材建造，其本质就是用机器通过程序控制完成与数字设计一致的建造。

3. 数字建造的基础

所谓数字技术是指借助一定的设备将各种信息（包括但不限于图、文、声、像等），转化为电子计算设备能识别的二进制数字 0 和 1，并进行加工、存储、传输、计算和显示的技术。经过几十年的发展，数字技术已经形成一个丰富的技术体系，如图 1.15 所示。

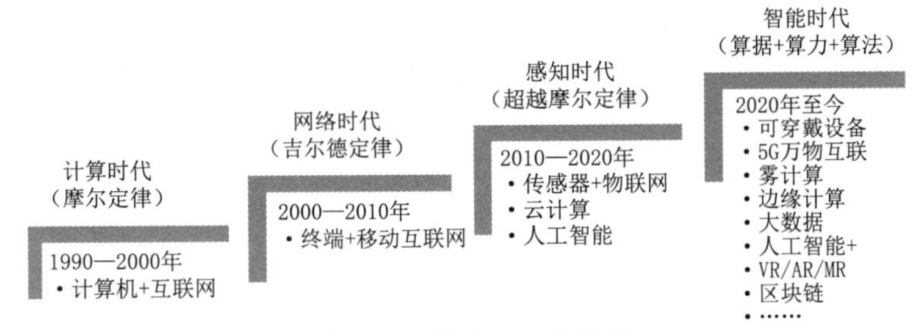

图 1.15 数字技术的发展

新一代数字技术是以“三化”（数字化、网络化和智能化）和“三算”（算据、算力、算法）为特征的通用技术，是数字建造创新发展的基础支撑技术。丁烈云院士曾指出：“数字化、网络化、智能化技术是数字建造的基础。”

数字化是将众多复杂多变的信息转变为可度量的数字、数据，形成一系列二进制代码，便于计算机处理。数字化是工程建造可计算、可分析、可优化的基础，并为人工智能提供充分的算据。网络化是利用各种计算机技术和网络通信技术，按照相应的标准化网络协议，实现分布在不同地点的计算机及各类电子终端设备的互联互通，支持在线用户共享软件、硬件和数据资源。如利用云计算、雾计算和边缘计算等网络化计算技术，大大提高了数据处理的算力，实现计算资源的按需利用。基于互联网、移动互联网和物联网的各类应用，帮助人们跨越时空限制，实现自由沟通与交流，为群体智能的出现提供可能。智能化是以数字化、网络化为基础，以海量的算据、强大的算力和先进的算法为支撑，满足人的各种需要的能力属性。随着深度学习、强化学习及迁移学习等算法的不断改进，算据、算力与算法的结合正在推动人工智能的广泛应用，使人类逐渐由弱人工智能时代走向强人工智能时代，甚至向超级机器智能时代迈进。

1.3.2 数字建造的关键技术

新一代通用数字技术与工程建造活动要素的结合，形成了数字建造领域的关键技术。工程多维数字建模与仿真技术，为优化设计、认知工程和理解工程提供了直观高效的方式。基于工程物联网的数字工地（厂）技术为参与工程建造的各类主体全面、及时、准确地认知和分享工程建造信息提供可能。基于工程大数据的智能应用为各类工程决策提供支持。自动化、智能化的工程机械将显著提升工程建造作业效率。

1. 工程多维数字化建模与仿真技术

二维平面视图作为工程技术人员表达和认知工程的方法，已沿用了 200 多年。当设计人员进行工程产品、工艺过程设计时，必须费力地将各种立体、生动的构思转换为琐碎、复杂但为工程界所共识的平面视图，常常出现表达不清、失真和错误的情况。

为了更为方便、灵活、准确地表达工程设计，多维数字化建模与仿真技术正在逐渐取代二维图样技术。该技术本质上是基于三维模型来定义工程产品的第三代工程语言。这种工程语言是一种超越二维工程图纸，实现产品数字化定义的全新方法，不仅有利于工程人员摆脱对二维图样的依赖，同时，也有助于将设计信息和生产过程信息共同定义到三维数字化模型中，使其成为产品生产的唯一依据，实现从设计到构件加工、现场施工、成果测量检验的高度集成。建筑信息模型就是基于模型的产品定义技术与工程建造结合的产物。采用基于模型的产品定义技术，工程技术人员可以从技术、生产和管理等不同维度，对工程产品、组织和过程进行专业化建模。模型可以综合集成各专业化建模信息，准确表达工程产品物理形态、材料属性、结构形式、工艺过程、管理目标等属性信息及各专业模型之间的关联关系，形成工程多维数字化模型，如图 1.16 所示。在此基础上，利用仿真技术优化设计方案，最大限度地减少或消除设计与建造中的不确定性和缺陷。

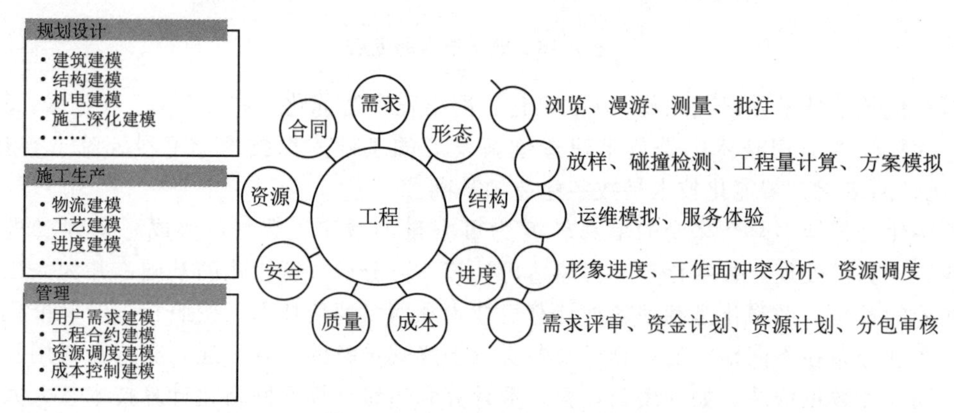

图 1.16 工程多维数字化模型

2. 基于工程物联网的数字工地技术

施工工地是工程建造活动的主要场所，与智能制造中的智能工厂类似，将数字技术与施工工地的作业活动有机结合，构建工程物联网，可以全面、及时、准确地感知工程建造活动的相关要素信息。如借助数字传感器、高精度数字化测量设备、高分辨率图像视频设备、3D 激光扫描、工程雷达等技术手段，可以实现工地环境、作业人员、作业机械、工程材料、工程构件的泛在感知，形成数字工地。

工程物联网技术与 BIM、企业资源规划技术结合，可以建立准确反映工程实体工地的数字工地。数字工地具有可分析、可优化的特点，可将实体工地的信息通过工程物联网映射到虚拟的数字工地中，利用计算机对工地的资源和活动要素进行科学计算与分析，以数字流驱动物质流和能量流，来实现对实体工地的高效组织与管控，如安全保障、设备物资调度、生产管理项目总控等。

3. 基于工程大数据的智能决策支持技术

数字化设计和数字工地可以积累海量的数据，包括工程环境数据、产品数据、过程数据及生产要素数据。通过设定学习框架，以海量数据进行自我训练与深度学习，实现具有高度自主性的工程智能分析，支持工程智能决策，并通过持续学习和改进，克服传统的经验决策和基于固定模型决策的不足，使工程决策更具洞察力和时效性，如图 1.17 所示。

4. 自动化、智能化工程机械

工程机械是工程建造水平的标志。数字技术赋能工程机械，将不断提升工程机械的自动化水平和自主作业能力，使其逐渐发展为负载着作业人员智慧，甚至是超越作业人员智

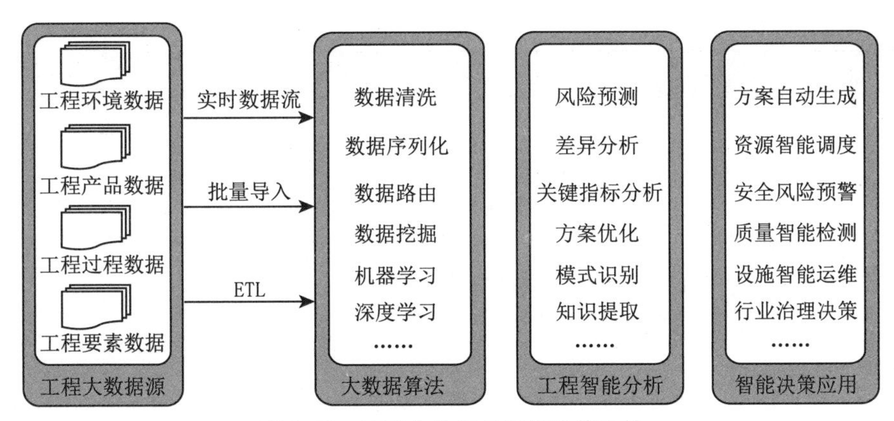

图 1.17 工程大数据与智能决策支持

慧的智能机器。当前，机器智能成本呈现不断下降、性能不断提升的趋势。可以预见，未来将有越来越多的自动化、智能化机器和专业工程师的智慧连接在一起，形成人机混合智能体系，人工智能与自动化建造装备将逐步接管施工现场，实现对自然物理空间更科学、更高效、更精确、更灵活的改造，创造出更为和谐的工程建造作业系统。

工程建造机器人代表着工程机械发展的未来，也是人类应对极端环境下工程建造的必然选择。虽然目前的建造机器人尚无法完全适应工程建造移动化作业需求和多变的作业环境，但随着技术的进步，制约建造机器人发展的技术瓶颈将会逐步得到解决。

1.3.3 数字建造的实施

1. 基于模型的数字设计

数字技术和信息技术广泛应用于工程建造领域，给工程设计带来了巨大变革，设计从手工绘制的二维图纸，到计算机辅助设计、参数化设计、生成式设计、协同设计，发展到设计建造一体化趋势。数字建造对工程设计的影响具体表现在：设计理念、设计方法、设计内容和设计深度。工程全生命周期内数字化设计的主要内容见表 1－3。

广联达《数字建筑白皮书》中对数字建筑的阐述

表 1－3 工程全生命周期内数字化设计的主要内容

角色/专业	阶段	数字化设计介入的可能性	数字化设计介入的优势
业主	规划、概念、深化	建立参数化模型	更早期、更准确地统计概预算、可视化的建筑外观
规划	规划、概念、深化	利用算法进行基地分析、参数化的规划模型	有依据地分析、解决问题，生成、比选、优化方案
建筑设计	概念、深化	利用算法分析设计条件、由规划到精确的参数化模型，主动正方向方案优化	可视化控制，提供形态几何可能性，高效、精确地修改方案，综合考虑多种因素，得到优化方案
景观设计	概念、深化	参数化设计控制形态	高效、精确地修改方案，生成、比选优化方案，甚至影响决定建筑形态

续表

角色/专业	阶段	数字化设计介入的可能性	数字化设计介入的优势
结构	概念、深化	与建筑外表配合建立关联的参数化模型，与结构分析结果一同参与正向优化生成	批量生成构件，且能高效、精确地修改，自动生成构件统计表，施工阶段自动、批量、精确地出加工图
幕墙	概念、深化	与建筑配合利用参数化模型参与设计	批量生成构件，且能高效、精确地修改，自动生成构件统计表，施工阶段自动、批量、精确地出加工图
绿色建筑	概念、深化	与建筑配合利用参数化模型分析各项建筑物的性能，与分析结果一同参与正向优化生成	评价方案各项建筑物性能，高效、精确地修改方案，甚至影响决定建筑形态生成
设备	深化、施工	三维建模	提供碰撞检测，自动生成构件统计表
总包	深化、施工	三维建模	自动生成构件统计表

基于模型定义的构件设计模型。设计模型是由体现构件功能的全三维的几何信息模型和表达构件名称、材料等的基本信息构成的，主要包括：①几何模型：几何特征、几何型面、几何区域；②标注信息：标记、尺寸、注释、公差；③属性：材料信息等。

基于模型定义的工序模型。工序模型是由加工制造过程各个加工工序阶段加工特征、工艺属性信息及标记、注释等加工工艺信息共同构成的。数字建造模式与传统建造模式最大的不同就是加入了建造过程，建造过程要经过详细的规划与设计，因此设计过程中不仅有基本的构件集合尺寸和相对位置设计，还应该包括构件加工工序设计。一方面，构件之间是相互联系、相互集成的关系，彼此之间存在相互的几何匹配和空间约束，在设计过程中构件之间的设计几何模型是设计的基础；另一方面，设计驱动建造的过程之中，还存在着建造要求，包括所采用的建造方法、建造路径等。

在进行几何模型设计和工序模型的设计之后，把两个过程信息利用一定的顺序连接起来，便可实现基于模型定义的数字建造设计，具体步骤见图 1.18。

2. 基于模型的设计平台

1）设计平台体系架构

设计平台体系结构的核心目标是指导工程进行施工和建造，提供安全、可靠的工程产品。基于模型的设计管理平台以基于企业的模型为蓝本，以核心设计业务为主，整合设计上下游的关系，使设计建造过程具有信息一致性和整体性，把工程几何设计和工程建造流程设计、装配整合设计等集成于统一于平台。平台体系架构如图 1.19 所示。

（1）数据和基础模型层。

数据和基础模型层包含构件数据库、企业知识库、软件组件库、标准库、员工能力库、材料数据库、建造数据库，是整个平台体系的基础。设计过程就是把信息转化成数据，将数据整合、表达成为信息，再将信息组成设计方案的过程。人与机器通过计算机语言完成交互，通过数据库对信息进行输入、计算、加工、存储和调用，支撑整个平台系统运转。

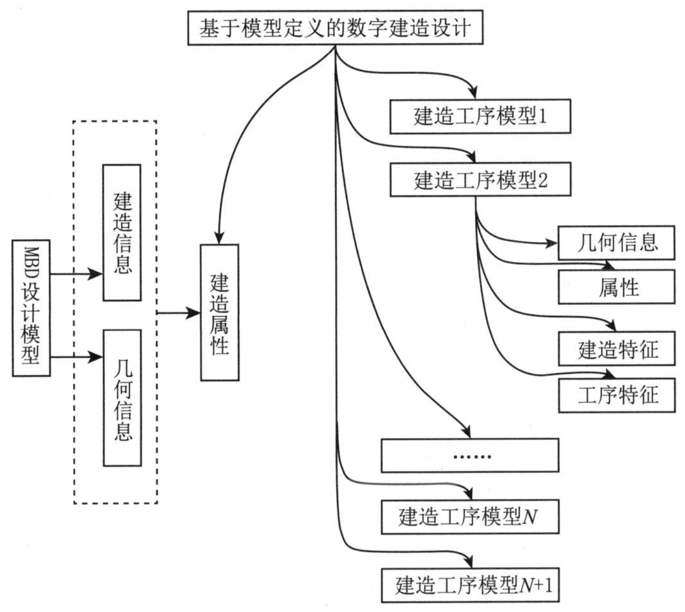

图 1.18 基于模型定义的数字建造设计步骤

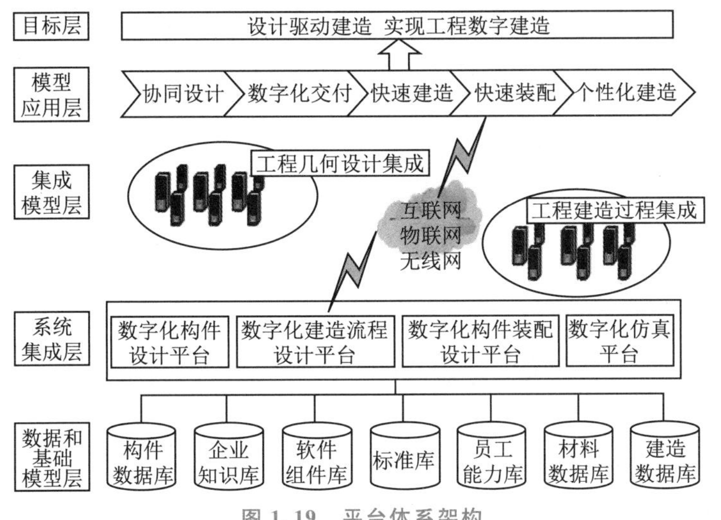

图 1.19 平台体系架构

（2）系统集成层。

通过数据库的建立分别为平台提供了数字化构件设计平台、数字化建造流程设计平台、数字化构件装配设计平台、数字化仿真平台。在数据库的支持下形成了实现不同功能的子系统平台。数字化构件设计平台主要是实现工程几何尺寸的设计，是所有设计过程的基础；数字化建造流程设计平台主要是实现构件的建造方式中材料、工具的集成设计；数字化构件装配设计平台是在前两个设计过程之上，把设计并且制造加工好的构件进行装配过程的设计，由小的构件组成大的构件，大的构件运输到施工现场组装，实现工程产品组装、装配过程的设计；数字化仿真平台主要是实现以上三个过程的集成，把设计建造组装全过程在数字化仿真平台上进行了实景操作的实践，通过数字化仿真平台实现对设计方案的反馈，通过科学的手段和方式对设计进行了验证，把设计过程中的冲突与矛盾进行集成的检测，为完成高质量的设计方案提供科学的验证手段。

(3) 集成模型层。

在基于模型的设计平台下，工程设计的集成分为工程几何设计集成和工程建造过程集成两大过程。

(4) 模型应用层。

集成之后，通过基于模型定义的设计方式，实现协同设计、数字化交付、快速建造、快速装配、个性化建造功能。再通过以上功能，完成设计驱动建造的整个过程。

(5) 目标层。

数字建造模式下，对工程产品的节能、减排、绿色环保有了更高要求。基于模型定义的数字化交付方式，解决了建造过程中的环境污染、材料浪费等问题，由粗放型的建造方式转向集约型的建造方式，提供更加精细化的工程产品。

2) 设计平台体系功能

不同的设计过程也都有其独特的信息系统，把各自独立的部分整合到一个更大的信息平台，实现信息的共享和互通，在统一的平台系统之上实现了数据的共享与互联及信息分布式管理，同时通过信息管理系统把真实的建筑材料、工程构件以信息的方式相互连接。基于模型的设计实施流程如图 1.20 所示。

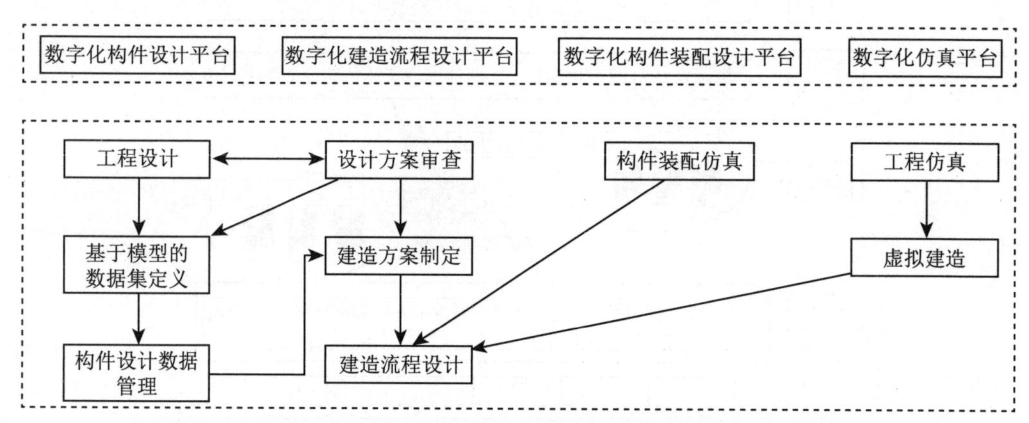

图 1.20 基于模型的设计实施流程

1.4 智能建造

1.4.1 智能建造概述

1. 智能建造的背景

2010 年以后，世界各国纷纷将智能制造纳入国家战略，抢占产业发展的制高点，以实现各自国家工业向高质、高效、高竞争力发展。

建筑业是国民经济的重要物质生产部门和支柱产业，但信息化、精细化管理的水平与其他重要行业相比却处于较低水平。麦肯锡国际研究院《想象建筑业的数字化未来》报告统计，在全球机构行业数字化指数排行中，建筑业位于倒数第二位。基于智能建造实现建筑业的跨越式发展是一个重大课题，也是历史发展机遇。

拓展讨论

党的二十大报告指出，建设现代化产业体系。从智能建造方向对建筑业现代化升级，对我国的基础设施建设与城市现代化进程有十分重要的意义。请同学们结合二十大报告和《“十四五”建筑业发展规划》《“十四五”全国城市基础设施建设规划》等相关文件，了解我国建筑业现代化发展方向，讨论如何在建筑业现代化产生的新兴技术领域中规划个人职业发展。

2. 智能建造的概念

肖绪文院士指出，智能建造是面向过程产品全生命周期，实现泛在感知条件下的信息化建造，即根据过程建造要求，通过智能化感知、人机交互、决策实施，实现立项过程、设计过程和施工过程的信息、传感、机器人和建造技术的深度融合，形成在基于互联网信息化感知平台的管控下，按照数字化设计的要求，在既定的时空范围内通过功能互补的机器人完成各种工艺操作的建造方式。

《中国建造 2035 战略研究》概况

丁烈云院士指出，智能建造是新一代信息技术与工程建造融合形成的工程建造创新模式，即利用以“三化”（数字化、网络化、智能化）和“三算”（算据、算力、算法）为特征的新一代信息技术，在实现工程建造要素资源数字化的基础上，通过规范化建模、网络化交互、可视化认知、高性能计算及智能化决策支持，实现数字链驱动下的工程立项策划、规划设计、施（加）工生产、运维服务一体化集成与高效率协同，不断拓展工程建造价值链、改造产业结构形态，向用户交付以人为本、绿色可持续的智能化工程产品与服务。

卢春房院士指出，智能建造是新一代通信技术与先进设计施工技术深度融合，并贯彻于勘察、设计、施工、运维等工程活动各个环节，具有自感知、自学习、自决策、自适应等功能的新型建造方式。

另有学者从狭义和广义角度给出了智能建造的定义。狭义的智能建造指的是利用智能装备、智能施工机械或自动化生产设备进行制造与施工，如 3D 打印、智能施工机器人、机械手臂、无人机测绘等。广义的智能建造基于人工智能控制系统、大数据中心、智能机械装备、物联网，能实现智能设计、智能制造、智能施工和智能运维的全生命周期的建造过程。不同于传统的建造方式，广义的智能建造在项目伊始，智能系统便进行生产规划、计算建造流水节拍、调配资源、监控调控建造过程，直至项目结束，是一种集设计、制造、施工建造于一体的新的项目建造体系和思维方式。

此外，也有学者将智能建造定义为以建筑信息模型、物联网等先进技术为手段，以满足工程项目的功能性需求和不同使用者的个性化需求为目的，构建项目建造和运行的智慧环境，通过技术创新和管理创新对工程项目全生命周期的所有过程实施有效改进和管理的一种管理理念和模式。

互联网时代，数字化催生着各个行业的变革与创新，建筑业也不例外。智能建造是解决建筑业低效率、高污染、高能耗的有效途径之一，已在很多工程中被提出并实践，因此有必要对智能建造的特征进行归纳。智能建造涵盖建设工程的设计、生产和施工 3 个阶段，借助人工智能、物联网、大数据、云计算、机器人、5G、BIM 等先进的信息技术，通过感知、识别、传递、分析、决策、执行、控制、反馈等建造行为，实现全产业链数据集成，为全生命周期管理提供支持。

本书认为，智能建造是指在建造过程中充分利用信息技术、集成技术和智能技术，构建人机交互建造系统，提升建造产品的品质，实现安全绿色、精益优效的建造方式。即智能建造是以提升建造产品，实现建造行为安全健康、节能降污、提质增效、绿色发展为理念，以 BIM 技术为核心，将物联网、大数据、人工智能、智能设备、可信计算、云边端协同、移动互联网等新一代信息技术与勘察、规划、设计、施工、运维、管理服务等建筑业全生命周期建造活动的各个环节相互融合，实现具有信息深度感知、自主采集与迭代、知识积累与辅助决策、工厂化加工、人机交互、精益管控的建造模式。

3. 智能建造与智慧建造

在工程实践中，出现了与“智能建造”相近的一个概念——“智慧建造”，现阶段，无论智能建造还是智慧建造，均没有系统、完整、公认的定义。

毛志兵指出，智慧建造技术是指在现代传感技术、网络技术、自动化技术、拟人化智能技术等先进制造技术的基础上，通过智能化的感知、人机交互、决策和执行技术，实现设计过程、建造过程和建造装备等建造全生命周期的智能化，是信息技术和智能技术与装备建造过程技术的深度融合与集成，是在建造过程中进行感知、分析、推理、决策与控制，实现产品需求的动态响应，新产品的迅速开发及生产和供应链网络实时优化的建造活动。

李久林指出，智慧建造是指在工程建造过程中运用信息化技术方法、手段最大限度地实现项目自动化、智慧化的工程活动。它是一种新兴的工程建造模式，是建立在高度的信息化、工业化和社会化基础上的一种信息融合、全面物联、协同运作、激励创新的工程建造模式。

智慧建造的概念体系由广义和狭义两种类型构成。广义的智慧建造是指在建筑产生的全过程，包括工程立项策划、设计、施工阶段，通过运用以 BIM 为代表的信息化技术开展的工程建设活动，其内涵主要包括多个方面：①智慧建造的目标是实现工程建造的自动化、智慧化、信息化和工业化，进一步推动社会经济可持续发展和生态文明建设；②智慧建造的本质是以人为本，通过技术的应用逐步把人从繁重的体力劳动和脑力劳动中解放出来；③智慧建造的实现要依托科学技术的进步及系统化的管理；④智慧建造的前提条件是保证工程项目建设的质量与安全；⑤智慧建造需要多方共同努力，协同推进，包括建设方、设计方、施工方、使用方及监管方等；⑥智慧建造包含立项策划、设计和施工三个阶段，但不是这三个阶段孤立或简单叠加式的存在，而是相辅相成、有机融合的，是信息不断传递、不断交互的过程。狭义的智慧建造是指在设计和施工全过程中，立足于工程建设项目主体，运用信息技术实现工程建造的信息化和智慧化。狭义的智慧建造着眼点在于工程项目的建造阶段，即通过 BIM、物联网等新兴信息技术的支撑，实现工程深化设计及优化、工厂化加工、精密测控、智能化安装、动态监测、信息化管理这六大典型应用，具体包括：①工程设计及优化可以实现 BIM 建模、碰撞检测、施工方案模拟、性能分析等；②工厂化加工可以实现混凝土预制构件、钢结构、幕墙龙骨及玻璃、机电管线等工厂化；③精密测控可以实现施工现场精准定位、复杂形体放样、实景逆向工程等；④智能化安装可以实现模架系统的爬升、钢结构的滑移及卸载等；⑤动态监测可以实现施工期的变形监测、温度监测、应力监测、运维期健康监测等；⑥信息化管理包括企业 ERP 系统、协同设计系统、施工项目管理系统、运维管理系统等。

智慧是高级动物所特有的能力，一般包含感知、识别、传递、分析、决策、控制、行动等。智慧建造是“智慧”理念延伸到工程项目全生命周期的产物，旨在应用机器智慧，实现全产业链数据集成，为全生命周期管理提供支持。智慧建造同样以智能技术及其相关技术的综合应用为前提。

从以上定义可以看出，智能建造和智慧建造的基本内核有相同之处，两者都同样以智能技术及相关信息技术的综合应用为前提，通过应用智能化系统、机械、工具提升建造效率及品质，减少对人的依赖，实现数字化建造、智能化建造、安全化建造。但不同专家基于各自不同领域、不同思维起点、不同认知模式，给出了两个专业名词定义。现阶段，在没有特别说明和强调的情况，可以认为智能建造和智慧建造基本等同。但本书认为，从更深层次上理解，智能建造和智慧建造在概念理念、建造方式和发展阶段上，还是有较大差异性的。在概念理念上，智能建造强调的是机器代替人力，提高劳动生产效率，智慧建造强调的是基于深度学习的人工智能实施工程建造；在建造方式上，智能建造强调的是人机协同建造方式，智慧建造强调的是充分发挥机器智慧的全面化的建造方式；在发展阶段上，智能建造是初级阶段，是目前方兴未艾的发展阶段，智慧建造是高级阶段，是未来一个时期的发展阶段。智能建造与智慧建造的差异性如图 1.21 所示。

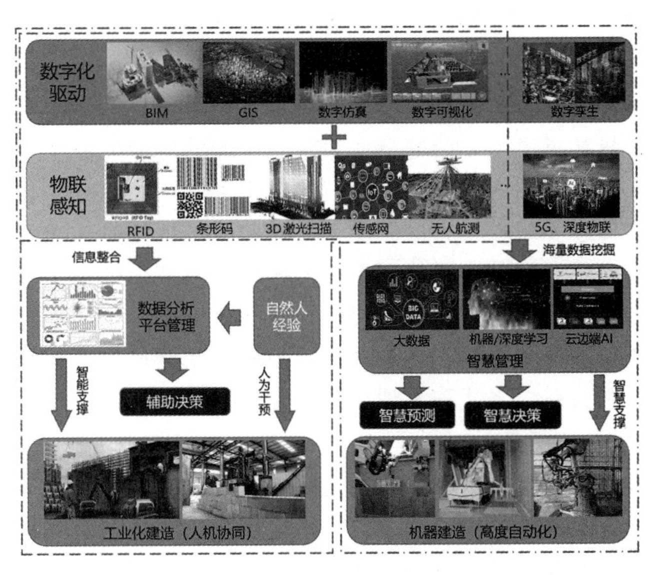

图 1.21　智能建造与智慧建造的差异性

1.4.2　智能建造的关键技术

1. 数字建模＋仿真交互关键技术群

数字建模＋仿真交互关键技术群的本质是数字驱动智能建造，物理世界通过数字镜像，形成建造实体的数字孪生，通过数字化手段进行建造设计、施工、运维全生命周期的建模、模拟、优化与控制，并创造新的建造模式与建造产品。智能建造的关键技术包括 BIM 技术、参数化建模、轻量化技术、工程数字化仿真、数字样机、数字设计、数字孪生、数字交互、模拟与仿真、自动规则检查、三维可视化、虚拟现实等，具体体现在数字化建模、数字设计与仿真、数据可视化三个方面。

（1）数字化建模。

数字化建模技术是建造数字建模＋仿真交互的基石，数字化建模的核心是通过建立虚拟的建筑工程三维信息模型，提供完整的、与实际情况一致的建筑工程信息库，它颠覆了传统点、线、面的建模方法，从建筑的全生命周期源头就赋予信息属性，为数字信息在各阶段的流通、转换、应用提供了精细化、科学化的基础。数字化建模不仅包含描述建筑物构件的几何信息、专业属性及状态信息，还包含了非实体（如运动行为、时间等）的状态信息，为建筑工程项目的相关方提供了一个工程信息交换和共享的平台。

（2）数字化设计与仿真。

数字化设计与仿真技术基于建造实体的数字孪生，对特定的流程、参数等进行分析与可视化仿真模拟，依据其仿真结果，修改、优化及生成技术成果。通过仿真的结果，可提前发现实际运营过程中可能存在的问题，从而制定可行方案，进一步控制质量、进度和成本，提高运营效率。

（3）数据可视化。

数字化建模实现了建造实体的三维可视化特征，使得设计理念和设计意图的表达立体化、直观化、真实化。用于设计阶段，设计者可真实体验建筑效果，把握尺度感；用于施工阶段，结合施工仿真模拟，可直观预演施工进度，辅助方案制定；用于运维阶段，可提前发现建筑使用过程中的问题，辅助科学决策。通过BIM＋VR、BIM＋AR等高精度、实时渲染技术，建造场景接近真实，给建造的表达赋予新的生命力。

面对越来越庞大、复杂的建造数据，建造数据的可视化已经成为建造全生命周期、全参与方、全过程信息传递和数据挖掘的重要手段。数据可视化是一个生成图形、图像符号的过程，即人脑通过人眼观察某个具体图形、图像来感知某个抽象事物，数据可视化是人类思维认知强化的过程。通过抽象化和可视化，建造信息在全生命周期、全参与方、全过程的传递，更加高效、直观和快捷。通过大数据分析和数据挖掘，可提炼建造模式，判别建造主体、行为的复杂关系，寻找和发现建造过程的异常。

2. 泛在感知＋宽带物联关键技术群

泛在感知＋宽带物联关键技术群的本质是平台支撑智能建造。感知是智能建造的基础与信息来源，物联是智能建造的信息流通与传输媒介，平台是感知和物联在线化的技术集成。关键技术是云边端工程建造平台、传感器、物联网、5G、3D激光扫描仪、无人机、摄像头、RFID等设备和技术，具体体现在感知技术、网络技术、平台技术三个方面。

（1）感知技术。

感知技术是通过物理、化学和生物效应等手段，获取建造的状态、特征、方式和过程的一种信息获取与表达技术。智能建造中的感知设备包括传感器、摄像头、RFID、激光扫描仪、红外感应器等。

（2）网络技术。

网络是支撑智能建造信息流通的媒介，它把互联网上分散的资源融为有机整体，实现资源的全面共享和有机协作，并按需获取信息。资源包括算力资源、存储资源、数据资源、信息资源、知识资源、专家资源、大型数据库资源等。

（3）平台技术。

平台技术将工程建造领域的物联网、大数据、云计算、移动互联网等与建筑业全生命周期建造活动的各环节相互融合，实现信息感知、数据采集、知识积累、辅助决策、精细化施工与管理。在架构上，云边端、容器、云原生等新兴理念的引入，使得建筑全生命周期数据流通的低延迟，共享数据的实时性、安全性及平台的高可用性得到保证，实现云端数据地无缝协同。在功能上，将资源、信息、机器设备、环境及人员紧密地连接在一起，通过工程建造全流程的表单在线填报、流程自动推送、手机 App 施工现场电子签名、数据结构化存储等功能，实现了审批流程数字化、数据存档结构化、监督管理智能化，形成智慧化的工程建造环境和集成化的协同运作服务平台，可实现项目现场与企业管理的互联互通、资源合理配置、质量和设备的有效管控、各参与方之间的协同运作、安全风险的提前预控，大幅度提高了工程建造质量，降低了建造成本，提高了建造效率。

3. 工厂制造＋机器施工关键技术群

工厂制造＋机器施工关键技术群的本质是机器协同智能建造，人机协同工作是智能建造的主要建造方式。关键技术是工厂化预制、数控 PC 生产线、装配式施工、建造机器人、焊接机器人、数控造楼机、无人驾驶挖掘机、结构打印机、混凝土 3D 打印等，具体体现在工厂化预制技术和现场智能施工技术两个方面。

（1）工厂化预制技术。

工厂化预制技术是指建筑物的各种构件、部品部件在施工前由各专业工厂预先制造的行为，是现场智能施工的前提和基础，由数字建模与虚拟研发系统、生产制造与自动化系统、工厂运行管理系统、产品全生命周期管理系统和智能物流管控系统组成。

（2）现场智能施工技术。

现场智能施工技术是利用 BIM 技术平台和建造机器人，基于工厂预制的构件、部品部件，采用装配式的技术方案，智能地完成现场施工的行为。智能建造不仅要求构件、部品部件的工厂化、机械化、自动化制造，而且，要适应建筑工业 4.0 的要求，建立基于 BIM 的工业化智能建造体系。BIM 的工业化智能建造体系包括以下内容。

① 基于 BIM 构件、部品部件制造生产，BIM 建模并进行建筑结构性能优化设计；构件深化设计，BIM 自动生成材料清单；BIM 钢筋数控加工与自动排布；智能化浇筑混凝土（备料、划线、布边模、布内模、吊装钢筋网、搅拌、运送、自动浇筑、振捣、养护、脱模、存放的机械化和自动化）。

② 智慧工地通过三维 BIM 施工平台对工程项目进行精确设计和施工模拟，围绕施工过程管理，建立互联协同、智能生产和科学管理，并在虚拟现实环境下与物联网采集到的工程信息进行数据挖掘分析，提供过程趋势预测及专家预案，实施劳务、材料、进度、机械、方案与工法、安全生产、成本、现场环境的管理，实现工程施工可视化、智能化和绿色化的建造。

③ 采用建造机器人，形成人机协同的施工模式，主要包括：建造机器人、测量机器人、塔式起重机智能监管技术、施工电梯智能监控技术、混凝土 3D 打印、GPS/北斗定位的机械物联管理系统、智能化自主采购技术、环境监测及降尘除霾联动应用技术等。

4. 人工智能＋辅助决策关键技术群

人工智能＋辅助决策关键技术群的本质是算法助力智能建造，算法是智能建造的“智能”来源。关键技术是大数据、机器学习、深度学习、专家系统、人机交互、机器推理、类脑科学等，具体体现在智能规划、智能设计和智能决策三个方面。

(1) 智能规划。

规划是关于动作的推理，通过预估动作的效果，选择和组织一组动作，以尽可能好地实现一些预先制定的目标。智能规划是人工智能的一个重要研究领域，其主要思想是：对周围环境进行认识与分析，基于状态空间搜索、定理证明、控制理论和机器人技术等，面对复杂的、带有约束限制的建造场景、建造任务和建造目标，对若干可供选择的路径及所提供的资源限制和相关约束进行推理，综合制定出实现目标的动作序列，每一个动作序列即称为一个规划。智能建造中常用的智能规划包括：基于多智能体的三维城市规划、基于智能算法的消防疏散与火灾救援路径规划、基于遗传算法的塔式起重机布置规划等。

(2) 智能设计。

智能设计是计算机化的人类设计智能，即应用现代信息技术，采用计算机模拟人类的思维的设计活动。智能设计系统的关键技术包括：设计过程的再认识、设计知识表示、多专家系统协同技术、再设计与自学习机制、多种推理机制的综合应用、智能化人机接口等。智能设计按设计能力可以分为常规设计、联想设计和进化设计三个层次。在智能建造中，智能设计按照给定的建筑设计要求，如邻接偏好、风格、噪声、日光、视野等，模仿人类的经验设计，基于人工智能、专家系统、机器学习、迭代算法，自我学习众多已有的解决方案，生成最佳设计方案。设计图纸的自动合规检查是按照规范和经验进行规则解析和知识表示，通过推理方法与推理控制策略获取规则的检查方法。

(3) 智能决策。

智能决策是通过决策支持系统与专家系统相结合，形成智能决策支持系统来实施的。智能决策支持系统充分发挥了专家系统以知识推理形式分析解决定性问题的特点，又发挥了决策支持系统以模型计算为核心的分析解决定量问题的特点，充分做到了定性分析和定量分析的有机结合。新决策支持系统把数据库、联机分析处理、数据挖掘、模型库、知识库结合起来，充分发挥数据的作用，从数据中获取辅助决策信息和知识，使得解决问题的能力和范围得到了很大的发展。

5. 绿色低碳＋生态环保关键技术群

绿色低碳＋生态环保关键技术群的本质是以绿色建造引领智能建造。绿色建造是着眼于建筑全生命周期，在保证质量和安全的前提下，践行可持续发展理念，通过科学管理和技术进步，最大限度地节约资源和保护环境，实现绿色施工要求、生产绿色建筑产品的工程活动。绿色建造无论建造行为还是建造产品，都应当是绿色、循环和低碳的，它体现了智能建造的价值取向和最终目标。关键技术包括被动节能、低能耗建筑、资源化利用、建造污染控制、再生混凝土、可拆卸建筑、个性化定制建筑等，具体体现在绿色施工、绿色建筑和建筑再生三个方面。

(1) 绿色施工。

绿色施工是指工程建设中，在保证质量、安全等基本要求的前提下，通过科学管理和技术进步，最大限度地节约资源与减少对环境负面影响的施工生产活动，全面实现“四节一环保”(建筑企业节能、节地、节水、节材和环境保护)。绿色施工技术包括以下内容。

① 减少场地干扰，维护施工场地环境，保护施工场地的土壤，减少施工工地占用。

② 节约材料和能源，减少材料的损耗，提高材料的使用效率，加大资源和材料的回收利用、循环利用，使用可再生的或含有可再生成分的产品和材料。尽可能重新利用雨水

或施工废水等措施，降低施工用水量。安装节能灯具和设备，利用声光传感器控制照明灯具，采用节电型施工机械，合理安排施工时间等降低用电量。

③ 减少环境污染，控制施工扬尘，控制施工污水排放，减少施工噪声和振动，减少施工垃圾的排放。

（2）绿色建筑。

绿色建筑是指在全生命周期内，节约资源、保护环境、减少污染，为人们提供健康、适用、高效的使用空间，最大限度地实现人与自然和谐共处的高质量建筑。绿色建筑主要体现在以下几个方面。

① 节约能源，充分利用太阳能，采用节能的建筑围护结构，减少采暖和空调的使用。根据自然通风的原理设置风冷系统，使建筑能够有效地利用夏季的主导风向。建筑采用适应当地气候条件的平面形式及总体布局。应用被动式节能技术，降低建筑能耗，在建筑规划设计中通过对建筑朝向的合理布置、遮阳的设置，采用建筑围护结构的保温隔热技术，有利于自然通风的建筑开口设计等，实现建筑采暖、空调、通风等能耗的降低。

② 节约资源，在建筑设计、建造和建筑材料的选择中，均考虑资源的合理使用和处置。要减少资源的使用，力求使资源可再生利用。节约水资源，包括绿化的节约用水。

③ 绿色建筑外部要强调与周边环境相融合，和谐一致、动静互补，做到保护自然生态环境。建筑内部不使用对人体有害的建筑材料和装修材料，室内空气清新，温、湿度适当，使居住者感觉良好，身心健康。

（3）建筑再生。

建筑再生是将即将失去功能价值的建筑，再次利用的技术，包括修缮技术、再生混凝土技术、建筑可拆卸技术。修缮技术是指对已建成的建筑进行拆改、翻修和维护，保障建筑安全，保持和提高建筑的完好程度与使用功能。再生混凝土技术是指将废弃的混凝土块经过破碎、清洗、分级后，按一定比例与级配混合，部分或全部代替砂石等天然集料（主要是粗集料），再加入水泥、水等配制而成的新混凝土。将废商品混凝土重复利用，将产生社会效益和经济效益。建筑可拆卸技术是将大小不同的方形盒子（模块），通过堆叠组合与拼装，形成一个完整的建筑体系，这种可拆卸式的模块化建筑具有环保、便捷、可移动等特性，可拆卸建筑大幅减少了资源浪费，最大化地减少了对环境的干预和影响，实现了建筑的循环利用。

1.4.3 智能建造的工程应用

1. BIM 5D 系统

所谓5D就是三维模型＋进度＋成本，是施工 BIM 技术应用最核心的内容。BIM 5D 系统是基于 BIM 的集成应用平台，通过三维模型数据接口集成各个专业模型，并以集成 BIM 为载体，将施工过程中的进度、合同、成本、工艺、质量、安全、图纸、材料、劳动力等信息集成到同一平台，利用 BIM 的形象直观、可计算分析的特性，为施工过程中的进度管理、现场协调合同成本管理、材料管理等关键过程及时提供准确的构件几何位置、工程量、资源量、计划时间等，帮助管理人员进行有效决策和精细管理，减少施工变更，缩短项目工期，控制项目成本，提升工程质量。

BIM 5D系统是一个平台，包括三个中心，分别是模型中心、数据（信息）中心和应用中心，BIM 5D系统是以模型中心为载体，数据（信息）中心为业务支撑，应用中心为核心价值。模型中心可导入由Revit、Tekla Structures、ArchiCAD、MagiCAD、3ds Max、广联达造价管理等软件生成的文件，可集成不同软件多专业的实体、场地、机械等模型，通过BIM的可视化、可分析、可模拟等特点实现项目的精细化管理。数据中心是一个工程项目的信息中心，平台以模型作为载体，可导入进度、合同、成本、质量、安全、图纸、物料等信息，集成多专业模型并挂接项目管理过程中的各种信息。应用中心是以模型与数据结合与集成为基础，项目管理各参与方、参与人员在项目招投标、施工准备、施工过程、竣工交付等各个阶段，可围绕技术、商务、生产、质量安全等多部门和多岗位实现协同应用。BIM 5D采用“三端一云”的架构协同方案，包括PC端、手机端、Web浏览端和BIM云4个部分。PC端主要实现模型、进度、质量安全等数据的集成；手机端用于现场质量、安全进度等问题的采集，同时手机端内置检查点、验收规范，实时记录现场质量安全问题，并进行上传、跟踪整改；Web浏览端属于项目管理驾驶舱，服务于项目经理、总工程师、生产经理、企业管理者，将PC端和手机端的信息汇总成项目整体的进度、成本、质量、安全文件，便于管理者了解项目整体情况；BIM 5D提供在线模型浏览、数据协同、构件配置、模型渲染、项目看板等功能。

2. 建造机器人

（1）建造机器人的概念。

近百年来，虽然自然科学与工程技术领域的革新不断，建筑本身的形态和功能也大不相同，但建筑施工的业态形式却始终没有出现显著的变化。建造机器人是一项可能承担起建筑业革新重任的人工智能新技术。

建造机器人是用于建设工程方面的工业机器人，分为广义的建造机器人和狭义的建造机器人。

广义的建造机器人是指全生命周期（包括勘察、设计、建造、运营、维护、清拆、保护等）从事建造活动的机器人及相关的智能化设备。

狭义的建造机器人特指与建筑施工作业密切相关的机器人设备，通常是一个在建筑预制或施工工艺中执行某个具体的建造任务（如砌筑、切割、焊接等）的装备系统。其涵盖面相对较窄，但具有显著的工程实施能力与工法特征。

（2）建造机器人的技术特征。

建筑工程尤其是施工现场的复杂程度远远高于制造业结构化的工厂环境，因而建造机器人所要面临的问题也比工业机器人复杂得多。与工业机器人相比，建造机器人具有自身独特的技术特点。

首先，建造机器人需要具备较大的承载能力和作业空间。在建筑施工过程中建造机器人需要操作幕墙玻璃、混凝土砌块等建筑构件，因此对机器人承载能力提出了更高的要求。这种承载能力可以依靠机器人自身的机构设计，也可以通过与起重、吊装设备协同工作来实现。现场作业的建造机器人需具有移动能力或较大的工作空间，以满足大范围建造作业的需求，可以采用轮式移动机器人、履带式机器人及无人机实现机器人移动作业功能。

其次，在非结构化环境的工作中，建造机器人需具有较高的智能性及广泛的适应性。在建筑施工现场，建造机器人不仅需要复杂的导航能力，还需要具备在脚手架上或深沟中移动作业、避障等能力。基于传感器的智能感知技术是提高建造机器人智能性和适应性的关键环节。传感器系统要适应非结构化环境，也需要考虑高温等恶劣天气条件及充满灰尘的空气、极度的振动等环境条件对传感器响应度的影响，以保证建造机器人的建造精度。

此外，建造机器人面临更加严峻的安全性挑战。在大型建造项目尤其是高层建筑建造中，建造机器人任何可能的碰撞、磨损、偏移都可能造成灾难性的后果，因此需要更加完备的实时监测与预警系统。事实上，建筑工程建造所涉及的方方面面都具有极高的复杂性和关联性，往往不是实验室研究所能够充分考虑的。因此在总体机构系统设计方面，现阶段的建造机器人往往需要采用人机协作的模式来完成复杂的建造任务。

最后，建造机器人与制造业机器人在编程方面有较大的差异。制造业机器人流水线通常采用现场编程的方式，一次编程完成后机器人便可进行重复作业。这种模式显然不适用于复杂多变的建筑建造过程。建造机器人编程需要与高度智能化的现场建立实时连接及实时反馈，以适应复杂的现场施工环境。

(3) 建造机器人的种类。

建造机器人应用在设计、建造、破拆、运维四个方面，专业的建造机器人正在逐步从研发走向落地，在房屋、高塔、桥梁、地铁建造中发挥积极作用。建造机器人包括测绘机器人、砌墙机器人、预制板机器人、焊接机器人、混凝土喷射机器人、施工防护机器人、地面铺设机器人、装修机器人、清洗机器人、隧道挖掘机器人、破拆机器人等，种类繁多，形成了一个庞大的建造机器人家族，下面仅介绍几种典型的建造机器人。

① 砌墙机器人。砌墙机器人的工作原理是使用笛卡儿坐标和参数化设计，在每个砌块及其相应的坐标都已知的情况下，专有软件将在CAD中建模的墙体结构转换为砌块元数据。然后，软件使用元数据将砌块填充到特定的嵌套模式中，并在算法的帮助下，根据模式和其他参数（如砌砖头的大小及机器人抓取砌块的方式）来确定如何放置砌块。砌墙机器人系统包括传送带、砂浆泵（或使用黏合剂）、喷嘴和机械臂。砌块运到机械臂时就已经由喷嘴抹好了水泥或黏合剂，机械臂按计算机指令，进行砌筑，如图1.22所示。

图1.22 砌墙机器人

② 焊接机器人。焊接机器人是从事焊接（包括切割与喷涂）的工业机器人，如图 1.23所示。根据焊接方法不同，焊接机器人可分为点焊机器人、弧焊机器人、激光焊接机器人等。一般焊接机器人由机器人和焊接设备两大部分组成，机器人应设计有 3 个或 3 个以上可自由移动的轴，通过编程控制，将焊接工具按要求送到预定的空间位置，并按要求轨迹及速度移动焊接工具。焊接设备则由焊接电源（包括控制系统）、送丝机（弧焊）、焊枪（钳）等部分组成。对于智能焊接机器人还应设计传感系统，如激光或摄像传感器及其控制装置。

图 1.23　焊接机器人

③ 破拆机器人。破拆机器人首先扫描需要拆除的墙面，算出清除路径，然后使用高压水枪逐层把混凝土破坏和粉碎。破拆机器人的机械头设有吸力回收装置，能够在击穿墙面的同时把废料吸到回收装置内，通过回收装置的离心系统分类，收集水泥废料，最后拆除钢筋，如图 1.24 所示。

图 1.24　破拆机器人

其他类型的建造机器人将在 5.2.2 中介绍。

本章小结

土木工程是建造各类工程设施的科学技术，为人类的生活、生产和文明提供了基础设施，与人类发展相生相伴，大致经历了古代、近代和现代土木工程建造三个历史阶段。随着人工智能、物联网、大数据、云计算、机器人、BIM、5G等新一代信息技术与工程建造的融合，装配建造和数字建造不断迭代推进，智能建造应运而生，正在形成以数字建模＋仿真交互关键技术、泛在感知＋宽带物联关键技术、工厂制造＋机器施工关键技术、人工智能＋辅助决策关键技术、绿色低碳＋生态环保关键技术为核心智能建造的技术体系。

复习思考题

1. 土木工程的内涵是什么？
2. 简述现代土木工程建造的主要特点。
3. 讨论土木工程建造的发展趋势。
4. 什么叫工业化建造？
5. 装配式建造的内涵是什么？与传统建造相比具有哪些优越性？
6. 简述国外装配式建造的状况。
7. 简述我国装配式建造的状况。
8. 简述装配式建筑体系的内涵。
9. 简述装配式混凝土结构体系的内涵。
10. 简述装配式钢结构体系的内涵。
11. 简述模块化建筑结构体系的内涵。
12. 简述装配化施工的技术要点。
13. 简述智能建造的内涵。
14. 分析智能建造与智慧建造的异同点。

第 2 章 智能建造的基础共性技术

思维导图

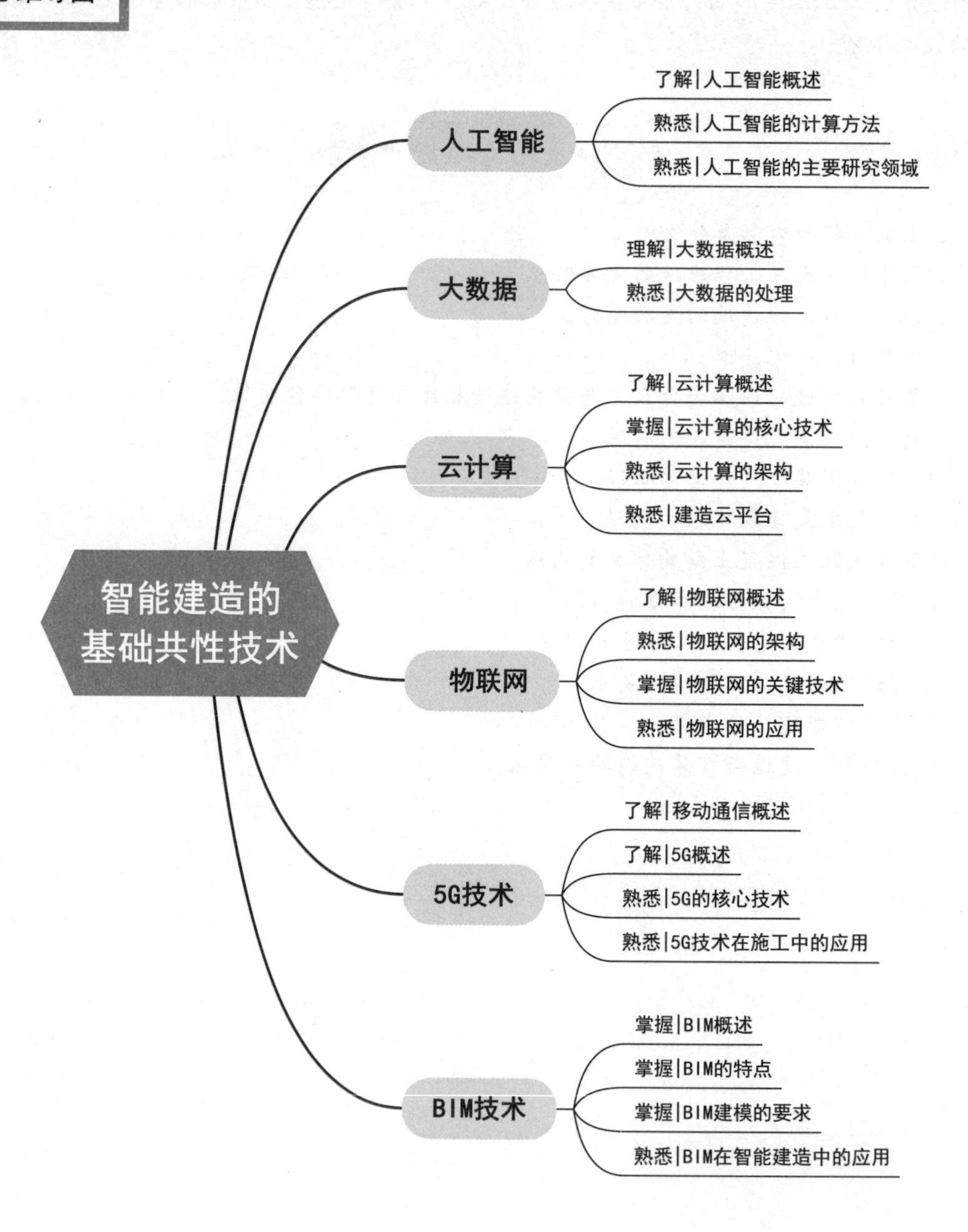

2.1 人工智能

2.1.1 人工智能概述

1. 人工智能

人工智能（Artificial Intelligence，AI）就是用人工的方法在机器（计算机）上实现的智能，也称为机器智能（Machine Intelligence），是研究理解和模拟人类智能、智能行为及其规律的一门学科。其主要任务是建立智能信息的处理理论，进而设计可以展现某些近似于人类智能行为的计算系统。

人工智能发展史

自1956年正式提出“人工智能”这个术语并把它作为一门新兴学科的名称以来，人工智能便获得了迅速的发展，并取得了惊人的成就，引起了人们的高度重视，受到了很高的评价。它与空间技术、原子能技术一起被誉为20世纪的三大科学技术成就。

1）人工智能的定义

和许多新兴学科一样，人工智能至今尚无一个被大家一致认同的定义。但目前最常见的人工智能定义有两个：一个是明斯基提出的，“人工智能是一门科学，是使机器做那些人需要通过智能来做的事情”；另一个是尼尔森提出的，“人工智能是关于知识的科学”。

在这两个定义中，专业人士更偏向于第二个定义。一般来说，人工智能的研究是以知识的表示、知识的获取和知识的应用为目标的。虽然不同的学科致力于发现不同领域的知识，但应承认所有的学科都是以发现知识为目标的。比如，数学研究数学领域的知识、物理研究物理领域的知识。而人工智能希望发现可以不受领域限制，适用于任何领域的知识，包括知识表示、知识获取及知识应用的一般规律、算法和实现方式等。因此，相对于其他学科，人工智能具有普适性、迁移性和渗透性。一般来说，将人工智能的知识应用于某一特定领域，就可以形成一个新的学科，如生物信息学、计算历史学、计算广告学、计算社会学等。因此，掌握人工智能知识已经不仅仅是对人工智能研究者的要求，也是时代的要求。

2）人工智能的分类

人工智能按能力可以分为三类：弱人工智能、强人工智能和超人工智能。

（1）弱人工智能（Artificial Narrow Intelligence，ANI），指的是只能完成某一项特定任务或者解决某一特定问题的人工智能，比如战胜世界围棋冠军的人工智能 AlphaGo。我们现在实现的几乎全是弱人工智能。

（2）强人工智能（Artificial General Intelligence，AGI），属于人类级别的人工智能，指的是可以像人一样胜任任何智力性任务的智能机器。它能够进行思考、计划、解决问题、抽象思维、理解复杂理念、快速学习和从经验中学习等操作，并且和人类一样得心应手。在强人工智能阶段，由于已经可以比肩人类，同时也具备了具有“人格”的基本条件，机器可以像人类一样独立思考和决策。创造强人工智能比创造弱人工智能难得多，现在还无法实现。

（3）超人工智能（Artificial Super Intelligence，ASI）。牛津大学人类未来研究院院长 Nick Bostrom 把超智能定义为“在几乎所有领域都比最聪明的人类大脑聪明很多，包括科学创新、通识和社交技能”。在超人工智能阶段，人工智能已经跨过“奇点”，其计算和思维能力已经远超人脑。此时的人工智能已经不是人类可以理解和想象的。人工智能将打破人脑受到的维度限制，其所观察和思考的内容，人脑已经无法理解。

2.1.2 人工智能的计算方法

1. 人工智能的主要学派

从 1956 年正式提出人工智能学科算起，人工智能的研究发展已有 60 多年的历史。这期间，不同学科对人工智能做出了各自的理解，提出了不同的观点，由此产生了不同的学术流派。其间对人工智能研究影响较大的主要有符号主义、连接主义和行为主义三大学派。

（1）符号主义。

符号主义（Symbolism）是一种基于逻辑推理的智能模拟方法，又称逻辑主义（Logicism）、心理学派（Psychlogism）或计算机学派（Computerism），其原理主要为物理符号系统假设和有限合理性原则，长期以来，一直在人工智能中处于主导地位。

符号主义学派认为人工智能源于数学逻辑。该学派认为人类认知和思维的基本单元是符号，而认知过程就是在符号表示上的一种运算。符号主义致力于用计算机的符号操作来模拟人的认知过程，其实质就是模拟人的左脑抽象逻辑思维，通过研究人类认知系统的功能机理，用某种符号来描述人类的认知过程，并把这种符号输入到能处理符号的计算机中，从而模拟人类的认知过程，实现人工智能。

（2）连接主义。

连接主义（Connectionism）又称仿生学派（Bionicsism）或生理学派（Physiologism），是一种基于神经网络及网络间的连接机制与学习算法的智能模拟方法。这一学派认为人工智能源于仿生学，注重对人脑模型的研究。

连接主义学派从神经生理学和认知科学的研究成果出发，把人的智能归结为人脑的高层活动的结果，强调智能活动是由大量简单的单元通过复杂的相互连接后并行运行的结果。其中，人工神经网络就是其代表性技术。

（3）行为主义。

行为主义又称进化主义（Evolutionism）或控制论学派（Cyberneticsism），是一种基于“感知—行动”的行为智能模拟方法。

行为主义最早来源于 20 世纪初的一个心理学流派，认为行为是有机体用以适应环境变化的各种身体反应的组合，它的理论目标在于预见和控制行为。控制论把神经系统的工作原理与信息理论、控制理论、逻辑及计算机联系起来。

2. 人工智能的主要计算方法

人工智能各个学派，因其理论基础不同，故采用的计算方法也不尽相同。

基于符号逻辑的人工智能学派强调基于知识的表示与推理，而不强调计算（但并非没有任何计算）。图搜索、谓词演算和规则运算都属于广义上的计算。显然，这些计算与传统的采用数理方程、状态方程、差分方程、传递函数、脉冲传递函数和矩阵方程等数值分析计算是有根本区别的。

随着人工智能的发展，出现了各种新的智能计算技术，如模糊计算、神经计算、进化计算、免疫计算和粒子群计算等，它们是以算法为基础的，也与数值分析计算方法有所不同。归纳起来，人工智能和智能系统中采用的主要计算方法有概率计算、符号规则逻辑计算、模糊计算、神经计算、进化计算与免疫计算。

2.1.3 人工智能的主要研究领域

目前，随着智能科学技术的发展和计算机网络技术的广泛应用，人工智能技术被应用到越来越多的领域。下面从感知智能、认知智能、计算智能和智能融合四个方面进行概述。

1. 感知智能

(1) 模式识别。

模式识别是对表征事物或现象的各种形式的信息进行处理和分析，以对事物或现象进行描述、辨认、分类和解释的过程。模式通常具有实体的形式，如声音、图片、图像、语言、文字、符号、物体和景象等，可以用物理、化学及生物传感器进行具体采集和测量。模式识别研究的是计算机的模式识别系统，即用计算机代替人类或帮助人类感知模式。一个计算机模式识别系统基本上由三部分组成，即数据采集、数据处理和分类决策或模型匹配。

(2) 计算机视觉。

计算机视觉旨在对描述景物的一幅或多幅图像的数据进行计算机处理，以实现类似于视觉感知所要进行的图像获取、表示、处理和分析等，使整个计算机视觉系统成为一个有视觉的机器，从而可以对周围的景物提取各种有关信息，包括物体的形状、类别、位置及物理性等，以实现对物体的识别理解和定位，并在此基础上做出相应的决策。

计算机视觉已在机器人装配、卫星图像处理、工业过程监控、飞行器跟踪和制导及电视实况转播等领域获得极为广泛的应用。

(3) 自然语言处理。

自然语言处理是用计算机对人类的书面和口头形式的自然语言信息进行处理加工的技术，主要任务在于建立各种自然语言处理系统，如文字自动识别系统、语音自动识别系统、语音自动合成系统、电子词典、机器翻译系统、自然语言人机接口系统、自然语言辅助教学系统、自然语言信息检索系统、自动文摘系统、自动索引系统、自动校对系统等。

2. 认知智能

(1) 逻辑与推理。

逻辑与推理是人工智能的核心问题。逻辑是人脑思维的规律，是推理的理论基础，推理与逻辑是相辅相成的，即人脑思维首先设定逻辑规则，然后进行分析，如通过归纳和演绎等手段，对观测现象由果溯因（归纳）或由因溯果（推理），得到结论。

人工智能的逻辑与推理包括命题逻辑、谓词逻辑、知识图谱和因果推理等。命题逻辑是应用一套形式化规则对以符号表示的描述性陈述（称为命题）进行推理的系统。谓词逻辑把命题逻辑作为子系统，在谓词逻辑部分则集中研究由非命题成分组成的命题形式和量词的逻辑性质与规律。知识图谱旨在以结构化的形式描述客观世界中存在的概念、实体及其间的复杂关系。因果推理是基于因果关系及其推理规则的一类推理方法的统称。

（2）搜索技术。

所谓搜索就是为了达到某一“目标”而连续进行推理的过程。搜索技术就是对推理进行引导和控制的技术。智能活动的过程可看作或抽象为一个“问题求解”过程。而所谓“问题求解”过程，实质上就是在显式的或隐式的问题空间中进行搜索的过程。通常搜索有两种基本方式：一种是不考虑给定问题所具有的特定知识，系统根据事先确定好的某种固定排序，依次调用规则或随机调用规则，称为无信息引导的搜索，如盲目搜索，包括深度优先搜索和宽度优先搜索；另一种是考虑问题领域可应用的知识，动态地确定规则的排序，优先调用较合适的规则使用，称为有信息引导的搜索，如启发式搜索、博弈搜索等。搜索策略可采用树搜索和图搜索。

（3）专家系统。

专家系统是一个基于专门的领域知识求解特定问题的计算机程序系统，主要用来模仿人类专家的思维活动，通过推理与判断求解问题。一个专家系统主要由以下两部分组成：一部分称为知识库的知识集合，它包括要处理问题的领域知识；另一部分称为推理机的程序模块，它包含一般问题求解过程所用的推理方法与控制策略的知识。

专家系统从体系结构上可分为集中式专家系统、分布式专家系统、协同式专家系统、神经网络专家系统等；从方法上可分为基于规则的专家系统、基于模型的专家系统、基于框架的专家系统等。

（4）数据挖掘与知识发现。

数据挖掘的目的是从数据库中找出有意义的模式。这些模式可以是一组规则、聚类、决策树、依赖网络或以其他方式表示的知识。一个典型的数据挖掘过程可以分为 4 个阶段，即数据预处理、建模、模型评估及模型应用。

知识发现系统通过各种学习方法，自动处理数据库中大量的原始数据，提炼出具有必然性的、有意义的知识，从而揭示出蕴含在这些数据背后的内在联系和本质规律，实现知识的自动获取。

知识发现是从数据库中发现知识的全过程，而数据挖掘则是这个全过程的一个特定的、关键的步骤。

3. 计算智能

计算智能是借助现代计算工具模拟人的智能求解问题（或处理信息）的理论与方法，它是人工智能技术的重要组成部分，也是早期人工智能的深化与发展。如果说人工智能是以知识库（专家规则库）为基础，以顺序离散符号推理为特征，计算智能则是以模型（计算模型、数学模型）为基础，以分布、并行计算为特征。目前，计算智能的技术主要有进化计算、人工神经网络、模糊逻辑和模糊系统、人工免疫系统、粒子群智能、混沌系统、概率推理等。

智能计算方法具有以下共同的要素：自适应的结构、随机产生的或指定的初始状态、适应度的评测函数、修改结构的操作、系统状态存储器、终止计算的条件、指示结果的方法、控制过程的参数。智能计算的这些方法具有自学习、自组织、自适应的特征和简单、通用、鲁棒性强、适于并行处理的优点。在并行搜索、联想记忆、模式识别、知识自动获取等方面得到了广泛应用。

（1）记忆与联想。

记忆与联想是机器实现计算的基础，是智能的基本条件，记忆映射了计算机的存储问题，联想映射了数据、信息或知识之间的联系。当前，在机器联想功能的研究中，人们就是利用人脑的按内容记忆原理，采用了一种称为“联想存储”的技术。联想存储的特点是：可以存储许多相关（激励、响应）模式对；通过自组织过程可以完成这种存储；以分布、稳健的方式（可能会有很高的冗余度）存储信息；可以根据接收到的相关激励模式产生并输出适当的响应模式；即使输入激励模式失真或不完全，仍然可以产生正确的响应模式；可在原存储中加入新的存储模式。

（2）机器学习。

机器学习是人工智能的一个核心研究领域，是一门多领域交叉学科，涉及概率论、统计学、计算机科学等多门学科，它是使计算机具有智能的根本途径。学习是人类智能的主要标志和获取知识的基本手段。西蒙（Simon）认为：如果一个系统能够通过执行某种过程而改进它的性能，这就是学习。

机器学习研究的主要目标是让机器自身具有获取知识的能力，使机器能够总结经验、修正错误、发现规律、改进性能，对环境具有更强的适应能力。按照学习方法，机器学习可分为监督学习、无监督学习、半监督学习、深度学习、强化学习。

（3）人工神经网络。

人工神经网络（也称神经网络计算或神经计算）实际上指的是一类计算模型，其工作原理模仿了人类大脑的某些工作机制。人工神经网络从信息处理的角度对人脑神经元网络进行抽象，建立某种简单模型，按不同的连接方式组成不同的网络。这种计算模型，由大量的节点相互连接构成，每个节点代表一种特定的输出函数，称为激励函数。每两个节点间的连接都代表一个对于通过该连接信号的加权值，称为权重，这相当于人工神经网络的记忆。人工神经网络的输出则由网络的连接方式、权重和激励函数决定。人工神经网络自身通常都是对自然界某种算法或者函数的逼近，也可能是对一种逻辑策略的表达。

（4）深度学习。

深度学习是指多层神经网络上运用各种机器学习算法解决图像、文本等各种问题的算法集合。深度学习是模仿人脑的机制来建立学习的神经网络，它通过设计建立适量的神经元计算节点和多层运算层次结构，选择合适的输入层和输出层，通过网络的学习和调优，建立起从输入到输出的函数关系，可以尽可能地逼近现实的关联关系。使用训练成功的网络模型，可以实现对复杂事务处理的自动化要求。

（5）强化学习。

强化学习是指智能体以“试错”的方式进行学习，通过与环境进行交互获得奖赏的指导行为，目标是使智能体获得最大的奖赏。强化学习不同于连接主义学习中的监督学习，主要表现在强化信号上，强化学习中由环境提供的强化信号是对产生动作的好坏做一种评价（通常为标量信号），而不是告诉强化学习系统如何去产生正确的动作。由于外部环境提供的信息很少，强化学习系统必须靠自身的经历进行学习。通过这种方式，强化学习系统在行动-评价的环境中获得知识，改进行动方案以适应环境。

（6）迁移学习。

迁移学习是一种机器学习方法，是把一个领域（即源领域）的知识，迁移到另外一个领域（即目标领域），使得目标领域能够取得更好的学习效果。通常，源领域数据量充足，而目标领域数据量较小，这种场景就很适合做迁移学习。

基于迁移学习的方法，一旦我们在一个领域中获得了训练好的模型，就可以将这个模型引入其他类似的领域。因此，为了设计一个合理的迁移学习方法，找到不同领域任务间准确的“距离度量方式”是必需的。

在机器学习中，领域之间的距离通常根据描述数据的特征来度量。在图像分析中，特征可以是图像中的像素或者区域，如颜色和形状。在自然语言处理中，特征可以是单词或者短语。一旦了解到两个领域非常接近，模型就可能从一个已开发好的领域迁移到一个欠开发的领域，从而使用更少的依赖数据。能够将知识从一个领域迁移到另一个领域，说明机器学习系统能够将其适用范围扩展到其源领域外。这种泛化能力使得在人工智能能力或者计算能力、数据和硬件等资源相对匮乏的领域内，更加容易实现迁移学习。

（7）进化算法。

进化算法

进化算法是以达尔文的进化论思想为基础，通过模拟生物进化过程与机制的求解问题的自组织、自适应的人工智能技术，是一类借鉴生物界自然选择和自然遗传机制的随机搜索算法。它包括遗传算法进化策略和进化规划。目前，进化算法被广泛运用于许多复杂系统的自适应控制和复杂优化问题等研究领域，如并行计算、机器学习、电路设计、神经网络、基于智能体（Agent）的仿真、元胞自动机等。

（8）群智能算法。

群智能算法中的群体是指一组相互之间可以进行直接通信或者间接通信的主体，这组主体能够合作进行分布问题求解。群智能算法在没有集中控制并且不提供全局模型的前提下，为寻找复杂的分布式问题的解决方案提供了基础。群智能算法主要模拟了昆虫、兽群、鸟群和鱼群的群体行为，这些群体按照一种合作的方式寻找食物，群体中的每个成员通过学习它自身的经验和其他成员的经验来不断地改变搜索方向。任何一种由昆虫群体或者其他动物社会行为机制而激发设计出的算法或分布式解决问题的策略均属于群智能。

群智能优化算法的原则包括邻近原则、质原则、多样性原则、稳定性原则、适应性原则。这些原则说明实现群智能的智能主体必须能够在环境中表现出自主性、反应性、学习性和自适应性等智能特性。群智能的核心是由众多简单个体组成的群体，能够通过相互之间的简单合作来实现某一功能或者完成某一任务。群智能理论研究领域主要有蚁群算法和粒子群算法。

（9）遗传算法。

遗传算法

遗传算法是模拟达尔文生物进化论的自然选择和遗传学机制的生物进化过程的计算模型，是一种通过模拟自然进化过程搜索最优解的方法。其主要特点是：直接对结构对象进行操作，不存在求导和函数连续性的限定；具有内在的隐式并行性和更好的全局寻优能力；采用概率化的寻优方法，不需要确定的规则就能自动获取和优化的搜索空间，自适应地调整搜索方向。

遗传算法以一种群体中的所有个体为对象，并利用随机化技术指导对一个被编码的参数空间进行高效搜索。遗传算法的核心内容包含五个基本要素：参数编码、初始群体的设定、适应度函数的设计、遗传操作设计、控制参数设定。

4. 智能融合

（1）智能检索。

数据库系统是存储大量信息的计算机系统。随着计算机应用的发展，存储的信息量越来越庞大，研究信息智能检索系统具有重要的理论意义和实际应用价值。智能检索系统应具备以下功能：①能理解自然语言，允许用户使用自然语言提出检索要求，建立一个能够理解以自然语言陈述的询问系统；②具备推理能力，能根据数据库存储的数据，推理产生用户要求的答案；③系统拥有一定的常识性知识，系统能根据这些常识性知识和专业知识演绎推理出专业知识中没有包含的答案。

（2）智能规划。

智能规划是一种基于人工智能理论和技术的智能规划系统，即用人工智能理论与技术自动或半自动地生成一组动作序列，用于实现期望的目标。目前主要的智能规划系统有两种：一种是基于消解原理的证明机器，它们应用通用搜索启发技术以逻辑演算表示期望目标；另一种采用管理式学习来加速规划过程，改善问题求解能力。20 世纪 80 年代以来，研发人员又开发出其他一些规划系统，包括非线性规划系统、应用归纳的规划系统、分层规划系统和专家规划系统等。近年来又提出了基于人工神经网络的规划系统、基于多智能体的规划系统、进化规划系统等。

（3）自动程序设计。

自动程序设计是指根据给定问题的原始描述，自动生成满足要求的程序。它是软件工程和人工智能相结合的研究课题。自动程序设计主要包含程序综合和程序验证两方面内容。前者实现自动编程，即用户只需告知机器“做什么”，无须告诉机器“怎么做”，这一步工作由机器自动完成；后者实现程序的自动验证，程序能自动完成正确性检查。

（4）智能控制。

智能控制是驱动智能机器自主地实现其目标的过程。许多复杂的系统难以建立有效的数学模型和用常规控制理论进行定量计算与分析，而必须采用定量数学解析法与基础知识定性法的混合控制方式。随着人工智能和计算机技术的发展，已有可能把自动控制和人工智能及系统科学的某些分支结合起来，建立一种适用于复杂系统的控制理论和技术。

智能控制有很多研究领域，它们的研究课题既具有独立性，又相互关联。目前研究较多的是以下五个方面：智能机器人规划与控制、智能过程规划与控制、专家控制系统、语音控制及智能仪器控制。

（5）机器人。

机器人学是机械结构学、传感技术和人工智能结合的产物。1948 年美国研制成功第一代遥控机械手，1959 年第一台工业机器人诞生，从此相关研究不断取得进展。按照机器人从低级到高级的发展进程，可以把机器人分为三代：第一代机器人，即工业机器人，主要指只以“示教再现”方式工作的机器人，这类机器人的本体是一只类似于人的上肢功能的机械手臂，末端是手爪等操作机构；第二代机器人为自适应机器人，它配备相应的感觉传感器，能获取作业环境的简单信息，允许操作对象的微小变化，对环境具有一定的适应能力；第三代为分布式协同机器人，也称智能机器人，它装备有视觉、听觉、触觉多种类型传感器，能在多个方向的平台上感知多维信息，并具有较高的灵敏度，能对环境信息进行精确感知和实时分析，协同控制自己的多种行为，具有一定的自学习、自主决策和判

断能力，能处理环境发生的变化，能和其他机器人进行交互。

从功能上来考虑，机器人学的研究主要涉及两个方面：一方面是模式识别，即给机器人配备视觉和触觉，使其能够识别空间景物的实体和阴影，甚至可以辨别出两幅图像的微小差别，从而完成模式识别的功能；另一方面是运动协调推理，是指机器人在接受外界的刺激后，驱动机器人行动的过程。

(6) 智能体（Agent）技术。

智能体技术主要起源于人工智能、软件工程、分布式系统及经济学等学科。根据 IBM 给出的定义，智能体是一个软件实体，其可以代表一个人类用户或者其他程序。智能体具有一个行为集合，且具有某种程度的独立性或者自主性。智能体在采取行动时，通常使用某些知识来表示用户的目标或者期望。从以上定义可知，一个智能体应该具有代表自己或者其他实体的操作，能够感知外界环境，同时可以通过知识或者推理实现某种特定的目的。与此同时，很多定义非常强调智能体应该是一种嵌入在环境中的、持久化的计算实体。智能体通常具备自主性、主动性、反应能力、社会能力四种性质。

(7) 人机智能融合。

人机智能融合，又称人机协同系统，就是由人和计算机（含嵌入式控制系统）共同组成的一个系统，即充分利用人和机器的优点形成一种新的智能形式。其中，计算机主要负责处理大量的数据计算及部分推理工作（如演绎推理、归纳推理、类比推理等）。选择、决策及评价等价值取向的主观工作，则需要由人来负责，这样才能充分发挥人的灵活性与创造性，从而产生一种“人＋机”大于“人”和“机”的效果。人与计算机相互协同，密切协作，可以更高效地处理各种复杂的问题。

人机协同系统的运行机制可以分为以下步骤。

① 人把观测到的数据，经过分析、推理和判断之后的结果通过人机交互接口输入计算机。

② 计算机通过数据库、规则库、进程方法库，对输入的结果进行分析、搜索、匹配和评价，并传输给推理机进行数据推理，推理机再把推理的结果反馈给人。

③ 人机协同推理，如果有些算法或模型已知，则通过人机交互接口确定某些参数，选择某些多目标决策的满意解。

④ 如果算法或模型未知，则基于人的自身经验，对结果进行评价和选择，实现最终的推理与决策。

2.2 大数据

2.2.1 大数据概述

1. 大数据的概念

大数据是指无法在一定时间范围内用常规软件工具进行捕捉、管理和处理的数据集合，是需要新处理模式才能具有更强的决策力、洞察发现力和流程优化能力的海量、高增长率和多样化的信息资产。由于其规模大、数据形式多样性、非结构化特征明显，导致使用常规方法进行数据存储、处理和挖掘异常困难。当大数据处理包含数千万个文档、数百万张图片或者工程设计图的数据集时，如何快速访问这些数据将成为核心挑战。

通常将大数据的特性归纳为 5 个“V”，即 Volume（数据量）、Variety（多样性）、Value（价值）、Velocity（速度）和 Veracity（真实性）。

Volume 代表数据量，数据存储的单位和定义如表 2-1 所示。一般说来，超大规模数据是处在 GB 级（即 10^9）的数据，海量数据是指 TB 级（即 10^{12}）的数据，而大数据则是指 PB 级（即 10^{15}）及其以上的数据。而且，随着存储设备容量的增大，存储数据量的增多，大数据的容量指标是动态增加的。

表 2-1 数据存储的单位和定义

单位	定义	字节数（二进制）	字节数（十进制）
千（Kilobyte，KB）	1024 B	2^{10}	10^3
兆（Megabyte，MB）	1024 KB	2^{20}	10^6
吉（Gigabyte，GB）	1024 MB	2^{30}	10^9
太（Terabyte，TB）	1024 GB	2^{40}	10^{12}
拍（Petabyte，PB）	1024 TB	2^{50}	10^{15}
艾（Exabyte，EB）	1024 PB	2^{60}	10^{18}
泽（Zettabyte，ZB）	1024 EB	2^{70}	10^{21}
尧（Yottabyte，YB）	1024 ZB	2^{80}	10^{24}

Variety 代表数据类型。由于大数据的主要来源是互联网，所以大数据包含多种数据类型。例如各种声音和影视文件、图像文档、地理定位数据、网络日志、文本字符串文件、元数据、网页、电子邮件、表格数据等。

Value 代表价值密度。价值是通过对大数据获取、存储、抽取、筛选、集成、挖掘与分析来获得的。大数据价值密度低，大概 80%～90%的数据都是无效数据。以视频为例，连续不间断监控过程中，可能有用的数据仅仅有几秒，难以进行预测分析、运营智能、决策支持等计算，通常利用价值密度比来描述这一特点。

Velocity 代表大数据产生的速度、变化的速度。例如，Facebook 每天产生 25 亿以上个条目，每天增加数据超过 500TB，这样的变化率产生的数据需要快速处理，进而创造出价值。如果数据创建和聚合速度非常快，就必须使用迅速的方式来揭示其相关的模式和问题。发现问题的速度越快，就越有利于从大数据分析中获得更多的机会与结果。

大数据的性质

Veracity 代表数据真实性。真实性是指数据是所标识的数据。准确性是真实性的描述，需要对不真实的数据进行筛选、集成和整合之后，才能获得高质量的数据，再进行分析。越真实的数据，数据质量越高。

2. 大数据的分析方法

（1）预测性分析。

大数据分析应用最普遍的方法就是预测性分析，通过从大数据中挖掘出有价值的知识和规则，运用科学建模的手段呈现出结果，然后将新的数据带入模型，从而预测未来的情况。

(2) 可视化分析。

不管是专家还是普通用户，二者对于大数据分析最基本的要求就是可视化分析，因为可视化分析能够直观地呈现大数据特点，同时能够非常容易地被用户所接受，通过可视化分析可以直观地展示数据。数据可视化是数据分析工具最基本的要求。

(3) 大数据挖掘算法。

可视化分析结果是给用户看的，而数据挖掘算法是给计算机看的，通过让机器学习算法，按人的指令工作，从而呈现给用户隐藏在数据之中的有价值的结果。大数据分析的理论核心就是数据挖掘算法，算法不仅要考虑数据的量，也要考虑数据处理的速度。

常用的数据挖掘算法有分类、预测、关联规则、聚类、决策树、描述和可视化、复杂数据类型挖掘等。

(4) 语义引擎。

数据的含义就是语义。语义技术是指从词语所表达的语义层次上来认识和处理用户的检索请求的技术。语义引擎通过对网络中的资源对象进行语义上的标注及对用户的查询表达进行语义处理，使得自然语言具备语义上的逻辑关系，能够在网络环境下进行广泛有效的语义推理，从而更加准确、全面地实现用户的检索。大数据分析广泛应用于网络数据挖掘，可从用户的搜索关键词来分析和判断用户的需求，从而实现更好的用户体验。

(5) 数据质量和数据管理。

数据质量和数据管理是指为了满足信息利用的需要，对信息系统的各个信息采集点进行规范，包括建立模式化的操作规程、原始信息的校验、错误信息的反馈、矫正等一系列过程。大数据分析离不开数据质量和数据管理。高质量的数据和有效的数据管理，无论是在学术研究还是在商业应用领域，都能够保证分析结果的真实和价值。

3. 大数据与云计算、人工智能的关系

大数据由于其中蕴含的巨大价值，已经得到广泛重视。在数据成为“战略资源”的背景下，云计算为大数据的汇聚和分析提供了基础计算设施，客观上促进了数据资源的集中和对数据的存储、管理、分析能力的提升。而通过计算寻找数据中的隐含知识，进而支撑对历史规律的发现、现实状态的感知及未来行为的预测，是今天“机器智能”在一些领域取得突破的关键，通过对数据的计算，客观上支撑了一大类人工智能任务的发展。

目前人工智能发展已进入一个新阶段，特别是在移动互联网、大数据、超级计算、传感网、脑科学等新理论、新技术及经济社会发展强烈需求的共同驱动下，人工智能快速发展，呈现出深度学习、跨界融合、人机协同、群智开放、自主操控等新特征的大数据驱动知识学习作为其中的一个发展重点，为人工智能，特别是“机器智能”的产生提供了重要的支撑。通过对具有“5V”特征的大数据集的计算，对开放世界的实时大数据的持续获取、管理、分析与处理，对大规模领域知识和领域相关数据建立关联知识的内在表示，进而形成大量特征的关联关系，体现对事物的复杂认知，支持实时预测和决策，这是催生机器智能的关键。拥有大规模实时运行数据及有效的分析处理能力，是这类人工智能应用的核心竞争力。

2.2.2 大数据的处理

大数据的处理一般包括数据采集、数据存储、数据预处理、数据分析、数据可视化与交互分析等内容。

1. 数据采集

大数据采集工具和平台

从数据中获取价值，首先要解决的问题是数据化，即在确定目标用户的基础上，从现实世界中采集信息，并对信息进行计量和记录。数据的来源是传统的商业数据、互联网数据（从互联网获取的公开数据、系统运行的日志数据、QQ、微信、微博、抖音等）和物联网数据等，这些数据包括结构化、半结构化和非结构化数据。如何获取这些规模大、产生速度快、异构多源的数据，并使之协同工作服务于所研究的问题，是大数据获取阶段的核心问题。数据获取后，需要对数据进行变换、清洗等预处理，然后才能输出满足数据应用要求的数据。这个与数据整理相关的过程称为数据治理。常用的数据采集方法包括DPI采集、系统日志采集、数据库采集等。

2. 数据存储

从人们最早使用文件管理数据，到数据库、数据仓库技术的出现与成熟，再到大数据时代新型数据管理系统的涌现，数据存储一直是数据领域和研究工程领域的热点，数据管理技术是指对数据进行分类、编码、存储、索引和查询，是大数据处理流程中的关键技术，是负责数据从存储（写）到检索（读）的核心。随着数据规模的增大，数据管理技术也向低成本、高效率的存储查询技术方向发展。

（1）传统数据存储。

传统数据存储，一般是将数据以某种格式记录在计算机内部或外部存储介质上。总体来讲，传统数据存储方式有三种：文件、数据库、网络，其中文件和数据库应用较广泛。文件使用起来较为方便，程序可以自己定义格式；数据库用起来稍烦琐，但在海量数据存储时性能优越，有查询功能，可以加密、加锁，可以跨应用、跨平台等；网络则应用于比较重要的领域，如科研、勘探、航空等，实时采集到的数据需要马上通过网络传输到数据处理中心进行存储。

存储的数据处理大致分为两类：一类是操作型处理，也称为联机事务处理，主要针对具体业务在数据库联机的日常操作，通常对少数记录进行查询、修改；另一类是分析型处理，一般针对某些主题的历史数据进行分析支持管理决策。由此数据库也衍生出两种类型，即操作型数据库和分析型数据库。操作型数据库主要用于业务支撑，一个公司往往会使用并维护若干个操作型数据库，这些数据库保存着公司的日常操作数据。分析型数据库主要用于历史数据分析，这类数据库作为公司的单独数据存储，负责利用历史数据对公司各主题域进行统计分析。面向分析的存储系统衍化出了数据仓库的概念。

（2）数据仓库。

数据仓库是指决策支持系统和联机分析应用数据源的结构化数据环境。数据仓库研究和解决从数据库中获取信息的问题。数据仓库的特征在于面向主题、集成性、稳定性和时变性。

数据仓库是面向主题的。这是数据仓库与操作型数据库的根本区别。操作型数据库的数据组织面向事务处理任务，而数据仓库中的数据按照一定的主题域进行组织。主题是指用户使用数据仓库进行决策时，在繁杂业务中抽象出来的分析主体（如用户、成本、商品等）。一般说来，一个主题通常与多个操作型信息系统相关。

数据仓库具有集成性。数据仓库的数据有来自分散的操作型数据，将所需数据从原来的数据中抽取出来，数据仓库的核心工具进行加工与集成、统一与综合之后进入数据仓库。数据仓库中的数据是在对原有分散的数据库数据抽取、清理的基础上经过系统加工、汇总和整理得到的，必须消除源数据中的不一致性，以保证数据仓库内的信息是关于整个企业的一致的全局信息。数据仓库的数据主要供企业决策分析之用，所涉及的数据操作主要是数据查询，一旦某个数据进入数据仓库以后，一般情况下将被长期保留，也就是说，数据仓库中一般有大量的查询操作，但修改和删除操作很少，通常只需要定期加载、刷新。数据仓库中的数据通常包含历史信息，系统记录了企业从过去某一时间点（如开始应用数据仓库的时间点）到当前的各个阶段的信息。通过这些信息，可以对企业的发展历程和未来趋势做出定量分析和预测。

数据仓库具有稳定性，是不可更新的，数据一旦存入便不随时间而变动，稳定的数据以只读格式保存。

数据仓库具有时变性，即有来自不同时间范围的数据快照。有了这些数据快照，用户可将其汇总，生成各历史阶段的数据分析报告。传统的关系数据库系统比较适合处理格式化的数据，能够较好地满足商业商务处理的需求。

（3）NewSQL 和 NoSQL。

大数据导致数据库并发负载非常高，每秒需要上万次的读写请求，传统的数据库无法承受。从基于应用的构建架构角度出发，可以将数据库归纳为 OldSQL、NoSQL 和 NewSQL 数据库架构。OldSQL 数据库是指传统的关系数据库。NoSQL 是 Not Only SQL 的英文简写，是不同于传统的关系型数据库的数据库管理系统的统称，是指非结构化数据库。而 NewSQL 是指各种新型的可扩展/高性能数据库，这类数据库不仅具有 NoSQL 对海量数据的存储管理能力，还保持了传统数据库的 ACID 和 SQL 等特性，是介于 OldSQL 数据库和 NoSQL 两者之间的数据库。其中 OldSQL 适用于事务处理应用，NoSQL 适用于互联网应用，NewSQL 适用于数据分析应用。

对于一些复杂的应用场景，单一数据库架构不能完全满足应用场景对大量结构化和非结构化数据的存储管理、复杂分析、关联查询、实时性处理和控制建设成本等多方面的需要，因此，需要构建混合模式的数据库，混合模式主要包括 OldSQL＋NewSQL、OldSQL＋NoSQL 和 NewSQL＋NoSQL 三种。

3. 数据预处理

数据预处理是指在对数据进行数据挖掘的主要处理以前，先对原始数据进行必要的采样、清理、集成、转换、归约、特征选择和提取等一系列的处理工作，以达到挖掘算法进行知识获取研究所要求的最低规范和标准。数据预处理的主要方法包括：数据清理、数据集成、数据变换、数据归约。

这些处理方法在数据挖掘之前使用，大大提高了数据挖掘模式的质量，并且显著降低了实际数据处理所需的时间。

4. 数据分析

（1）数据建模。

模型的建立是数据挖掘的核心，在这一步要确定具体的数据挖掘模型（算法），并用这个模型原型训练出模型的参数，得到具体的模型形式。模型建立的流程如图 2.1 所示。

在这一过程中，数据挖掘模型的选择往往是很直观的，如对股票进行分类，就要选择分类模型，然而分类模型又有多种模型（算法），这时就需要根据数据特征、挖掘经验、算法适应性等方面确定较为合适的算法，如果很难或不便选择哪种具体的算法，则需对可能的算法都进行尝试，从中选择最佳的算法。

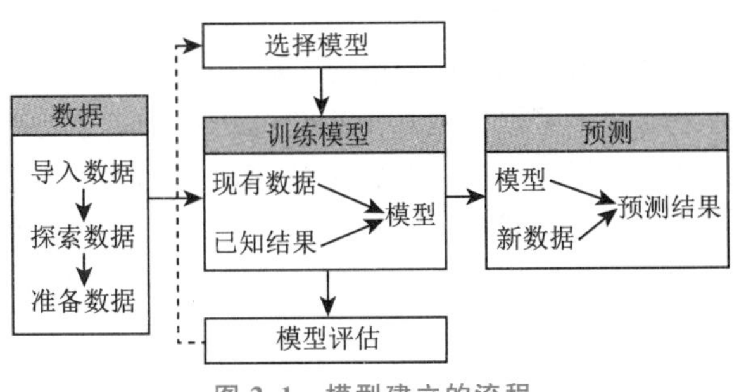

图 2.1　模型建立的流程

（2）数据挖掘。

数据挖掘的主要内容就是研究模型建立过程中可能用到的各种模型（算法），这些模型包括关联、回归、分类、聚类、预测和诊断等。如果从实现的角度，根据各种模型在实现过程中的人工监督（干预）程序，又可将这些模型分为有监督模型和无监督模型。

图 2.2 显示的是在数据挖掘过程中，有监督模型和无监督模型的模型结构，按照这个结构，可以很清楚地根据问题需求判定选择模型的路径。

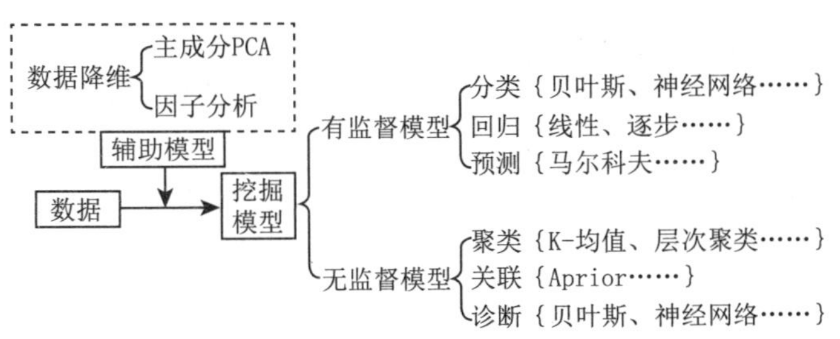

图 2.2　数据挖掘常用算法结构图

（3）数据分析。

数据分析是指从海量的数据中，利用数据挖掘的方法获取有用的、有价值的数据信息。数据分析可以通过软件辅助完成，借助图表等直观的表达方式为领导和决策者提供帮助。其主要任务是从看似杂乱无章的数据中揭示隐含的内在规律，发掘有用的知识，以指导人们进行科学的推断与决策。数据分析使决策有了经验、直觉之外的数据支撑。

数据分析工具

根据数据分析的目标，可以将数据分析划分为描述性分析、诊断性分析、预测性分析和规范性分析。描述性分析侧重对已经发生的事件进行问答和总结，通常借助报表来完成；诊断性分析旨在寻求已经发生事件的原因，在不同的数据源上进行关联分析是一个主要渠道；预测性分析尝试预测事件的结果，这通常需要对过去事件在数据基础上形成的关联和因果关系进行判断才能实现；规范性分析建立在预测性分析的基础上，用来规范需要执行的行动，并给出支撑理由。

从技术手段上，统计数据分析是最简单且直接的方法，通常支撑数据的描述性分析；基于机器学习的数据分析可以通过数据自动构建解决问题的规则和方法，是支撑后几类分析的关键手段。近年来，深度学习作为机器学习的一种方法在许多应用领域取得了较大的进展，也客观地推动了大数据技术的应用。

5. 数据可视化与交互分析

数据可视化分析是指将数据转化为图形图像，同时提供交互，帮助用户更有效地完成数据的分析、理解等任务的技术手段。数据可视化分析可以迅速有效地简化与提炼数据，帮助人们从大量的数据中寻找新的线索，发现和创造新的理论、技术和方法，从而帮助业务人员而非数据处理专家，更好地理解数据分析的结果。对于量大且关联复杂的数据，可视化分析还可以与交互分析结合，从而帮助用户高效地理解和分析数据，探索数据中的规律，并辅助用户做出决策。

2.3 云计算

2.3.1 云计算概述

1. 云计算的概念

云计算（Cloud Computing）是分布式计算的一种，指的是通过“云”将巨大的数据计算处理程序分解成无数个小程序，通过多部服务器组成的系统进行处理和分析，并将结果返回给用户。

“云”实质上就是一个网络。狭义上讲，云计算就是一种提供资源的网络，使用者可以随时获取“云”上的资源，按需求量使用，并且资源可以看成是无限扩展的，只要按使用量付费就可以。“云”就像自来水厂一样，可以随时提供水，并且不限量，用户按照需求用水，按用水量付费。

从广义上说，云计算是与信息技术、软件、互联网相关的一种服务，这种计算资源共享池叫做“云”。云计算把许多计算资源集合起来，通过软件实现自动化管理，只需要很少的人参与，就能快速提供资源。也就是说，计算能力作为一种商品，可以在互联网上流通，就像水、电、煤气一样，可以方便地被取用，且价格较为低廉。

云计算的主要发展阶段

云计算不是一种全新的网络技术，而是一种全新的网络应用概念。云计算的核心概念就是以互联网为中心，在网站上提供快速且安全的云计算服务与数据存储，让每一个使用互联网的人都可以使用网络上庞大的计算资源与数据中心。云计算是继计算机、互联网后在信息时代的一种革新，是信息时代的一个大飞跃。

2. 云计算的特征

（1）广泛的网络访问。

消费者可以随时随地使用任何终端设备接入网络并使用云端的计算资源。消费者不需要或很少需要云服务提供商的协助，就可以单方面按需获取云端的计算资源。常见的云终端设备包括手机、平板式计算机、笔记本式计算机和台式计算机等。

(2) 快速弹性。

云计算模式具有极大的灵活性，足以适应开发和部署各个阶段的各种类型和规模的应用程序。云计算可以根据访问用户的多少，增减相应的资源（包括 CPU、存储、带宽等)，使资源的规模可以动态伸缩，满足应用和用户规模变化的需要。在资源消耗达到临界点时可自由添加资源，资源的增加和减少完全透明。

(3) 高可靠性。

“云”通过使用数据多副本容错、计算节点可互换等方法来保障服务的高可靠性。松散耦合的服务，相互之间独立运转，一个服务的崩溃一般不影响另一个服务的继续运转。

(4) 资源抽象。

终端用户不知道云端上的应用运行的具体物理资源位置，同时云计算支持用户可以在任意位置使用各种终端获取应用服务。所请求的资源来自“云”，而不是固定的有形的实体。应用在“云”中某处运行，但实际上用户无须了解，也不用关心应用运行的具体位置。

(5) 计费服务。

消费者使用云端计算资源是要付费的，如可以根据某类资源的使用量和时间长短计费，也可以按照使用次数来计费。但不管如何计费，对消费者来说，价格要清楚，计量方法要明确，而云服务提供商需要监视和控制资源的使用情况，并及时输出各种资源的使用报表，做到供需双方费用结算清楚明白。

3. 云计算的分类

云端的分层注重的是云端的构建和结构，但并不是所有同样构建的云端都用于同样的目的。传统操作系统可以分为桌面操作系统、主机操作系统、服务器操作系统、移动操作系统，云平台也可以分为多种不同类型的云。“云”分类主要根据拥有者、用途、工作方式来进行。

1) 根据云计算的部署模式和使用范围进行分类

(1) 公共云。

云端资源开放给社会公众使用。云端的所有权、日常管理和操作的主体可以是一个商业组织、学术机构、政府部门或者它们其中几个的联合。云端可能部署在本地，也可能部署在其他地方。

(2) 私有云。

云端资源只给一个单位组织内的用户使用，这是私有云的核心特征。而云端的所有权、日常管理和操作的主体到底属于谁并没有严格的规定，可能是本单位，也可能是第三方机构，还可能是二者的联合。云端可能部署在本单位内部，也可能托管在其他地方。

(3) 社区云。

云端资源专门给固定的几个单位内的用户使用，而这些单位对云端具有相同的需求（如安全要求、云端使命、规章制度、合规性要求等)。云端的所有权、日常管理和操作的主体可能是本社区内的一个或多个单位，也可能是社区外的第三方机构，还可能是二者的联合。云端可能部署在本地，也可能部署在其他地方。

(4) 混合云。

混合云由两个或两个以上不同类型的云（公共云、私有云、社区云）组成，它们各自独立，但用标准的或专有的技术将它们组合起来，而这些技术能实现云之间的数据和应用

程序的平滑流转。将多个相同类型的云组合在一起属于多云的范畴，比如两个私有云组合在一起，混合云也属于多云的一种。由私有云和公共云构成的混合云是目前最流行的，当私有云资源短暂性需求过大（云爆发）时，会自动租赁公共云资源来平抑私有云资源的需求峰值。例如，网店在节假日期间点击量巨大，这时就会临时使用公共云资源来应急。

（5）行业云。

行业云是针对云的用途来说的，不是针对云的拥有者或者用户。如果云平台是针对某个行业进行特殊定制的（如汽车行业），则称为行业云。行业云的生态环境所用的组件都是比较适合相关行业的组件，并且上面部署的软件也都是行业软件或其支撑软件。例如，如果是针对军队所建立的云平台，则上面部署的数据存储机制应当特别适合于战场数据的存储、索引和查询。行业云适合所针对的行业，但对一般的用户可能价值不大。一般来说，行业云的构造会更为简单，其管理通常由行业的龙头老大，或者政府所指定的计算中心（超算中心）来负责。

2）根据云计算的服务层次和服务类型进行分类

依据服务类型，云计算可以分为三层：基础设施即服务（IaaS）、平台即服务（PaaS）和软件即服务（SaaS）。不同的层提供不同的云服务，如图 2.3 所示。

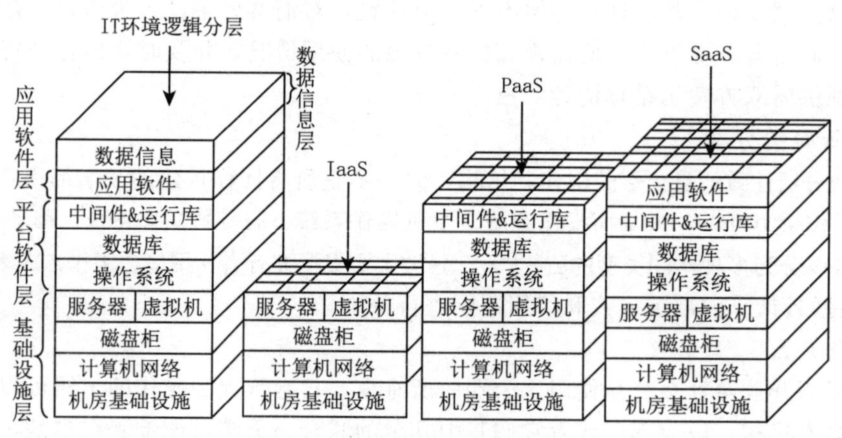

图 2.3　云计算的三种服务模式

（1）基础设施即服务（Infrastructure as a Service，IaaS）。

IaaS 位于云计算三层服务的最底端，是狭义的云计算所覆盖的范围，就是把 IT 基础设施像水、电一样以服务的形式提供给用户，以服务形式提供基于服务器和存储等硬件资源的可高度扩展和按需变化的 IT 能力，通常按照所消耗资源的成本进行收费。

该层提供的是基本的计算和存储能力，以计算能力的提供为例，其提供的基本单元就是服务器，包含 CPU、内存、存储、操作系统及一些软件。

（2）平台即服务（Platform as a Service，PaaS）。

PaaS 位于云计算三层服务的中间，通常也称"云操作系统"。它提供给终端用户基于互联网的应用开发环境，包括应用编程接口和运行平台等，支持应用从创建到运行整个生命周期所需的各种软硬件资源和工具，通常按照用户登录情况计费。在 PaaS 层面，服务提供商提供的是经过封装的 IT 资源，或者是一些逻辑资源，如数据库、文件系统和应用运行环境等。

PaaS 服务主要面向软件开发者。让开发者通过网络在云计算环境中编写并运行程序在以前是个难题，在网络带宽逐步提高的前提下，两种技术的出现解决了这个难题：一种是在线开发工具，开发者可通过 Web 浏览器、远程控制台（控制台中运行开发工具）等技术直接在远程开发应用，无须在本地安装开发工具；另一种是本地开发工具和云计算的集成技术，即通过本地开发工具将开发好的应用部署到云计算环境中，同时能够进行远程调试。

（3）软件即服务（Software as a Service，SaaS）。

SaaS 是最常见的云计算服务，位于云计算三层服务的顶端。用户通过标准的 Web 浏览器来使用互联网上的软件。服务供应商负责维护和管理软硬件设施，并以免费或按需租用方式向最终用户提供服务。

这类服务既有面向普通用户的，也有直接面向用户团体的，用于帮助处理工资单流程、人力资源管理、协作、客户关系管理和业务合作伙伴关系管理等。这些 SaaS 提供的应用程序减少了客户安装与维护软件的时间及其对技能的要求，并且可以通过按使用付费的方式来减少软件许可证费用的支出。

以上的三层，每层都有相应的技术支持提供该层的服务，具有云计算的特征。每层云服务可以独立成“云”，也可以基于下面层次的云提供的服务。每种云服务可以直接提供给最终用户使用，也可以只用来支撑上层的服务。

云服务运营是围绕云服务产品进行的产品定义、销售、运营等工作。首先以服务目录的形式展现各类云服务产品，并进行产品申请、受理及交付，最后对用户使用的产品按实际使用进行计量或计次收费。云服务运维是指围绕云数据中心及云服务产品的运维管理工作，包括资源池监控和故障管理、日志管理、安全管理、部署和补丁管理。

3. 边缘计算、雾计算与云边端平台

1）边缘计算

边缘计算是指在网络边缘执行计算的一种新型计算模式，这种模式将计算与存储资源部署在更贴近移动设备或传感器的网络边缘。网络边缘的资源主要包括移动手机、个人计算机等用户终端，Wi-Fi 接入点、蜂窝网络基站与路由器等基础设施，摄像头、机顶盒等嵌入式设备。边缘计算的边缘是指从数据源到云计算中心路径之间的任意计算和网络资源。边缘计算技术主要包括三个方面：云与虚拟化、大容量的服务器，启用应用程序和服务生态系统。

2）雾计算

雾计算是另一个与边缘计算相关的概念。雾计算也是将数据、数据相关的处理和应用程序都集中于网络边缘的设备，而不是全部保存在云端。与边缘计算不同的是，雾计算更强调在数据中心与数据源之间构成连续统一体来为用户提供计算、存储与网络服务，使网络成为数据处理的“流水线”，而不仅仅是“数据管道”。也就是说，边缘和核心网络的组件都是雾计算的基础设施，而边缘计算更强调用户与计算之间的“距离”。

3）云边端平台

从边缘计算的定义可以看出，边缘计算并不是为了取代云计算，而是对云计算的补充，目的是为移动计算、物联网等提供更好的计算平台。边缘计算可以在保证低延迟的情况下为用户提供丰富的服务，克服移动设备资源受限的缺陷；同时也减少了需要传输到云端的数据量，缓解了网络带宽与数据中心的压力。目前，移动应用越来越复杂，接入互联网的设备越来越多，边缘计算的出现可以很好地应对这些趋势，但并不是所有服务都适合部署

在网络边缘，很多需要全局数据支持的服务依然离不开云计算。这样边缘计算的架构为“云—边缘—端设备”三次层模型，三层都可以为应用提供资源与服务，构成云边端平台。

云边端平台的人脸识别平台架构是通过网络切片、边缘部署和云端部署实现的。

(1) 网络切片。对现有城市物理网络进行切分，依据数据库中 BIM 模型的区域划分，形成众多可彼此独立运行又相互联系的逻辑网络节点，通过网络连接构成网元，进而组成拓扑结构，进行地址编码，根据节点需求，对网络功能进行优化，选择性舍弃切片，降低网络功能冗余。为区域内刷脸定位应用提供灵活的网络功能与资源分配，大大提高资源利用与系统运行的效率。

(2) 边缘部署。依据网络切片所获得的节点，部署带有缓存、计算处理能力的小型数据中心，作为网络边缘资源，安排缓存和数据处理功能，与图像采集设备、移动设备、用户紧密相连，减少核心网络负载。

(3) 云端部署。架设云计算中心，连接边缘网络，对边缘各节点的运算功能、运算能力、地址进行记录，读取终端人脸识别任务的资源需求与位置，控制边缘网络进行动态切片，对合理分配任务边缘的资源进行处理。同时，性能数据实时上传到云端，对资源分配进行不断优化，实现系统高效稳定运行。云边端平台的人脸识别架构如图 2.4 所示。

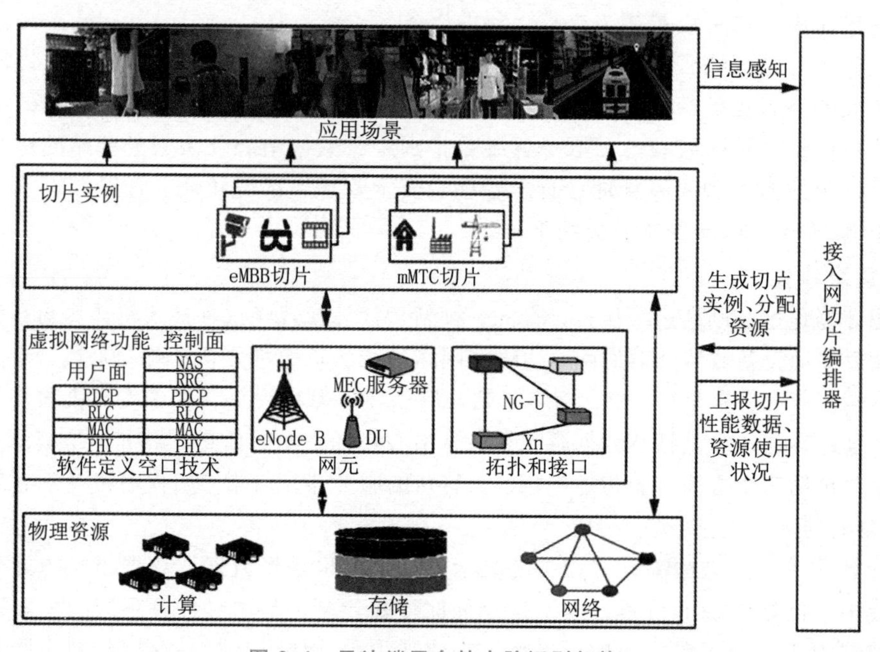

图 2.4　云边端平台的人脸识别架构

2.3.2　云计算的核心技术

云计算是一种新型的超级计算方式，以数据为中心，是一种数据密集型的超级计算。云计算的目标是以低成本的方式提供高可靠、高可用、规模可伸缩的个性化服务，要实现这个目标，需要分布式海量数据存储技术、虚拟化技术、云平台技术、并行编程技术、数据管理技术等若干关键技术支持，下面主要介绍前三种技术。

1. 分布式海量数据存储技术

随着信息化建设的不断深入，在一些信息化起步较早、系统建设较规范的行业，如通信、金融和大型生产制造等领域，海量数据的存储、分析需求的迫切性日益明显。以移动通信运营商为例，随着移动业务和用户规模的不断扩大，每天都会产生海量的业务、计费及网管数据，然而庞大的数据量使得传统的数据库存储已经无法满足存储和分析需求。

理想的解决方案是把大数据存储到分布式文件系统中，云计算系统由大量服务器组成，同时为大量用户服务，因此云计算系统采用分布式存储的方式存储数据，用冗余存储的方式（集群计算、数据冗余和分布式存储）保证数据的可靠性。通过任务分解和集群，用低配机器替代超级计算机来保证低成本，这种方式保证了分布式数据的高可用、高可靠和经济性，即为同一份数据存储多个副本。

2. 虚拟化技术

虚拟化是指计算机软件在虚拟的基础上，而不是在真实的、独立的物理硬件基础上运行。例如，CPU 的虚拟化技术可以实现单 CPU 模拟多 CPU 并行，允许一个平台同时运行多个操作系统，并且应用程序可以在相互独立的空间内运行而互不影响，从而显著提高计算机的工作效率。这种以优化资源（把有限的、固定的资源根据不同的需求进行重新规划以达到最大利用率）、简化软件的重新配置过程为目的的解决方案，就是虚拟化技术。

虚拟化技术是云计算系统的核心组成部分之一，是将各种计算及存储资源充分整合和高效利用的关键技术。云计算的虚拟化技术涵盖整个 IT 架构，包括资源、网络、应用和桌面在内的全系统虚拟化。通过虚拟化技术可以实现将所有硬件设备、软件应用和数据隔离开来，打破硬件配置、软件部署和数据分布的界限，实现 IT 架构的动态化，实现资源的集中管理，使应用能够动态地使用虚拟资源和物理资源，提高系统适应需求和环境的能力。

3. 云平台技术

云计算资源规模庞大，服务器数量众多且分布在不同的地点，同时运行着数百种应用，如何有效地管理这些服务器，保证整个系统提供不间断的服务是巨大的挑战。

云平台技术能够使大量的服务器协同工作，方便地进行业务部署，快速发现和恢复系统故障，通过自动化、智能化的手段实现大规模系统的可靠运营。云平台技术是支撑云计算的基础。

2.3.3 云计算的架构

1. 云计算的总体架构

1）计算架构的进化

计算机出现后，计算机的软硬件都经历了长时间的演变，其中计算范式从中央集权（主机计算机）到客户机服务器计算，再到浏览器服务器计算，再到混合计算模式。不同的计算范式对应的是不同的计算架构，而每一种计算架构都与其所在的历史时期相符合。

（1）中央集权架构。

中央集权架构对应的是中央集权计算范式。在这种架构下，所有的计算及计算资源、业务逻辑都集中于一台大型机或者主机，用户使用一台仅有输入和输出能力的终端与主机连接来进行交互。

在这种架构下，一切权利属于主机，因此称之为中央集权架构。中央集权架构是计算机刚出现时的首选，其特点是布置简单，所有管理都在一个地方、一台机器上进行。其缺点是几乎没有图形计算和显示能力，客户直接分配服务器资源，进而导致伸缩性很差。显然，这种架构不具备任何弹性，也不支持资源的无限扩展性，因此不能作为云计算的架构。

（2）客户机/服务器（C/S）架构。

客户机/服务器架构对应的是同名计算范式。计算任务从单一主机部分迁移到客户端。客户端承载少量的计算任务和所有的输入输出任务，服务器承载主要的计算任务。客户机在执行任务前先与主机进行连接，并在活跃的整个期间内保持与主机的持续连接。通常情况下，客户机通过远程过程调用来使用服务器上的功能和服务。客户机服务器架构的优点是实现了所谓的关注点分离——服务器和客户机各做各的事情。这种关注点分离简化了软件的复杂性，简化了编程模式。这种架构模式的缺点则是客户机拥有到服务器的持久连接，客户持有服务器资源，从而使系统的伸缩能力受到限制，因此，此种架构也不适应巨大规模的海量计算。

（3）中间层架构。

中间层架构对应的是多层客户机/服务器计算范式。它是在对客户机/服务器架构改进而产生的，其目的是简化和提升伸缩能力。所采用的方法是将业务逻辑和数据服务分别放在两个服务器上，客户机与中间服务器连接，中间层与数据服务层连接，客户机对数据的访问由中间层代理完成，如图 2.5 所示。

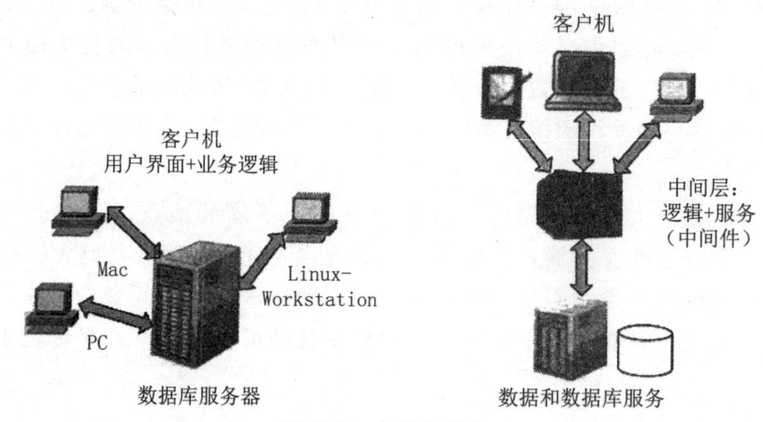

图 2.5　中间层架构

为了提升架构的弹性，客户机到中间层的连接均为无状态的非持久连接。这种计算架构的好处是中间层提供各种服务，方便管理，资源在客户之间能够共享，从而提升了架构的使用弹性，而不是必须使用新的编程模型，导致进入门槛的提高。由于弹性的提升，此种模式可以被云计算有限度地采纳。

（4）浏览器/服务器（B/S）架构。

浏览器/服务器架构对应的是浏览器/服务器计算范式。这种架构是对客户机和中间层的内涵进行改动后的中间层计算架构的扩展。对中间层的改动体现在中间层和客户机之间增加了一层 Web 服务器层，Web 服务器可以将中间件的各种差异屏蔽掉，提供一种通用的用户访问界面。对客户机的改动则体现在负载的进一步缩减，从承载部分计算任务改变为只显示和运行一些基于浏览器的脚本程序的状态。

由于这种计算架构将功能通过无状态的 Web 服务进行提供，对客户机的配置几乎没有要求。这样带来的好处是扩展性非常高，可以服务的用户数量巨大，且伸缩容易，因此适合云计算的要求。其缺点是对网络状况的要求非常高。

（5）客户机/服务器与浏览器/服务器混合架构。

客户机/服务器与浏览器/服务器混合架构对应的是混合计算范式。在应用的发展中，没有一种计算范式适合所有的场景，没有一种计算架构适合所有的应用，故而衍生出客户机/服务器与浏览器/服务器混合架构，即客户机服务器和浏览器服务器两种架构并存的一种计算架构。在这种架构下，一部分客户通过客户机与系统的部分服务进行连接，用来承载需要持久连接的负载，另一部客户使用浏览器与系统的另外一部分进行连接，用来承载不需要持久连接的负载一般情况下，使用浏览器的客户为外部客户，使用客户机的客户为系统内部客户。

（6）面向服务的架构。

中间层架构、浏览器/服务器架构、混合架构都可以在某种程度上提供云计算所需要的伸缩能力，归因于其共有的特性：无状态连接和基于服务的访问。即客户机或客户所用的访问界面与（中间、数据库）服务器之间的连接是无状态的，服务器所提供的是服务，而非直接过程调用。将这种共性加以提炼，就能够得出面向服务的架构，如图 2.6 所示。

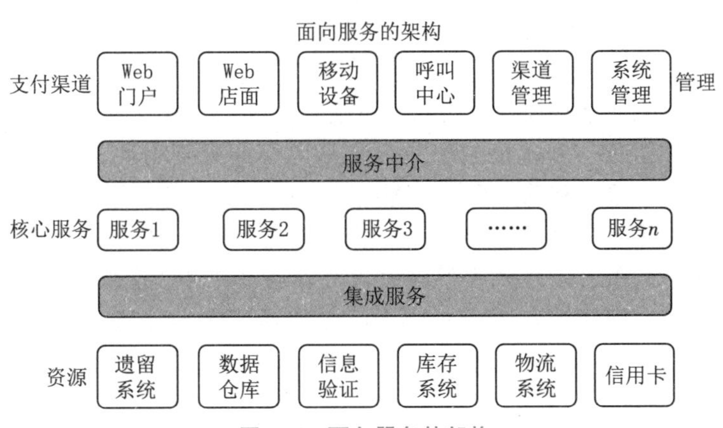

图 2.6　面向服务的架构

在面向服务的架构下，每个程序做本职任务，同时将服务暴露出来提供给其他程序使用，多个程序通过一个统一的（服务请求）界面协调工作。相对于单一系统来说，此种系统能够将复杂性限制在可控范围内，从而让整个系统的管理更加容易。

由于云计算将一切都作为服务来提供，而本质上云计算就是服务计算，只是云计算是服务计算的极致，它不仅将软件作为服务，而且将所有 IT 资源都作为服务。

2. 云计算系统架构参考模型

经过十几年的快速发展，云计算系统架构不断演进，逐步形成了“四层两域”的系统架构，如图 2.7 所示。“两域”是指以提供资源承载客户应用的业务域及用于协调管理整个数据中心的管理域。“四层”是指业务域用来提供的资源和服务在逻辑上分成的四个层次，即基础设施层、平台层、服务层和应用层，用以提供资源和服务。管理域主要负责整个云数据中心的协调管理，提供云服务运营和云服务运维。管理域是云计算系统的“大脑”，为整个系统提供运营、维护、质量、安全、集成等方面的协调，保证云服务的高效可靠运行。

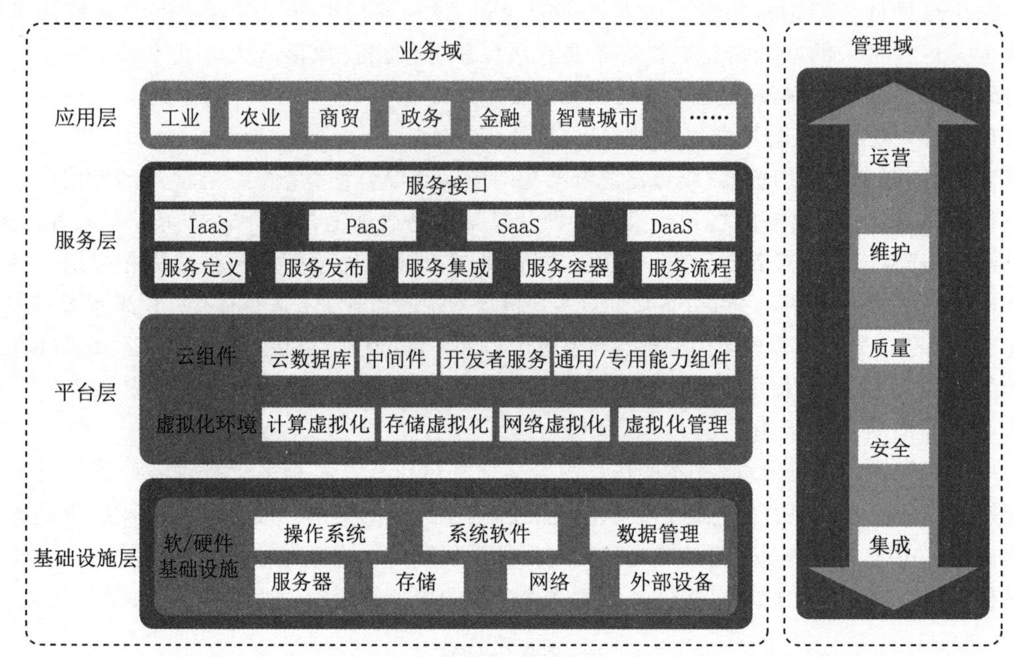

图 2.7　云计算系统架构参考模型

业务域的分层体系非常重要，它将基础设施、平台、服务、应用完全解耦，实现更高效的资源调度和弹性扩展。基础设施层主要是最底层的数据中心基础设施及服务器、存储、网络、外部设备（接入和采集设备）等硬件设备，以及与硬件最相关的基础软件（如操作系统、系统软件等）；数据管理是将原始数据存储并做管理，最后提供给 SaaS 服务来做数据模型处理服务。平台层主要提供虚拟化资源池（计算、存储、网络），以及各类云组件（如云数据库、中间件等）。服务层提供各类标准化的云服务，以及与服务提供相关的定义、发布、集成、容器、流程等。应用层则是客户各类应用系统的展现。

2.3.4 建造云平台

1. 协筑平台概述

随着数字建筑、智能建造、绿色建造的理念越加深入人心，BIM 技术、移动通信、物联网、云技术、大数据等信息化技术在建筑行业的应用发展迅速。在智能建造环境下，项目协同管理方法和工具发生了很大变化，产生了智能项目协同管理模式。所谓智能项目协同管理，即是在智能建造环境下，以协同管理思想为指导，以信息化技术为手段，在无人或少量人为干预条件下，完成项目协同管理过程。依托智能项目协同管理平台，可以快速将现场海量数据及时感知、采集、传输，并在项目协同管理平台集成；将最新的现场数据在一定权限范围内与平台内所有成员共享；通过对数据的自动分析、预警，根据项目管理要求输出结果、辅助决策；将工程信息传递给相关管理人员，辅助完成项目协同管理工作。利用智慧项目协同管理平台，大量数据采集、分析、处理工作通过信息化手段自动完成，减少了人为干预，最大限度地确保了项目信息的即时性及可靠性，增强了项目中各要素的协同程度，降低了人力劳动，提高了项目决策效率，提升了项目协同管理价值。

广联达协筑平台依托云计算及互联网技术以“文档协同管理”“任务流程协同”“BIM图模协同”“团队沟通”等功能模块为核心，通过建立虚拟的项目在线协同环境，连接工程项目中的人员、数据和流程，帮助工程项目团队实现成员管理和信息沟通、项目图档的集中存储和高效分发共享、BIM的可视化交流及各种工作任务流程（如权限管理、批阅、变更、验收检查等）的执行协调和跟踪落地。

2. 平台架构与功能

1）平台架构

协筑平台是一款互联网SaaS应用，采用标准的云应用架构设计，平台架构如图2.8所示。IaaS底层采用阿里云的基础设施服务。PaaS中间层采用广联达自研的一系列云服务和中间件。SaaS应用层的功能模块主要包含文档、模型、任务、应用、成员、简报、消息、动态等。协筑产品的形态涵盖Web端、PC端、IOS/Android移动端、微信小程序，用户可以根据需要便捷使用。

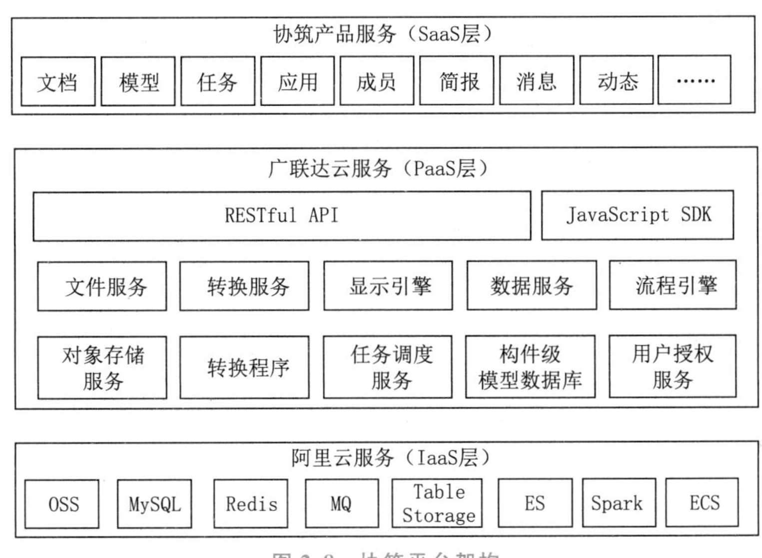

图2.8 协筑平台架构

2）平台功能

协筑Web端整体包含九大功能模块，分别是：简报、文档、任务、模型、成员、设置、应用、站内信、用户看板。

（1）简报是整个项目信息的一个统计看板，包括文档类信息、流程类信息。它是由各类文档部件和流程部件构成的，具体包括文档部件、订阅部件、任务部件、应用表单部件、待办部件等。

（2）文档模块主要是做项目图档资料管理，提供的功能包括新建文件夹、上传文件、分享文件、下载文件、删除文件、权限设置、创建任务、发私信、图模在线浏览、图模操作等。

（3）任务是协筑实现跨方协作的核心功能，可以用来处理项目中具体的工作分配、督办流程等协同工作，通过任务的创建、分配、执行、跟踪、归档等操作，统一管理团队的工作，提高效率。

(4) 模型模块支持将全专业的模型上传合并后进行轻量化浏览，提供了全新的 BIM 文件浏览体验和强大的协作功能。目前模型合并功能支持文档模块中存储的 RVT、3DM、3DS、DGN、FBX、GDQ、GJG、GTJ、IFC、IGMS、NWD、SKP 格式的文件进行同类型合并，以及支持对不同类型 BIM 文件进行合并。

(5) 成员模块是做项目组织架构和成员管理的。可邀请成员加入项目，设置成员的一些个人信息，添加电子签名，设置管理员等。

(6) 设置模块主要对个人信息、项目信息进行一些设置操作，包括隐私设置、项目名片、退出项目、项目设置。

(7) 应用与任务模块类似，也可在线发起审批流程，包括表单管理、应用模板、发起在线流程、流程执行、流程归档。

(8) 站内信用于整个项目通知消息，主要分为私信、应用消息、任务消息、批注消息、项目消息、系统通知。

(9) 用户看板主要展示整个用户下的协筑平台项目信息，包括项目分布、文档统计、任务统计。

3) 协同工作

协筑产品有众多的功能模块，其主要涵盖的协同工作场景包含文档协同、图模协同、跨方协同。

(1) 文档协同。

项目图纸、模型、文件的集中安全管理与数字化交付功能体现在以下几个方面。

① 在项目中，每个人各司其职又相互协作，不同参与方或部门之间的对接交流主要依靠各种各样的文件。在传统的办公环境下，同一份文档可能要在各方间多次传输，甚至同时被多次进行修改。在多次传输和修改过程中很有可能造成文件丢失、泄露、格式不兼容等多种问题。协筑文档模块提供了在云端统一存储和管理整个项目生命周期中产生的文档、图纸、模型等数据的能力。

② 项目的参与方众多，基于对不同参与方的角色设定，会要求不同协作方能够访问获取的图纸、模型是不尽相同的。协筑文档通过精细的权限控制，可指定具体的项目组织、成员对具体文件夹的访问权限（包含预览、下载、创建、修改、删除、授权的权限），达到分级分别控制的目的。

③ 通常项目的图纸、模型会跟随开展阶段的不同，进行逐步的修改和更新，同一张图纸可能会经多次变更修改，协筑文档提供了更新文件版本的功能，上传更新后自动生成各个历史版本，保证各方数据获取文件版本的一致性。

在线浏览图纸模型，快速发送、沟通、共享文件功能体现在以下几个方面。

① 工程项目上用到的图纸、模型种类众多，这些文件都需要对应的专业软件才能查看，专业软件的采购成本非常高昂，又有一定的培训门槛，并且图形类专业建模软件对计算机硬件的要求通常也非常高，这样一来就很难让协作各方的人员查看浏览图纸模型。协筑基于广联达自有的模型图纸 WebGL 轻量化技术，无须任何专业软件，使用浏览器即可浏览 50 余种专业格式文件，极大地降低了项目协作文件访问的门槛。

② 更新人员上传新版图纸、模型后，系统会产生文件动态，主动订阅的人员将能够查看到文件的变化。更新人员也可以选择使用私信功能，通过站内私信（同时可选短信方

式）发送文件通知项目相关人员，及时沟通图档变化。

③ 如有项目外部成员需要临时查看图纸或文件，但又因不在项目中无法通过授权进行文件的访问，这时可以通过协筑文档的分享功能，将图纸或文件生成一个分享链接或二维码，发送给项目外人员进行查看，而无须登录授权。

动态日志功能体现在以下两个方面。

① 记录项目人员对文档进行的所有操作，每个人在文档中的操作均能留痕，可追溯、可检索，痕迹一览无余。

② 项目人员可通过主动订阅文件夹，掌握其权限下文件发生的动态变化。

（2）图模协同。

BIM 设计成果可视化沟通功能体现在以下几个方面。

① 三维可视化是 BIM 的重要应用之一。常规的 BIM 建模软件对计算机的硬件要求较高，对于工程体量大、施工难度大、专业多的项目而言，直接在 Revit 等建模软件中查看全专业 BIM 文件会对硬件产生较大负荷。协筑模型模块提供了全专业模型集成浏览的能力，通过云端强大的图形处理能力和数据分析能力可在线合成多专业的完整模型。

② 设计对项目的影响最大，因此要对图纸模型的质量进行严格把关。随着项目的进行，前期各种图纸、模型的审核应用也随之展开。通过对设计的合理性、设计意图、设计效果进行审核，在图纸、模型的审核过程中发现问题即时在线创建批注，并记录和描述问题的详情。

③ 基于强大的图纸模型轻量化引擎服务，协筑可以提供图纸、模型多版本在线对比的功能，更新版本后可以快速对比定位出不同版本的差异（增、删、改的具体内容）。

④ 二维图纸不够直观，协筑提供了二维图纸与三维模型关联的能力，在浏览模型时可以实时加载关联的图纸，二维图纸与三维图纸对照审查，点击图纸上的图元，与之对应的模型构件会高亮显示在模型区域中；反之，点击模型构件，与之对应的图元也会聚焦显示在图纸区域。

图纸模型设计问题的沟通和解决，闭环管理功能体现在以下几个方面。

① 比较轻微的问题，在创建图纸或者模型的批注后提醒相关人员。

② 比较重要的问题，可以基于创建的批注，发起一个任务流程，将批注作为流程的附件进行关联，相关的执行人将收到这个任务。

③ 如果问题比较多，可以批量选择批注导出 PDF 文件，发与设计方进行直接沟通。

④ 设计人员修改问题后，将新版本图纸、模型更新到文档中，即可完成闭环。

（3）跨方协同。

项目流程管控、跨方在线确认功能体现在以下几个方面。

① 协筑提供了开放式的流程模板定义，项目上可以根据自己的实际业务，自定义各种类型的多方协作任务流，将实际线下的流程搬到线上来处理。

② 项目成员可以根据需要快速地发起各种协作任务流，分配、执行和抄送，高效把控进程。

③ 系统会通过站内消息、手机短信、手机 App 消息推送、邮件等多渠道即时提醒执行人员，及时处理流程，提高效率。

现场移动办公协同功能体现在以下几个方面。

① 通过手机 App 或者微信小程序，无论项目成员在办公室还是在现场，都可以随时随地发起、处理任务流程。

② 通过手机 App 或者微信小程序，可以随时随地在线查看图纸、模型，无网络情况下还支持离线浏览。

③ 在任务的处理过程中，协筑同样也会对任务的全过程进行动态留痕，可追溯、可检索。

项目通信沟通功能体现在站内私信通知、图纸下方通知、会议通知等，也可短信通知对方，或要求对方发送回执。

2.4 物联网

2.4.1 物联网概述

1. 物联网的定义

21 世纪人类进入信息化的时代，信息在引导物质和能量的运动变化中发挥的作用越来越强大，信息已经形成了一个强大的产业，变成具有极大开发价值的资源，成为新经济时代的资源。在通信技术、互联网、传感等新技术的推动下，逐步形成人与人、人与物、物与物之间沟通的网络构架——物联网（The Internet of Things，IoT）。

物联网是指通过各种信息传感器、射频识别技术（RFID）、全球定位系统（GPS）、红外感应器（IR）、激光扫描器（LS）等各种装置与技术，实时采集任何需要监控、连接、互动的物体或过程的信息，采集其声、光、热、电、力学、化学、生物、位置等各种需要的信息，通过各类网络接入，实现物与物、物与人的泛在连接，并按约定的协议，进行信息交换和通信，实现对物品和过程的智能化感知、识别和管理，如图 2.9 所示。物联网是一个基于互联网、传统电信网等的信息承载体，它让所有能够被独立寻址的普通物理对象形成互联互通的网络。

图 2.9 物联网

2. 物联网的特征

从通信对象和过程来看，物与物、人与物之间的信息交互是物联网的核心。物联网的基本特征可概括为整体感知、可靠传输和智能处理。整体感知可以利用射频识别、智能传感器等感知设备感知获取物体的各类信息。可靠传输可通过对互联网、无线网络的融合，将物体的信息实时、准确地传送，以便信息交流、分享。智能处理可使用各种智能技术，对感知和传送到的数据、信息进行分析处理，实现监测与控制的智能化。

根据物联网的以上特征，结合信息科学的观点，围绕信息的流动过程，可以归纳出物联网具有以下处理信息的功能。

(1) 获取信息的功能，主要是指信息的感知、识别。信息的感知是指对事物属性状态及其变化方式的知觉和敏感；信息的识别是指能把所感受到的事物状态用一定方式表示出来。

(2) 传送信息的功能，主要是指信息发送、传输、接收等环节，最后把获取的事物状态信息及其变化的方式从时间（或空间）上的一点传送到另一点的任务，这就是常说的通信过程。

(3) 处理信息的功能，是指信息的加工过程，利用已有的信息或感知的信息产生新的信息，实际是制定决策的过程。

(4) 施效信息的功能，是指信息最终发挥效用的过程，有很多的表现形式，比较重要的是通过调节对象事物的状态及其变换方式，始终使对象处于预先设计的状态。

3. 物联网和互联网

互联网创造了虚拟世界，而物联网开辟了一个由虚拟转向现实的新领域。互联网在虚拟世界中实现了人与人的联系，而物联网将在回归到现实世界中实现物与物的联系，两者虚实相生相伴。以现阶段来看，物联网是基于互联网之上的一种高级网络形态，物联网和互联网之间的共同点在于它们的部分技术基础是相同的。例如，它们都是建立在分组数据技术的基础之上的。尤其在物联网发展的初级阶段，物联网的部分网络基础设施还是要依靠已有的互联网，对互联网有一定的依附性。

物联网和互联网的不同点是，互联网是一个网络系统，而物联网是一个建立在互联网基础设施之上的庞大的应用系统。用于承载物联网和互联网的分组数据网无论是网络组织形态，还是网络的功能和性能，对网络的要求都是不同的。互联网对网络性能的要求是“尽力而为”的传送能力和基于优先级的资源管理能力，对智能、安全、可信、可控、可管、资源保证性等都没有过高的要求，而物联网对网络的这些要求则高得多。

2.4.2 物联网的架构

物联网是一种集成创新的技术系统。按照信息生成、传输、处理和应用的原则，物联网可划分为感知层、网络层和应用层，图 2.10 展示了物联网的三层结构。

(1) 感知层。

感知层是联系物理世界和信息世界的纽带，是物联网信息流通的来源，由各种感知技术组成。如通过射频识别技术（RFID）读取标签中存储的信息，通过无线通信网络把它们自动传输到中央信息系统，实现物品各种参数的提取和管理。由各种类型的传感器组成

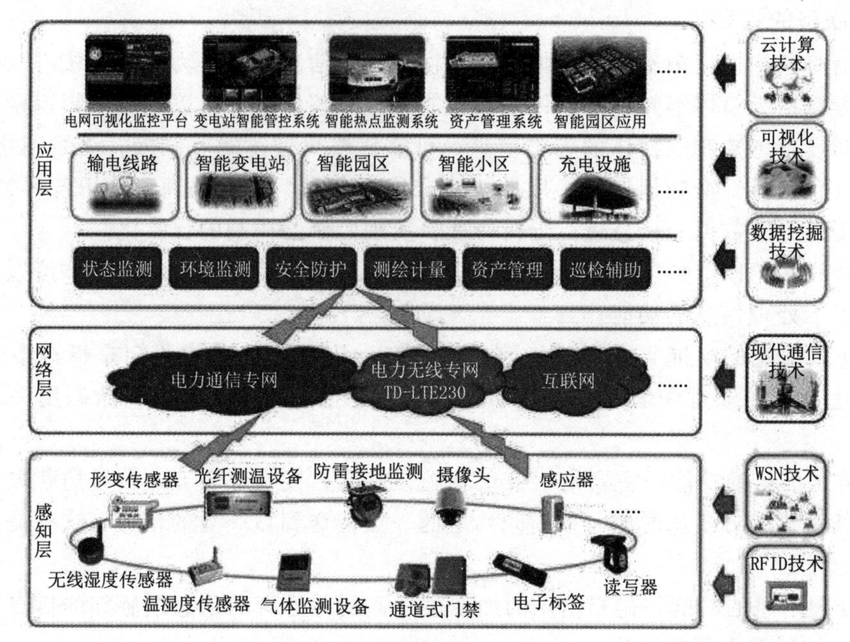

图 2.10 物联网的三层结构

的无线/有线传感网络可进行物质性质、环境状态、行为模式等参数信息的获取。近年来，各类互联网电子产品层出不穷，智能手机、平板式计算机、可穿戴设备、笔记本式计算机等迅速普及，人们可以随时随地接入互联网，分享信息。信息生成、传输方式的多样化是物联网区别于其他网络的重要特征。

（2）网络层。

网络层的主要作用是把感知层的数据接入互联网/局域网，供上层服务处理使用，包含信息传输、交换和整合的功能，其传输媒介主要是无线、有线网络。随着无线技术的不断发展，目前越来越广泛地被采用的有以下无线通信技术。

① 移动通信网络（包括 2G、3G、4G 及 5G 技术），网络覆盖较为完善，但成本、耗电不具优势，对不易充电的环境使用非常受限。

② WiMAX 技术，可提供城城范围高速数据传输服务。

③ Wi-Fi、Bluetooth、ZigBee 等通信协议，其共同特点是低功耗、低传输速率、短距离，一般用于个人电子产品互联、工业设备控制等领域；LoRa、NB-IoT 通信协议，其共同特点是低功耗、低传输速率、长距离，适用于智慧城市、智慧农村等大量应用场景。

各种不同类型的无线网络适用于不同的环境。根据应用场景采用不同技术或组合，是实现物联网无线传输的重要方法。

（3）应用层。

应用层是利用经过分析处理挖掘的感知信息数据，为用户提供丰富的服务，实现智能化感知、识别、定位、追溯、监控和管理。应用层是物联网使用的目的。目前，已经有大量物联网应用在实际中，例如生活中常用的共享单车，就是通过物联网技术来实现扫码取车、定位显示、里程/用时计算、关锁还车等操作，用户操作行为实时传到云端，实现单车的相应反应。

应用层主要包含应用支撑平台子层和应用服务子层。应用支撑平台子层支撑跨行业、跨应用、跨系统之间的信息协调、共享、互通，包括公共中间件、信息开放平台、云计算平台和服务支撑平台。应用支撑平台子层可以将大规模数据高效、可靠地组织起来，为行业应用提供智能的支撑平台。应用服务子层包括智慧城市、智慧校园、智能交通、智能家居、工业控制等行业应用。

2.4.3　物联网的关键技术

1. 感知技术

1）自动识别技术

（1）条形码技术。

条形码技术是由一系列规则排列的黑条或黑格、空白及字符组成的标记，用以表示一定的信息，条形码中的信息需要通过阅读器扫描并经译码之后传输到计算机中，信息以电子数据格式得以快速交换，可实现目标动态定位、跟踪和管理。条形码种类繁多，主要可分为一维及二维条形码。

一维条形码只是在一个方向表达信息，是将宽度不等的多个黑条和空白，按一定的编码规则排列成平行线图案，用以表达一组信息的图形标识符。一维条形码可以标出物品的生产国、制造厂家、商品名称、生产日期，以及图书分类号、邮件起止地点、类别、日期等信息，因此在商品流通、图书管理、邮政管理、银行系统等很多领域被广泛应用。一维条形码通常是对物品的标识，本身并不含有该产品的描述信息，扫描时需要后台的数据库来支持。一维条形码本身信息量受限，数据量较小（约 30 字符），且只能包含字母和数字及一些特殊字符。

二维条形码是在二维空间的水平和竖直方向存储信息的条形码，简称二维码。它用某种特定的几何图形按一定规律在平面（横向和纵向）分布的黑白相间的图形记录数据符号信息。通过图像输入设备或光电扫描设备自动识读以实现信息自动处理，具有对不同行的信息自动识别功能及处理图形旋转变化等特点。二维条形码可以表示字母、数字、ASCII 字符与二进制数，最大数据含量可达 1850 个字符，且具有一定的校验功能，即使某个部分遭到一定程度的损坏，也可以通过存在于其他位置的纠错码将损失的信息还原出来。

自 1949 年发明条形码技术至今，条形码技术得到了广泛的应用，是最经济、最实用的一种自动识别技术。随着智能手机等移动终端的兴起及广泛应用，条形码技术的应用程度也得到了极大的提高。

由于条形码技术克服了传统手工输入数据效率低、错误率高及成本高的缺点，因此逐渐被应用于建筑施工行业，实现以较少的人力投入，获取高效准确的信息。在施工现场，条形码技术主要被应用于建筑材料和机械设备的管理，通过移动终端设备扫描，实时获取管理数据，完成从材料计划、采购、运输、库存的全过程跟踪，实现材料精细化管理，减少材料浪费。还可以制成现场工作人员的工作卡，方便对施工现场人员的管理和控制。

(2) RFID 技术。

射频识别技术(Radio Frequency Identification, RFID),是一项利用射频信号通过空间电磁耦合实现无接触信息传递,并通过所传递的信息达到物体识别的技术。RFID 系统主要由电子标签(Tag)、天线(Antenna)和读写器(Reader)三部分组成,如图 2.11 所示。其中,电子标签芯片具有数据存储区,用于存储待识别物品的标识信息;天线用于发射和接收信号,往往内置在电子标签或读写器中;读写器是将约定格式的待识别物品的标识信息写入电子标签的存储区中(写入功能),或在读写器的阅读范围内以无接触的方式将电子标签内保存的信息读取出来。

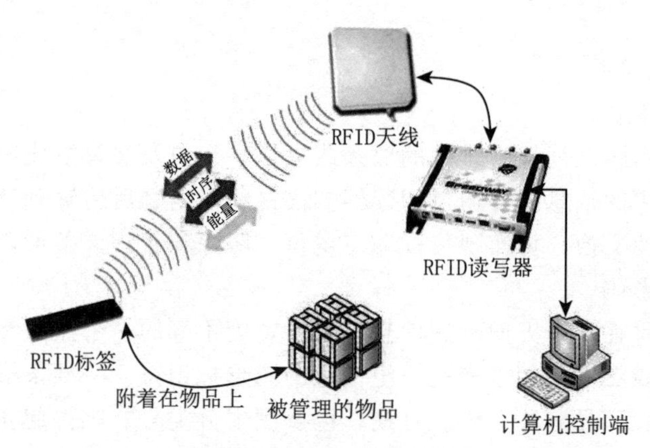

图 2.11 RFID 系统组成

根据供电方式的不同,RFID 可分为分为有源标签、半有源标签和无源标签。根据载波频率不同,RFID 可分为低频标签、中频标签、高频标签、微波射频识别标签;根据作用距离不同,RFID 可分为密耦合标签、遥耦合标签和远距离耦合标签;根据读写功能不同,RFID 可分为只读标签、一次写入多次读标签和可读写标签;根据分装形式不同,RFID 可分为信用卡标签、线形标签、纸状标签、玻璃管标签、圆形标签及特殊用途的异形标签(SIM-RFID、Nano-SIM)等。在实际应用中,必须给电子标签供电它才能工作,按照工作时标签获取电能的方式不同,RFID 可分为主动式标签、半主动式标签和被动式标签。

(3) 其他识别技术。

除了条形码和 RFID 技术之外,自动识别技术还有接触式 IC 技术、语音识别技术、3D 激光扫描技术、光学字符识别技术(Optical Character Recognition, OCR)、生物识别技术(指纹、人脸、虹膜、声纹)、磁条等。目前广泛应用于施工现场的是人脸识别技术和 3D 激光扫描技术。

人脸识别技术是一种可实现身份认证的生物特征识别技术。基于人的脸部特征对输入的人脸图像或视频流进行特征提取,并将其与已知的人脸进行对比,从而识别每个人脸对应的身份。相对于指纹、虹膜等其他人体生物特征,人脸识别系统更直接、方便,容易被使用者接受。目前,人脸识别在施工现场主要应用在诸如自动门禁系统、身份证件的识别等领域,用以提高现场人员的管理效率。

3D 激光扫描(3D Laser Scanning)技术又被称为实景复制技术,是 20 世纪 90 年代中期开始出现的一项新技术，是继 GPS 空间定位系统之后又一项测绘技术的新突破。它是利用激光测距的原理，对物体空间外形、结构及色彩进行扫描，记录被测物体表面大量密集点的三维坐标、反射率和纹理等信息，可快速复建出被测目标的三维模型及线、面、体等各种外观数据，形成三维空间点云数据，并加以建构、编辑、修改生成通用输出格式的曲面数字化模型。3D 激光扫描技术为快速建立结构复杂、不规则场景的三维可视化数字模型提供了一种全新的技术手段，高效地对真实世界进行三维建模和虚拟重现，具有精度高、速度快、分辨率高、非接触式、兼容性好等优势，可在文物古迹保护、建筑、规划、工厂改造、室内设计、建筑监测、交通事故处理、法律证据收集、灾害评估、船舶设计、数字城市、军事分析等领域应用。

2）传感器

传感器是感知物质世界的“感觉器官”，可用来感知信息采集点的参数，将物理世界中的物理量、化学量、生物量转换成供处理的数字信号，为数据的处理和传输提供最原始的信息。传感器的类型多样，可以按照测量方式、输出信号类型、用途、工作原理、应用场合等方式进行分类。按照测量方式不同，传感器可以分为接触式测量和非接触式测量传感器两大类；按照输出信号类型是模拟量还是数字量，传感器可以分为模拟式传感器和数字式传感器；按照用途，传感器可分为可见光视频传感器、红外视频传感器、温度传感器、气敏传感器、化学传感器、声学传感器、压力传感器、加速度传感器、振动传感器、磁学传感器、电学传感器；按照工作原理，传感器可分为物理传感器、化学传感器、生物传感器；按照应用场合，传感器可分为军用传感器、民用传感器、军民两用传感器。

3）位置感测技术

（1）室外定位技术。

全球导航卫星系统（Global Navigation Satellite System，GNSS）泛指所有的卫星导航系统，目前投入使用的有美国的 GPS（Global Positioning System，全球定位系统）、俄罗斯的 GLONASS（格洛纳斯）、欧盟的 Galileo（伽利略）及我国的北斗（BeiDou 或 BDS）等。

以 GPS 为例，GPS 是目前世界上最常用的卫星导航系统，具有海、陆、空全方位实时三维导航与定位能力。GPS 测量技术能够快速、高效、准确地提供点、线、面要素的精确三维坐标及其他相关信息，具有全天候、高精度、自动化、高效益等显著特点。

（2）室内定位技术。

室内定位是指在室内环境中实现位置定位，主要采用无线通信、基站定位、惯导定位等多种技术集成形成一套室内位置定位体系，从而实现人员、物体等在室内空间中的位置监控。

除通信网络的蜂窝定位技术外，常见的用于室内无线定位的技术有 Wi-Fi 定位、蓝牙定位、红外线定位、超宽带定位、RFID 定位、ZigBee 定位和超声波定位。

① Wi-Fi 定位。通过无线接入点（包括无线路由器）组成的无线局域网络（WLAN），可以实现复杂环境中的定位、监测和追踪任务。它以网络节点（无线接入点）的位置信息为基础和前提，采用经验测试和信号传播模型相结合的方式，对已接入的移动设备进行定位，最高精确度在 1～20m。

② 蓝牙定位。蓝牙通信是一种短距离低功耗的无线传输技术，在室内安装适当的蓝

牙局域网接入点后，将网络配置成基于多用户的基础网络连接模式，并保证蓝牙局域网接入点始终是这个微网络的主设备。这样通过检测信号强度就可以获得用户的位置信息。蓝牙定位主要应用于小范围定位。对于集成了蓝牙功能的移动终端设备，只要设备的蓝牙功能开启，蓝牙室内定位系统就能够对其进行位置判断。

③ 红外线定位。红外线定位是通过安装在室内的光学传感器，接收各移动设备（红外线 IR 标识）发射调制的红外射线进行定位，具有相对较高的室内定位精度。但是，由于光线不能穿过障碍物，使得红外射线仅能视距传播，容易受其他灯光干扰，并且红外线的传输距离较短，使其室内定位的效果很差。当移动设备放置在口袋里或者被墙壁遮挡时，就不能正常工作，需要在每个房间、走廊安装接收天线，这也导致总体造价较高。

④ 超宽带定位。超宽带定位与传统通信技术的定位方法有较大差异，它不需要使用传统通信体制中的载波，而是通过发送和接收具有纳秒或纳秒级以下的极窄脉冲来传输数据，可用于室内精确定位。超宽带系统与传统的窄带系统相比，具有穿透力强、功耗低、抗多径效果好、安全性高、系统复杂度低、能够提高精确定位精度等优点，通常用于室内移动物体的定位跟踪或导航。

⑤ RFID 定位。RFID 定位利用射频方式进行，通过非接触式双向通信交换数据，实现移动设备识别和定位的目的。它可以在几毫秒内得到厘米级定位精度的信息，且传输范围大、成本较低。不过，由于 RFID 不便于整合到移动设备之中、作用距离短（一般最长为几十米）、用户的安全隐私保护、未形成国际标准化等问题未能解决，RFID 定位适用范围受到局限。

⑥ ZigBee 定位。ZigBee 是一种短距离、低速率的无线网络技术。它介于 RFID 和蓝牙之间，可以通过传感器之间的相互协调通信进行设备的位置定位。这些传感器只需要很少的能量，以接力的方式通过无线电波将数据从一个传感器传到另一个传感器，所以 ZigBee 最显著的技术特点是它的低功耗和低成本。

⑦ 超声波定位。超声波定位主要采用反射式测距（发射超声波并接收由被测物产生的回波后，根据回波与发射波的时间差计算出两者之间的距离），并通过三角定位等算法确定物体的位置。超声波定位整体定位精度较高、系统结构简单，但容易受多径效应和非视距传播的影响，降低定位精度。同时，它还需要大量的底层硬件设施投资，总体成本较高。

2. 传输技术

（1）IPv6 技术。

IPv6 是“Internet Protocol Version 6”（互联网协议第 6 版）的缩写，是互联网工程任务组（IETF）设计的用于替代 IPv4 的下一代 IP 协议，其地址数量号称可以为全世界的每一粒砂子编上一个地址。由于 IPv4 最大的问题在于网络地址资源不足，严重制约了互联网、物联网的应用和发展。IPv6 的使用，不仅能解决网络地址资源数量的问题，而且也解决了多种接入设备连入互联网的障碍。

（2）Wi-Fi 技术。

Wi-Fi（Wireless Fidelity）是一种可以将个人计算机、手持设备（手机、平板式计算机等）终端以无线的方式互相连接的短距离无线通信技术。它是由 Wi-Fi 联盟（Wi-Fi Alliance）持有的一个无线网络通信技术的品牌。

只要用户位于一个接入点四周的一定区域内，Wi-Fi 理论上就能以最高的速率接入互联网。实际上，如果有多个用户同时通过一个点接入，带宽将被多个用户分享。随着 Wi-Fi 协议新版本的推出，Wi-Fi 的应用将越来越广泛。从应用层面来说，要使用 Wi-Fi，用户首先要有 Wi-Fi 兼容的用户端装置。常见的就是 Wi-Fi 无线路由器，在 Wi-Fi 无线路由器电波覆盖的有效范围内都可以用 Wi-Fi 连接方式联网。如果 Wi-Fi 无线路由器以 ADSL 等方式上网，则又被称为“热点”。

（3） ZigBee 技术。

ZigBee 是一项新兴的短距离无线通信技术，适用于传输范围短、数据传输速率低的一系列电子元器件设备之间。ZigBee 技术可用于数以千计的微小传感器间，依托专门的无线电标准达成相互协调通信，因而该项技术常被称为 Home RF Lite 或 FireFly 无线技术。ZigBee 技术还可应用于小范围的基于无线通信的控制及自动化等领域，可省去计算机设备、一系列数字设备相互间的有线电缆，更能够实现多种不同数字设备相互间的无线组网，使它们实现相互通信，或者接入互联网。

ZigBee 技术本质上是一种速率比较低的双向无线网络技术，其优势主要表现在：①ZigBee技术能源消耗显著低于其他无线通信技术；②ZigBee 技术研发及使用所需投入的成本低；③ZigBee 技术具有较高的安全可靠性。

另外，ZigBee 在传输数据过程中可确保数据流的相对平行性，换而言之，ZigBee 技术可为数据提供宽广的传输空间。

（4） 蓝牙技术。

蓝牙技术（Bluetooth）是一种无线数据和语音通信开放的全球规范，它是基于低成本的近距离（一般 10m 内）无线连接，为固定和移动设备建立通信环境的一种特殊的近距离无线技术连接。其技术特点为：①蓝牙技术的适用设备多，无须电缆，通过无线使电脑和电信联网进行通信。②蓝牙技术的工作频段全球通用，适用于全球范围内用户无界限使用，解决了蜂窝式移动电话的“国界”障碍。蓝牙技术产品使用方便，利用蓝牙设备可以搜索到另外一个蓝牙技术产品，并迅速建立起两个设备之间的联系，在控制软件的作用下，可以自动传输数据。③蓝牙技术的安全性和抗干扰能力强，由于蓝牙技术具有跳频的功能，有效避免了 ISM 频带遇到干扰源。蓝牙技术的兼容性较好，目前，蓝牙技术已经能够发展成为独立于操作系统的一项技术，实现了各种操作系统中良好的兼容性能。④传输距离较短。蓝牙技术的主要工作范围在 10m 左右，经过增加射频功率后的蓝牙技术可以在 100m 的范围进行工作，只有这样才能保证蓝牙在传播时的工作质量与效率，提高蓝牙的传播速度。⑤通过调频扩频技术进行传播。蓝牙技术在实际应用期间，可以原有的频点进行划分、转化，如果采用一些跳频速度较快的蓝牙技术，那么整个蓝牙系统中的主单元都会通过自动跳频的形式进行转换，从而将其以随机的方式进行跳频。

（5） LoRa 技术。

远距离无线电（Long Range Radio，LoRa）是 Semtech 公司创建的低功耗局域网无线标准。LoRa 技术最大的特点就是在同样的功耗条件下比其他无线方式传输的距离更远，实现了低功耗和远距离传输的统一，它在同样的功耗下比传统的无线射频通信距离扩大 3～5 倍，在城镇可达 2～5km，郊区可达 15km。此外，LoRa 技术还具有大容量的特点，一个 LoRa 网关可以连接上千上万个 LoRa 节点。传输速率一般为几十到几百 KB/s，速率越低传输距离越长。

2.4.4 物联网的应用

物联网的应用领域涉及方方面面，在工业、农业、环境、交通、物流、安保等基础设施领域的应用，有效地推动了这些领域的智能化发展，使得有限的资源更加合理地使用分配，从而提高了行业效率、效益。在家居、医疗健康、教育、金融与服务业、旅游业等与生活息息相关的领域的应用，从服务范围、服务方式到服务的质量等方面都有了极大的改进，大大地提高了人们的生活质量。在涉及国防军事领域方面，虽然还处在研究探索阶段，但物联网应用带来的影响也不可小觑，大到卫星、导弹、飞机、潜艇等装备系统，小到单兵作战装备，物联网技术的嵌入有效提升了军事智能化、信息化、精准化，极大提升了军事战斗力，是未来军事变革的关键。

(1) 智能交通。

物联网技术在道路交通方面的应用比较成熟。随着车辆的普及，交通拥堵甚至瘫痪已成为城市的一大问题。目前应用智能交通的场景有：对道路交通状况实时监控并将信息及时传递给驾驶人，让驾驶人及时做出践线调整，有效缓解了交通压力；高速路口设置道路自动收费系统（ETC），免去进出口取卡、还卡的时间，提升车辆的通行效率；公交车上安装定位系统，能及时了解公交车行驶路线及到站时间，乘客可以根据搭乘路线确定出行，免去不必要的时间浪费。

社会车辆增多，除了会带来交通压力外，停车难也日益成为一个突出问题，不少城市推出了智慧路边停车管理系统，该系统基于云计算平台，结合物联网技术与移动支付技术，共享车位资源，提高车位利用率和用户的方便程度。该系统可以兼容手机模式和射频识别模式，通过手机 App 可以实现及时了解车位信息、车位位置，提前做好预定并实现交费等等操作，很大程度上解决了“停车难、难停车”的问题。

(2) 智能家居。

智能家居就是物联网在家庭中的基础应用，随着宽带业务的普及，智能家居产品涉及方方面面。智能家居甚者还可以学习用户的使用习惯，从而实现全自动的温控操作，使用户在炎炎夏季回家就能享受到冰爽带来的惬意；通过客户端实现智能灯泡的开关、调控灯泡的亮度和颜色，等等；插座内置 Wi-Fi，可实现遥控插座定时通断电流，甚至可以监测设备用电情况，生成用电图表让用户对用电情况一目了然，安排资源使用及开支预算；智能体重秤，监测运动效果，内置可以监测血压、脂肪量的先进传感器，内定程序根据身体状态提出健康建议；智能牙刷与客户端相连，供刷牙时间、刷牙位置提醒，可根据刷牙的数据生产图表，监测口腔的健康状况；智能摄像头、窗户传感器、智能门铃、烟雾探测器、智能报警器等都是家庭不可少的安全监控设备，用户即使出门在外，可以在任意时间、地点查看家中任何一角的实时状况及安全隐患。看似烦琐的种种生活家居因为物联网而变得更加轻松、美好。

(3) 公共安全。

近年来全球气候异常情况频发，灾害的突发性和危害性进一步加大，物联网可以实时监测环境的不安全性情况，提前预防、实时预警、及时采取应对措施，降低灾害对人类生命财产的威胁。例如，美国布法罗大学早在 2013 年就提出研究深海的物联网项目，通过将特殊处理的感应装置置于深海处，分析水下相关情况，从而进行海洋污染的防治、海底资源的探测，甚至海啸的预警。该项目在当地湖水中进行试验，获得成功，为进一步扩大使用范围提供了基础。利用物联网技术可以智能感知大气、土壤、森林、水资源等各方面的指标数据，对于改善人类生活环境发挥巨大作用。

(4) 可穿戴计算。

可穿戴计算（Wearable Computing）正将普适计算的理念“穿戴”在我们身上。

可穿戴计算的应用包括健身追踪器（手机 App、手环、脚环等）、健康监测手表（监测血压、血糖、心率、温度等）这些市场占有率高的可穿戴健康监护装置，以及可穿戴数字助理、可穿戴传感系统、可穿戴通信终端（手环）、可穿戴消费电子装置和可穿戴计算服饰（嵌入计算功能的航天服、潜水服）等实用装置。

(5) 智慧工地。

“智慧工地”作为一种崭新的工程现场一体化管理模式，已经成为大势所趋。智慧工地将物联网、云计算、虚拟现实等新技术植入到建筑、机械、人员、穿戴设施、场地中，使它们互联，实现工程管理干系人与工程施工现场的整合。智慧工地的核心是以一种更智慧的方法来改进工程各干系组织和岗位人员交互的方式，以便提高交互的明确性、效率、灵活性和响应速度，从而实现以下目标。

① 全流程的安全监督。基于智慧工地物联网云平台，对接施工现场智能硬件传感器设备，利用云计算、大数据等技术，对所监测采集到的数据进行分析处理、可视化呈现、多方提醒等，实现对建筑工地多方位的安全监督。

② 全天候的管理监控。为建筑用户或政府监管部门提供全天候的人员、安全、质量、进度、物料、环境等的监管及服务。

③ 多方位的智能分析。通过智能硬件端实时监测采集工地施工现场的人、机、料、法、环各环节的运行数据，对海量数据进行智能分析和风险预控，辅助管理人员决策管理，提高效率。

2.5 5G技术

2.5.1 移动通信概述

移动通信即无线通信，主要采用无线电波频率来通信。以 80 年代第一代移动通信技术（1G）发明为标志，经历 30 多年的持续发展，随着高质量、高速度、大容量通信的需求，2G、3G、4G、5G 应运而生。

移动通信系统是一种无线电通信系统，主要有蜂窝系统、集群系统、AdHoc 网络系统、卫星通信系统、分组无线网、无绳电话系统、无线电传呼系统等，如图 2.12 所示。

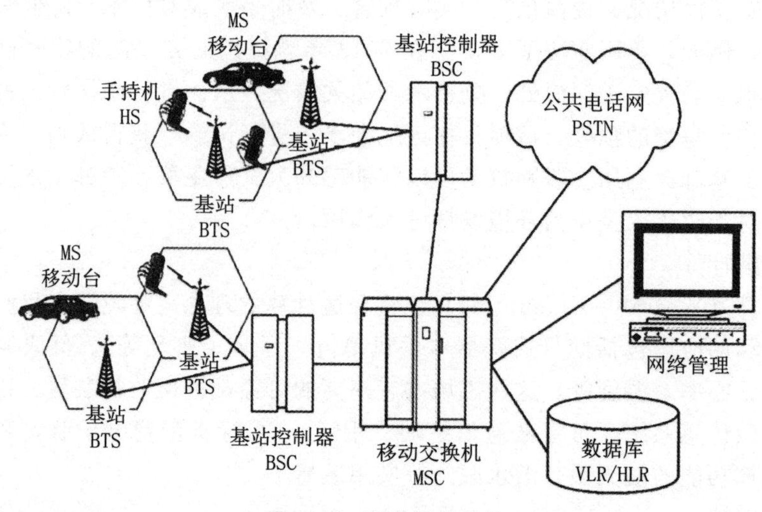

图 2.12　移动通信系统

2.5.2　5G 概述

5G，即第五代移动通信技术（5th Generation Mobile Communication，Technology），相较于以往的移动通信技术而言，5G 一改面向消费娱乐通信应用的目标，专门设计了高上行速率、低时延、高可靠、海量连接、高能效、高安全等工业特性，成为面向各行业应用的工业级移动通信系统。据 IMT-2020（5G）推进组研究，5G 将具备比 4G 更高的性能，二者的性能对比如表 2-2 所示。同时，5G 还需要大幅提高网络部署和运营的效率，相比 4G，频谱效率提升 3 倍，能效和成本效率提升百倍以上。

表 2-2　4G 与 5G 的性能对比

网络	流量密度	连接数密度	时延	移动性	用户体验速率	峰值速率
4G	0.1Mbit/(s·m^2)	10 万/km^2	空口 10ms	350km/h	10Mbit/s	1Gbit/s
5G	10Mbit/(s·m^2)	100 万/m^2	空口 1ms	500km/h	100Mbit/s	20Gbit/s

移动通信发展历史

人们对体验的需求是无止境的，5G 的系统设计使得移动通信替代固定宽带成为可能。解决人与人的通信需求之后，怎么解决人与物、物与物的通信需求是 5G 的重点。由于采用了一系列技术创新，如更加精细化的调度方案（F-OFDM 基于子带滤波的正交频分复用、网络切片、Grant-free 等）和无线增强技术（Polar 码、Massive MIMO、3D-Beamforming 等），使 5G 成为确定性网络，为实时性和安全性要求高的工业应用打下了基础，也将因此而改变社会。这也就是为什么说“4G 改变生活，5G 改变社会”。

未来 5G 将渗透到社会的各个领域，拉近万物的距离，使信息突破时空限制，提供极佳的交互体验，最终实现“信息随心至，万物触手及”。更重要的是，5G 技术将伴随人工智能、云计算、大数据、区块链等高精新技术协同发展，实现万物感知、万物互联、万物智能，推动全产业链创新融合发展，引领一场新的技术革命，给各行各业带来全新的发展机遇。

2.5.3 5G的核心技术

1. 5G的八项指标

面向移动数据流量的爆炸式增长，物联网设备的海量连接，以及垂直行业应用的广泛需求，作为新一代移动通信技术的全球标准，5G相对于4G，在提升峰值速率（eMBB，增强移动宽带）、时延（URLLO，低时延高可靠通信）、移动性、频谱效率四项传统指标的基础上，新增加了用户体验速率、连接数密度（mMTC，海量机器通信）、容量密度和能源效率四项关键能力指标。从以上八项指标对比可以看出，5G的速率、时延、连接等网络能力，相对于4G有跨越式的提升，如图2.13所示。

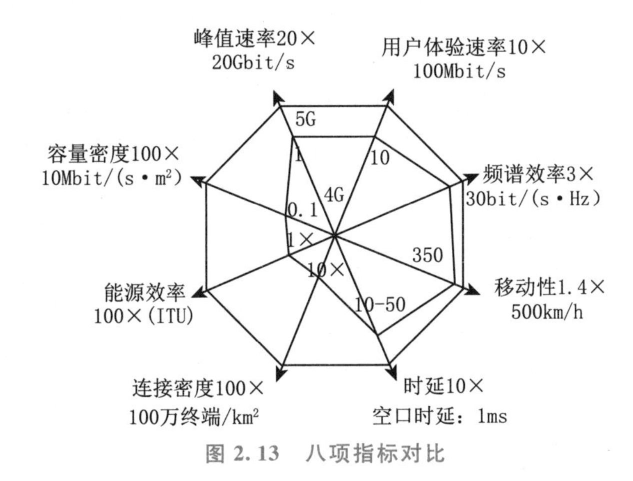

图2.13　八项指标对比

2. 5G技术

（1）网络架构。

NSA（Non-Standalone，非独立组网）和SA（Standalone，独立组网）是两类实现5G业务的组网方式。

NSA组网方式就是5G基站与4G基站和4G核心网建立连接，用户面连接4G核心网，控制面通过4G基站连接核心网。5G手机可同时连接到4G和5G基站，也就是说5G站点开通依赖于4G核心网的开通。

SA是独立于4G的一种组网方式，5G基站在用户面和控制面上都是建立在5G核心网上。NSA组网是一种过渡方案，主要支持超大带宽，但NSA组网方式无法充分发挥5G系统低时延、海量连接的特点，也无法通过网络切片特性实现对多样化业务的灵活支持。而SA组网方式的基站和核心网全部按5G标准设计，可以实现5G全部性能，是5G的最终目标组网方式，如图2.14所示。

中国运营商为避免行业需求快速兴起导致频繁改造网络、增加建设成本，倾向于直接按照SA组网方式建网。海外部分运营商倾向于选择NSA组网方式，随后再向SA组网方式过渡。

（2）网络切片。

网络切片是一种按需组网的技术，SA架构下将一张物理网络虚拟出多个虚拟的专用

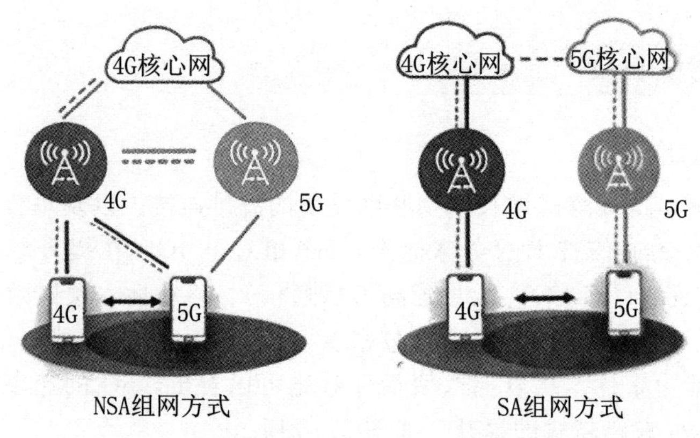

图 2.14　NSA 和 SA 组网方式

的、隔离的、按需定制端到端网络。可满足不同场景诸如工业控制、自动驾驶、远程医疗等各类行业业务的差异化需求，如图 2.15 所示。传统的 4G 网络只能服务于单一的移动终端，无法适用于多样化的物与物之间的连接。5G 时代将有数以千亿计的人和设备接入网络。不同类型业务对网络要求千差万别，运营商需要提供不同功能和 QoS（Quality of Service，服务质量）的通信连接服务。网络切片将解决在同一物理网络设施上，满足不同业务对网络的 QoS 要求，极大地降低了网络部署的成本。

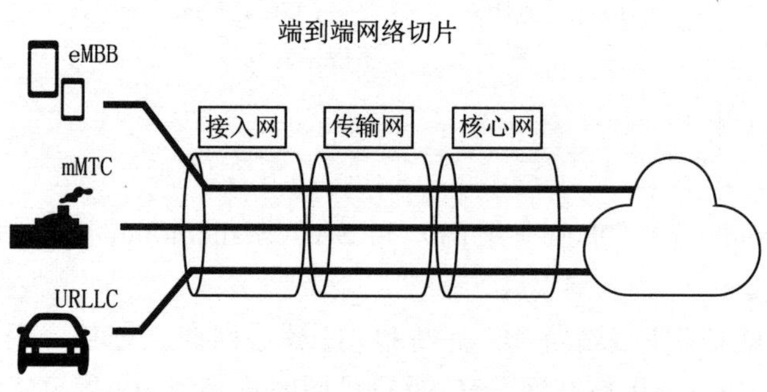

图 2.15　网络切片

对运营商来说，网络切片是进入具有海量市场规模的垂直行业的关键推动力，与独立网络相比，通过网络切片实现基础设施统一的网络适应多种业务，可大大减少投资，实现业务快速发布。每个网络切片还可以独立进行生命周期管理和功能升级，网络运营和维护将变得非常灵活和高效。

（3）MEC。

MEC（Muti-Access Edge Computing，多接入边缘计算）是将多种接入形式的部分功能、内容和应用一同部署到靠近接入侧的网络边缘，通过业务靠近用户处理，以及内容、应用与网络的协同来提供低时延、安全、可靠的服务，达成极致用户体验，如图 2.16 所示。

5G 核心网的架构原生支持 MEC 功能，控制面和用户面完全分离，用户面下沉子 MEC，支撑低时延业务如自动驾驶等。

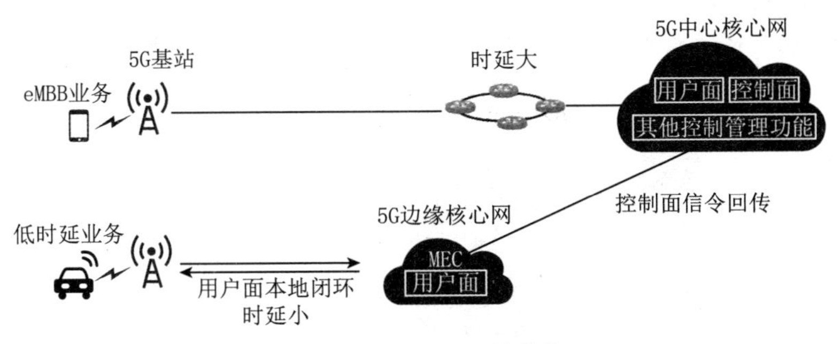

图 2.16 多接入边缘计算

(4) 空口技术。

为实现 5G 标准定义的 eMBB（增强移动宽带）相对于 4G 速率提升 20 倍的愿景，同时实现 URLLO（低时延高可靠通信）和 mMTC（海量机器通信），拓展新行业应用，5G 定义了多种空口新技术。其中关键的几项核心技术如下。

① Polar 码。

Polar 码，即“极化码”，Polar 码的核心思想就是信道极化理论，可以采用编码的方法，使一组信道中的各子信道呈现出不同的容量特性。当码长持续增加时，一部分信道将趋于无噪信道，另一部分信道趋向于容量接近于 0 的纯噪声信道，选择在无噪信道上直接传输有用的信息从而达到香农极限。这就使得 Polar 码性能增益更好、频谱效率更高。同时 Polar 码可靠性也更高，可以解决垂直行业可靠应用的难题。

② F-OFDM。

F-OFDM 代表滤波正交频分复用，是一种 5G 里采用的空口波形技术。物理层波形的设计，是实现统一空口的基础，需要同时兼顾灵活性和频谱效率，是 5G 的关键空口技术之一。相对于 4G 来说，F-OFDM 可以实现更小颗粒度的时频资源划分，同时消除干扰的影响，从而提升系统效率，并实现分级分层 QoS 保障，是实现大连接和网络切片的基础。通过参数可灵活配置的优化滤波器设计，使得时域符号长度、CP 长度、循环周期和频域子载波带宽灵活可变，解决了不同业务适配的问题。

③ Massive MIMO。

Massive MIMO 为大规模多输入或多输出技术，可以简单理解为多天线技术。在频谱有限的情况下，通过空间的复用增加同时传输的数据流数，提高信道传输速率，提升最终用户的信号质量和高速体验。

MIMO 技术已经在 4G 系统得到广泛应用，5G 在天线阵列数目上持续演进。大规模天线阵列利用空间复用增益有效提升整个小区的容量。5G 目前支持 64T64R（64 通道，可理解为 64 天线发射、64 天线接收）为基础配置，相比 4G 的 2T2R 增加了几十倍。

④ 3D-Beamforming。

3D-Beamforming（立体天线波束赋形技术），可以简单理解为让无线电波具有形状，并且形状还是可以调整改变的，最终实现信号跟人走，真正地以人为本提升用户信号质量。5G 与 4G 相比从水平的波束赋形扩展到垂直的波束赋形，也为地对空通信（比如无人机等低空覆盖）的实现奠定了基础。

3D-Beamforming 技术的原理是在三维空间形成具有灵活指向性的高增益窄波束，空间隔离减小用户间的干扰，从而提升 5G 的单位基站容量，增强垂直覆盖能力，如图 2.17 所示。

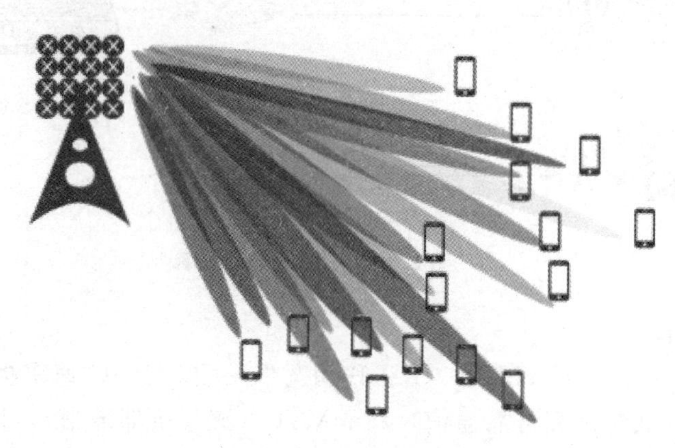

图 2.17　立体天线波束赋形技术

2.5.4　5G 技术在施工中的应用

在建筑施工行业，由于工程项目地域分散、从业人员移动工作、施工现场环境复杂，制约着互联网的应用实施。随着移动互联网的发展，如 5G 网络的普及，平板式计算机、智能手机等终端设备的技术成熟与普及，利用移动互联网代替传统互联网进行日常工作和生产作业成为可能。施工企业信息化系统通过移动平台建设，将信息化管理系统延展到移动终端上，将传统的“办公室信息化”扩展到任意地点，解决了施工行业对信息实时传递的业务需求。决策层可以随时随地审批，大大提高了施工企业的运作效率和运作质量。施工单位移动互联网应用主要包括以下几个方面。

(1) 在用户管理中的应用。充分利用移动互联网的实时性和便携性等特性，将移动互联网应用于用户管理、项目管理中，或者与现有的用户 ERP、项目管理系统进行集成应用。例如，用户办公系统有逐渐向移动端转移的趋势，流程审批、公文流转、通知公告、日程提醒等均通过智能手机完成，极大地提高了办公效率。项目管理系统与移动应用集成，现场人员通过移动设备分发任务，加快了信息传递的效率；管理层通过移动终端可直接审批流程，随时查看项目进度、成本、质量等业务数据，辅助决策。

(2) 在业务工作中的应用。施工现场人员流动作业、工地环境复杂，项目管理人员多是在现场作业，移动通信成为刚需。通过移动互联网应用可提高信息共享和传递的效率，以辅助现场工作。例如，现场通过移动终端实现电子化的图纸或模型的共享和展示，方便变更商洽、设计交底、施工指导、质量检查等工作。

(3) 与新技术的集成应用。首先是与 BIM 技术的集成应用。在施工质量检查过程中，质量管理人员可应用移动终端设备调用 BIM 文件，通过三维模型与实际完工部位进行对比检查。然后是与物联网技术集成应用，通过 RFID、电子标签、测量器、传感器、摄像头等终端设备，实现对项目建设过程的实时数据采集和有效管理，并结合移动设备，将这些实时数据及时分发出去，提高作业现场的管理能力，加强人与建筑的交互。

拓展讨论

新一代信息技术与各产业结合形成数字化生产力和数字经济，是现代化经济体系发展的重要方向。大数据、云计算、人工智能等新一代数字技术是当代创新最活跃、应用最广泛、带动力最强的科技领域，给产业发展、日常生活、社会治理带来深刻影响。党的二十大报告指出，加快发展数字经济，促进数字经济和实体经济深度融合，打造具有国际竞争力的数字产业集群。试讨论，除了智能建造，新一代信息技术还与我国哪些产业结合形成了数字化生产力和数字经济？

2.6　BIM技术

2.6.1　BIM概述

1. BIM概念

BIM（Building Information Modeling）为建筑信息模型，被视为一种突破性创新技术，在国内外建筑业都得到了广泛关注、推广和应用。BIM是智能建造的数字化模型，是智能建造全生命周期的信息载体和连通媒介，对智能建造起到了支撑作用。

20世纪70年代，时任美国卡内基梅隆大学建筑和计算机科学专业查克·伊士曼教授（Chuck Eastman）提出了“Building Description System”，在考虑建筑属性的基础上，利用信息技术对图形进行编辑和元素组成的处理，并指出对建筑的不同属性进行功能排序的发展方向，被视为最早提出的BIM概念，BIM的示意图如图2.18所示。

图2.18　BIM的示意图

国际标准组织设施信息委员会（Facilities Information Council，FIC）对BIM的定义：在开放的工业标准下对设施的物理和功能特性及其相关的项目生命周期信息的可计算或可运算的形式表现，从而为决策提供支持，以便更好地实现项目的价值。

美国国家 BIM 标准对 BIM 的定义：BIM 是建设项目兼具物理特性与功能特性的数字化模型，且是从建设项目的最初概念设计开始，在整个生命周期里做出任何决策的可靠共享信息资源。实现 BIM 的前提是：在建设项目生命周期的各个阶段，不同的项目参与方通过在 BIM 建模过程中插入、提取、更新及修改信息，以支持和反映出各参与方的职责。BIM 是基于公共标准化协同作业的共享数字化模型。

Autodesk 公司对 BIM 的定义：建筑信息模型是指建筑物在设计和建造过程中，创建和使用的“可计算数字信息”。而这些数字信息能够被程序系统自动管理，使得经过这些数字信息所计算出来的各种文件，自动地具有彼此吻合、一致的特性。

英国标准协会（BSI）对 BIM 的定义：建筑物或基础设施设计、施工或运维，应用面向对象的电子信息的过程。BIM 是建筑环境数字化转型的核心。BIM 是工程设施供给链协同的工作方式，采用数字技术早期介入，更有效地设计、创建和维护用户的资产，提供了数字化物理和功能信息，支撑全生命周期的资产的决策和管理。BIM 的核心是整个供应链使用模型和公共数据环境来有效访问和交换信息，从而大大提高建设和运营活动的效率。

我国《建筑信息模型应用统一标准》（GB/T 51212—2016）对 BIM 的定义：在建设工程及设施全生命期内，对其物理和功能特性进行数字化表达，并依此设计、施工、运营的过程和结果的总称。

本书认为，BIM 是以三维数字技术为基础，集成了建设工程项目规划、勘察、设计、建造、运维、废弃全生命周期的协同与互用信息模型，包括建设工程的几何、物理、功能、过程信息等。BIM 的定义包括了以下内涵：①是一个建设工程的几何、物理、性能、过程等的信息模型；②贯穿于建设工程项目规划、勘察、设计、建造、运维、废弃全生命周期；③是三维可视化的模型；④信息在模型中应协同使用；⑤能被建设工程项目各参与方互用。

2. 国内外 BIM 应用与发展

1）BIM 在国外的应用与发展

1994 年，国际数据互用联盟（International Alliance of Interoperability，IAI）成立，2002 年，Autodesk 公司首次将 BIM 概念提出并商业化。2007 年，IAI 更名为 buildingSMART，buildingSMART 是一个中立化、国际性、独立的服务于 BIM 全生命周期的非营利组织，旨在通过协调技术、一体化实务和公开标准，方便和透明地进行建筑物和基础设施信息交换、应用和维护，提高设计、施工、运维的质量，支持建设环境全生命周期的高效管理，提升工程项目的品质。

美国是最早提出 BIM 技术概念的国家，从 2003 年起建立建筑信息模型指引（BIM Guide Series），注重在联邦资产建筑计划的空间验证与设施管理。2007 年起，美国总务署（GSA）所有大型项目（招标级别）都需要应用 BIM，最低要求是空间规划验证和最终概念展示都需要提交 BIM 文件，所有 GSA 的项目都被鼓励采用 BIM 技术，并且根据采用这些技术的项目承包商的应用程序不同，给予不同程度的资金支持。

buildingSMART 的北美分会 buildingSMART alliance 是美国建筑科学研究院（NIBS）在信息资源和技术领域的一个专业委员会，buildingSMART alliance 下属的美国国家 BIM 标准项目委员会（NBIMS）专门负责美国国家 BIM 标准的研究与制定。2007 年 12 月，NBIMS 发布了 NBIMS 标准的第一版，主要包括了关于信息交换和开发过程等方面，明确了 BIM 过程和工具的各方定义、相互之间数据交换要求的明细和编码，使不同部门可以开发充分协商一致的 BIM 标准，更好地实现协同。2012 年 5 月，NBIMS 发布了 NBIMS 标准的第二版，NBIMS 标准第二版的编写过程采用了开放投稿（各专业 BIM 标准）、投票决定标准内容的方式，因此，也被称为是第一份基于共识的 BIM 标准。2016 年 7 月 22 日，NBIMS 发布了 NBIMS 标准第三版，NBIMS 标准第三版覆盖了一个建筑工程的整个生命过程，从场地规划和建筑设计，到建造过程和使用运维。

美国推动 BIM 的主要目的在于提升建造生产力与推动节能减排，美国是 BIM 技术应用最为成功的国家。此外，欧洲国家包括英国、挪威、丹麦、俄罗斯、瑞典和芬兰，亚洲的一些发达国家，如新加坡、日本和韩国等，在 BIM 技术发展和应用方面也比较成功。

2）BIM 在国内的应用与发展

2003 年，建设部发布了《2003—2008 年全国建筑业信息化发展规划纲要》，明确提出了建筑业信息化的内容：建筑业信息化基础建设、电子政务建设和建筑企业信息化建设。2007 年，建设部颁布了《建筑对象数字化定义》（JG/T 198—2007）。通过“十五”“十一五”期间的努力，我国建筑信息化技术得到了长足的进步，BIM 技术研究主要包括“建筑业信息化标准体系及关键标准研究”与“基于 BIM 技术的下一代建筑工程应用软件研究”等方面，为 BIM 标准的引进转化、工具软件的开发、企业 BIM 初步应用方法打下了良好的基础。

2010 年，住房城乡建设部发布的《关于做好建筑业 10 项新技术（2010）推广应用》的通知中，提出要推广使用 BIM 技术辅助施工管理。2011 年，住房城乡建设部颁布的《2011—2015 年建筑业信息化发展纲要》第一次将 BIM 纳入信息化标准建设内容，提出“加快建筑信息模型（BIM）基于网络的协同工作等新技术在工程中的应用，推动信息化标准建设，促进具有自主知识产权软件的产业化，一批信息技术应用达到国际先进水平的建筑企业”的总体目标，要求“推动基于 BIM 技术的协同设计系统建设与应用，提高工程勘察问题分析能力，提升检测监测分析水平，提高设计集成化与智能化程度”“加快推广 BIM、协同设计等技术在勘察设计、施工和工程项目管理中的应用，改进传统的生产与管理模式，提升企业的生产效率和管理水平”。科技部将 BIM 系统作为“十二五”重点研究项目“建筑业信息化关键技术研究与应用”的课题。清华大学发布了《中国建筑信息模型标准框架研究》和《设计企业 BIM 实施标准指南》。业界将 2011 年称作“中国工程建设行业 BIM 元年”。2013 年 5 月，中国建筑标准设计研究院获得国际权威 BIM 标准化机构 buildingSMART 组织认可，正式成立 buildingSMART 中国分部。

2015 年，住房城乡建设部发布的《关于推进建筑信息模型应用的指导意见》提出：“到 2020 年年末，建筑行业甲级勘察、设计单位以及特级、一级房屋建筑工程施工企业应掌握并实现 BIM 与企业管理系统和其他信息技术的一体化集成应用。新立项项目（国有资金投资为主的大中型建筑；申报绿色建筑的公共建筑和绿色生态示范小区）勘察设计、施工、运营维护中，集成应用 BIM 的项目比率达到 90%”的发展目标。2016 年，住房城乡建设部发布的《2016—2020 年建筑业信息化发展纲要》提出：“‘十三五’时期，全面提高建筑业信息化水平，着力增强 BIM、大数据、智能化、移动通信、云计算、物联网等信息技术集成应用能力，建筑业数字化、网络化、智能化取得突破性进展，初步建成一体化行业监管和服务平台，数据资源利用水平和信息服务能力明显提升，形成一批具有较强信息技术创新能力和信息化应用达到国际先进水平的建筑企业及具有关键自主知识产权的建筑业信息技术企业的发展目标。”

2017 年 3 月，住房城乡建设部发布的《建筑工程设计信息模型交付标准》（GB/T 51301—2018），面向 BIM 信息的交付准备、交付过程、交付成果做出规定，提出了建筑信息模型过程涉及的四级模型单元。2017 年 8 月，住房城乡建设部发布的《住房城乡建设科技创新“十三五”专项计划》指出：“发展智慧建造技术，普及和深化 BIM 应用，建立基于 BIM 的运营与监测平台，发展施工机器人、智能施工装备、3D 打印施工装备，促进建筑产业提质增效。”2017 年 9 月，住房城乡建设部发布的《建设项目工程总承包费用项目组成（征求意见稿）》的明确规定 BIM 费用属于系统集成费，这意味着国家工程费用中将明确 BIM 费用的出处。

2017 年，国务院发布的《关于促进建筑业持续健康发展的意见》明确要求：“加快推进建筑信息模型（BIM）技术在规划、勘察、设计、施工和运营维护全过程的集成应用”。交通运输部发布的《推进智慧交通发展行动计划（2017—2020 年）》要求：“到 2020 年在基础设施智能化方面，推进建筑信息模型技术在重大交通基础设施项目规划、设计、建设、施工、运营、检测维护管理全生命周期的应用。”

2.6.2 BIM 的特点

1. 可视化

可视化就是“所见所得”的形式，模型三维立体可视，项目设计、建造、运维等整个过程可视。传统 CAD 使用二维方式表达设计意图，使用平、立、剖等三视图的方式表达工作成果，容易出现信息表达不充分、不完整和信息割裂的问题，在最终决策上需要专业人员凭借空间想象力和专业经验，合成三维实体，在项目复杂、造型复杂的情况下，三维实体想象难度大，且容易出错。BIM 提供的可视化不仅能将以往线条式的构件形成三维实体图形展示（图 2.19），而且是基于构件颗粒级的互动性和反馈性的可视化，不仅可以用于展示效果图及生成报表，而且可在全生命周期内模拟建造过程，项目设计、建造、运营过程中的沟通、讨论、决策都可以在可视化的状态下进行，不断优化建造行为，提高建造品质。

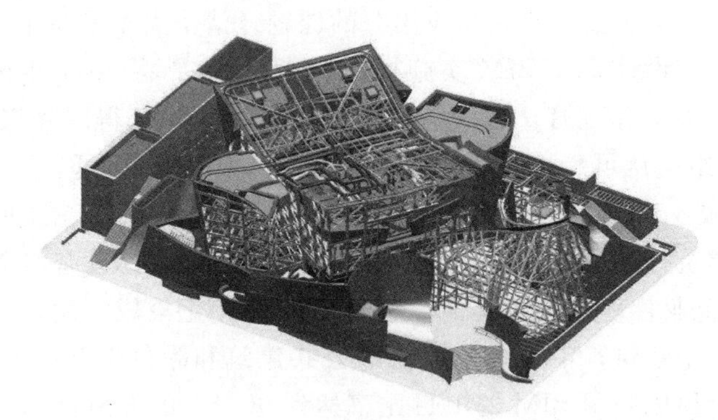

图 2.19 BIM 三维实体图

BIM 可视化有以下三方面的作用。

(1) 碰撞检查，减少返工。BIM 最直观的特点是三维可视化，利用 BIM 的三维技术在前期进行碰撞检查，优化工程设计，减少在建筑施工阶段可能存在的错误损失和返工的可能性，优化净空和管线排布方案。施工人员可以利用碰撞优化后的三维管线方案，进行施工交底；对复杂构造节点可视化，科学排布钢筋，提高施工质量，提升与业主的沟通效果。

（2）虚拟施工，有效协同。三维可视化功能再加上时间维度，可以进行虚拟施工，实施施工组织的可视化。业主、设计、施工方、监理方在可视化的环境下，模拟施工方案，随时将施工计划与实际进展进行对比，不断优化施工方案，调整进度安排，有效协同管理，大大减少了建筑质量问题和安全问题，减少了返工和整改。

（3）三维渲染，宣传展示。三维渲染动画，给人以真实感和直接的视觉冲击，如图 2.20所示。建好的 BIM 模型可二次渲染，制作漫游、VR 展示，提高了三维渲染效果的精度与效率，给业主更为直观的视觉感受，提高中标率。

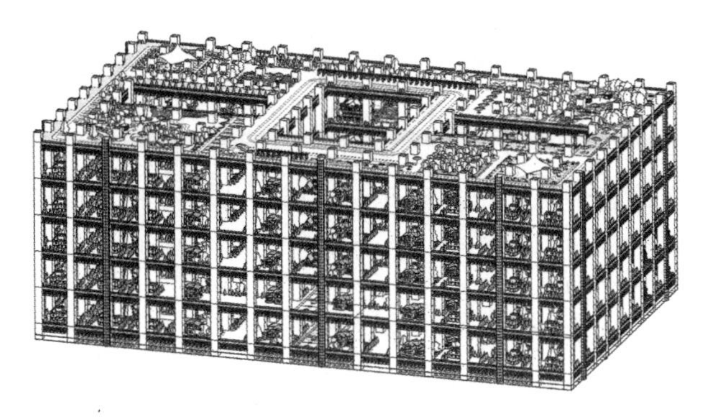

图 2.20 BIM 三维渲染画

2. 协调性

在建设工程全生命周期内，建设工程各参与方基于 BIM 互操作，通过统一的建筑信息模型，将建设工程的不同专业、不同工种、不同阶段的工程信息有机结合在一起，并协调数据之间的冲突，生成协调数据或协调数据库，实现信息建立、修改、传递和共享的一致性，通过 BIM 的协同性，大大提高工作效率，减少工作的错误，提升项目的品质。

（1）设计阶段协调。设计是多专业合成的技术成果，不同专业的技术人员根据本专业需求从事各自的设计活动，基于传统 CAD 平台设计，CAD 文件通常仅是图形描述，无法加载附件信息，导致专业间数据不具关联性，专业综合图纸叠放，可能出现专业之间的碰撞冲突。利用 BIM 三维模型，可快速在统一模型下建立、添附、变更不同专业内容，不同专业在统一模型平台上协同工作。通过 BIM 三维可视化控件或专门软件，对建筑内部的构件、设备、机电管线、上下水管线、采暖管线，进行各专业间的碰撞检查。通过 BIM 三维可视化进行综合协调，如楼层净高、构件尺寸、洞口预留的调整，电梯井、防火分区、设备布置和其他设计布置的协调等。因此，BIM 有效地解决了传统设计可能遇到的设计缺陷，提高了设计质量，提升了设计品质，如图 2.21 所示。

（2）施工阶段协调。在施工阶段，施工人员可以通过 BIM 的协调性清楚地了解本专业的施工重点及相关的施工注意事项。通过统一的 BIM 模型了解自身在施工中对其他专业是否造成影响，提高施工质量。另外，通过协同平台进行的施工模拟及演示，可以将施工人员统一协调起来，对项目施工作业的工序、工法等做出统一安排，制订流水线式的工作方法，提高施工质量，缩短施工工期。

（3）运维阶段协调。在传统建筑设施维护管理系统中，大多还是以文字的形式列表展

图 2.21　BIM 设计实例

现各类信息，但是文字报表有其局限性，尤其是无法展现设备之间的空间关系。当 BIM 导入运维阶段后，模型中基于 BIM 各个设施的空间关系及建筑物内设备的尺寸、型号、口径等具体数据，可实施“可计算的运维管理”，主要表现在：①进行空间规划、装饰装修、设施调整的功能布局管理；②根据管线、照明、消防和设备的空间定位和空间走向，快速查找损坏的设备及出现问题的管道，及时维修维护，保证系统的正常运转；③进行节能减排、资产管控等综合管理。

3. 模拟性

模拟是利用模型复现建设工程全生命周期可能发生的各种工况，利用 BIM 模型来模拟建设工程系统的运行，本质是数字实验，包括设计阶段模拟、施工阶段模拟、运维阶段模拟等。

（1）设计阶段模拟。BIM 中包含了大量几何信息、材料性能、构件属性等，根据建筑物理功能需求建立数学模型，基于模型的功能仿真分析软件，可完成建筑能耗分析、日照分析、声场分析、绿色分析、力学分析等建筑性能、功能的模拟，如图 2.22 所示。

（2）施工阶段模拟。在施工过程模型中融入功能仿真技术，数字模拟施工方案、工期安排、材料需求规划等，并以此快速、低费用地评估并优化施工过程，具体内容如下：①投标评估。借助 4D 模型，BIM 可协助评标，专家可以很快了解投标单位对投标项目主要施工的控制方法、施工安排是否均衡，总体计划是否合理等，从而对投标单位的施工经验和实力做出有效评估。②施工进度。将 BIM 与施工进度的各种计划任务（WBS）相链接，即把空间信息与时间信息整合在一个可视的 4D 模型中，动态地模拟施工变化过程，可直观、精确地反映施工过程，实施进度控制，进而可缩短工期、降低成本、提高质量。③施工方案。通过 BIM 对项目重点及难点部分进行可行性模拟，按月、日、时进行施工方案的分析优化，验证复杂建筑体系（如施工模板、玻璃装配、锚固等）的可建造性，了解整个施工安装环节的时间节点、安装工序及疑难点，提高施工方案的可行性、优化性和安全性。④虚拟建造。BIM 结合数字化技术，在模型已有的几何信息、空间关系、设计指标、材料设备、工程量等信息基础上，附加成本、进度、质量、安全、工艺工法等建造相关信息。根据建造条件，以建造目标为基准，采用数字模型，基于智能算法和大数据，通过虚拟建造优化改进建造方案，形成场地布置方案、施工组织方案、专项技术方案、安全生产方案、预制构件生产方案等，使得施工方案的可行性、科学性、经济性得到极大的优化提高。

（3）运维阶段模拟。利用 BIM 提供的几何、物理、功能、过程、设备信息，构造运

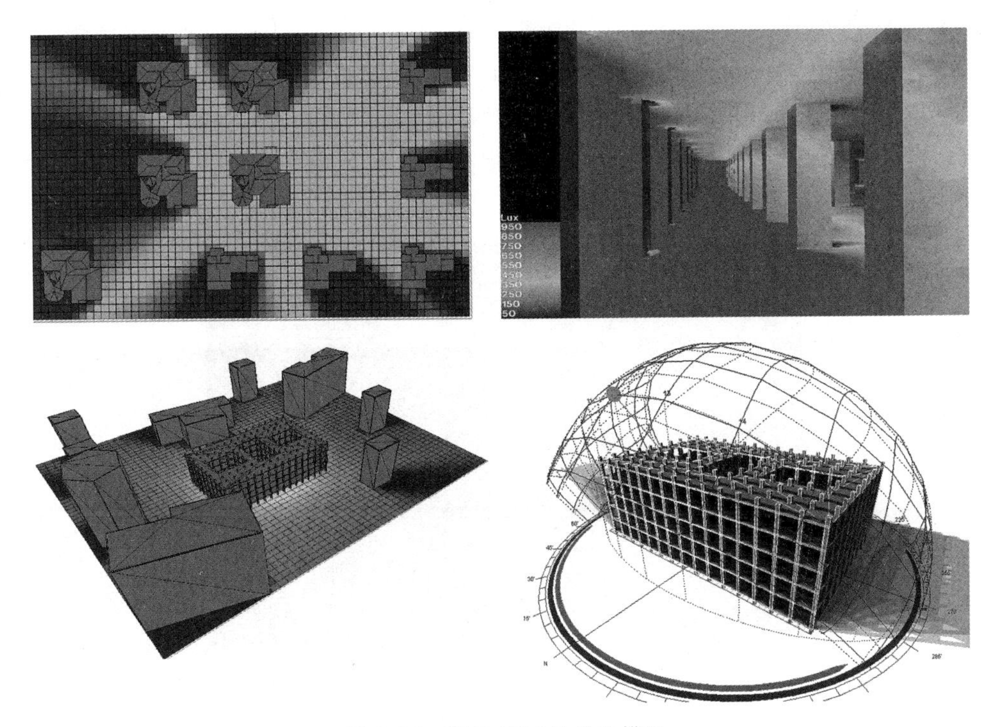

图 2.22 基于 BIM 的性能模拟

维环境，模拟运维场景，如图 2.23 所示。运维阶段模拟的主要内容包括：①互动场景模拟。BIM 建好之后，将项目中的空间信息、场景信息等纳入模型中，再通过 VR/AR 等新技术的配合，让业主、客户或租户通过 BIM 从不同的位置进入模型中相应的空间，进行虚拟实体感受。②租售体验模拟。基于 BIM 的模型，让租户在项目竣工之前通过 BIM 了解出售房屋的各项指标，如空间大小、朝向、光照、样式、用电负荷等，并可根据租户的实际需求，调整优化出租方案。③紧急情况处理模拟。通过 BIM 系统，可以帮助第三方运维基于 BIM 的演示功能对紧急事件进行预演，模拟各种应急演练，制订应急处理预案。同时，还可以培训管理人员如何正确高效地处理紧急情况，尤其是一些没有办法实际进行的模拟培训，如火灾模拟、人员疏散模拟、停电模拟等。

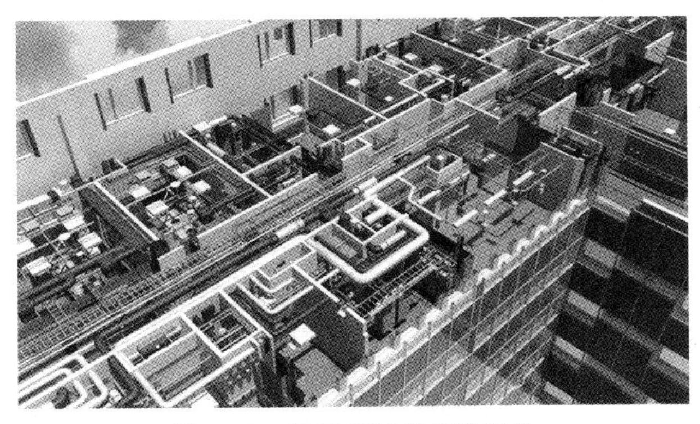

图 2.23 基于 BIM 的运维场景

4. 优化性

在项目规划、设计、施工和运维过程中，BIM 提供了几何信息、物理信息、功能信息、设备信息和资源信息等，利用这些信息，可对项目全生命周期的运行进行优化，包括项目方案优化、设计优化、施工方案优化、运维优化和重要环节、重要部位的优化，如图 2.24 所示。

图 2.24　基于 BIM 的优化设计

5. 可出图性

BIM 出图是指软件对建筑模型进行可视化展示、协调、模拟、优化以后，导出方案图、初步设计图、施工图的过程。BIM 的可出图性能够解决模型与表达不一致的问题，可以出具的图纸有建筑设计图、经过碰撞检查和设计修改后的施工图、综合管线图、综合结构留洞图、碰撞检测错误报告和建议改进方案等使用的施工图纸等。

6. 一体化

基于 BIM 技术可进行从设计到施工、再到运维，贯穿工程项目全生命周期的一体化管理。BIM 技术的核心是一个由计算机三维模型所形成的数据库，不仅包含了建筑的设计信息，而且可以容纳从设计到建成使用，甚至是使用周期终结的全过程信息。如在设计阶段采用 BIM 技术，各个设计专业可以协同设计，减少缺漏碰撞等设计缺陷；在施工阶段，各个管理人员、各个工序工种的协同工作，可以提高管理工作效率。BIM 工程是系统工程，不是一个人、一个专业或一个单位能够完成的，而是需要参与建设的各责任方和各个专业，共同参与，共同协作。

7. 参数化

参数化是指通过参数而不是数字建立和分析模型，通过简单地改变模型中的参数值就能建立和分析新的模型；BIM 中的图元是以构件的形式出现的，这些构件之间的关系不是通过参数（参数保存了图元作为数字化建筑构件的所有信息）的调整反映出来的。参数化设计可以大大提高模型生成和修改的速度，在产品的系列设计、相似设计及专用 CAD 系统开发方面都具有较大的应用价值。参数化设计中的参数化建模方法主要有变量几何法和基于结构生成历程的方法，前者主要用于平面模型的建立，后者则更适合于三维实体或曲面模型的建立。

8. 信息完备性

信息完备性体现在 BIM 技术可对工程对象进行三维几何信息、拓扑关系、工程信息、工程逻辑关系的完备描述，如对象名称、结构类型、建筑材料、工程性能等设计信息，施工工序、进度、成本、质量及人力、机械、材料资源等施工信息，工程安全性能、材料耐久性能等维护信息，对象之间的工程逻辑关系等。

2.6.3 BIM 建模的要求

1. BIM 建模的基本要求

BIM 建模应满足规范性、完整性和可行性的要求，具体应满足以下要求。

（1）模型建立标准。大型项目模型的建立涉及专业多、楼层多、构件多，BIM 的模型的建立一般是分层、分区、分专业的。这就要求 BIM 团队在建立模型时应遵从一定的建模规则，以保证每一部分的模型在合并之后的融合度，避免出现模型质量、深度等参差不齐的现象。

（2）模型命名规则。大型项目模型分块建立，建模过程中随着模型深度的加深、设计变更的增多，BIM 的模型文件数量成倍增长。为区分不同项目、不同专业、不同时间创建的模型文件，缩短寻找目标模型的时间，建模过程中应统一使用一个命名规则。

（3）模型深度控制。在建筑设计、施工的各个阶段，所需要的 BIM 的模型深度不同，如建筑方案设计阶段仅需要了解建筑的外观、整体布局，而施工工程量统计则需要了解每一个构件的尺寸、材料、价格等。这就需要根据工程需要，针对不同项目、项目实施的不同阶段建立对应标准的模型。

（4）模型质量控制，应对 BIM 的模型进行严格的质量控制，才能充分发挥施工模型可视化展示及指导施工的作用。

（5）模型准确度控制。BIM 的模型是利用计算机技术实现对建筑的可视化展示，需保持与实际建筑高度的一致性，才能运用到后期的结构分析、施工控制及运维管理中。

（6）模型完整度控制。BIM 的模型的完整度包含两部分，一是模型本身的完整度，二是模型信息的完整度。模型本身的完整度应包括建筑的各楼层、各专业到各构件的完整展示。模型信息的完整度包含工程施工所需的全部信息，各构件信息都为后期工作提供有力依据。如钢筋信息的添加给后期二维施工图中平法标注自动生成提供属性信息。

（7）模型文件大小控制。BIM 软件因包含大量信息，占用内存大，建模过程中应控制模型文件的大小，避免对计算机的损耗及建模时间的浪费。

（8）模型整合标准。对各专业、各区域的模型进行整合时，应保证每个子模型的准确性，并保证各子模型的原点一致。

（9）模型交付规则。模型交付的目的是完成建筑信息的传递，交付过程中应注意交付文件的整理，保持建筑信息传递的完整性。

（10）BIM 实施手册制定。在创建 BIM 的模型前，应制定相应的 BIM 实施手册，对模型的建立及应用进行规划。实施手册主要内容包括：①明确要建模的专业；②明确各专业部门负责人；③明确 BIM 团队任务分配；④明确 BIM 团队工作计划；⑤制定 BIM 的模型建立标准。

2. BIM 的模型精度

BIM 的模型精度，表达了模型的细致程度，描述了一个 BIM 模型构件单元从最低级的近似概念化的程度发展到最高级的演示级精度的步骤。美国建筑师协会为了规范 BIM 参与各方及项目各阶段的界限，在其 2008 年的文档 E202 中定义了 LOD（Level of Development）的概念，实际工程应用，根据项目的不同阶段及项目的具体目的来确定 LOD 的等级。从概念设计到竣工设计，已经足够来定义整个模型过程。但是，为了给未来可能会插入等级预留空间，定义 LOD 为 100～500，具体如下。

（1）LOD 100. Conceptual 概念化。LOD 100 等同于概念设计，此阶段的模型通常为表现建筑整体类型分析的建筑体量，分析包括体积、建筑朝向、每平方米造价等。

（2）LOD 200. Approximate geometry 近似构件。LOD 200 等同于方案设计或扩初设计，此阶段的模型包含普遍性系统信息，如大致的数量、大小、形状、位置及方向。LOD 200 模型通常用于系统分析及一般性表现目的。

（3）LOD 300. Precise geometry 精确构件。LOD 300 模型单元等同于传统施工图和深化施工图层次。此模型已经能很好地用于成本估算及施工协调，包括碰撞检查、施工进度计划及可视化，还应当包括业主在 BIM 提交标准里规定的构件属性和参数等信息。

（4）LOD 400. Fabrication 加工。LOD 400 此阶段的模型被认为可以用于模型单元的加工和安装。此模型更多地被专门的承包商和制造商用于加工和制造项目的构件（包括水电暖系统）。

（5）LOD 500. As-built 竣工。LOD 500 最终阶段的模型表现的是项目竣工的情形。模型将作为中心数据库整合到建筑运维系统中去。LOD 500 模型将包含业主 BIM 提交说明里制定的完整的构件参数和属性。

3. BIM 的模型拆分与整合

1）BIM 的模型拆分

大型项目可根据施工图设计、工程承发包的一般模式，对 BIM 的模型按专业和空间两个维度拆分，并尽量将拆分后的每个模型文件大小控制在 200MB 以内。

（1）按专业维度拆分：根据施工图设计和工程承发包的一般模式，将单独出具施工图或单独由某一专业单位完成的工程范围作为一个拆分界线，常见的拆分模块包括 ARCH（建筑）、STRU（结构）、HVAC（暖通）、PD（给排水）、FS（消防）、EL（电气强电）、ELV（电气弱电）、CURT（幕墙）、NT（精装修）等。

应对各专业模型的坐标系进行统一规定，保证最终能正确合模。不同的项目有不同的坐标体系设置方法，可按实际坐标来划分，也可按模型坐标轴中心点与软件（0，0，0）点进行划分。例如，根据单体或群体建筑项目，按不同要求设置项目坐标系：①单体建筑或有裙楼相连的群体建筑，项目基点建议设置为最左下角主轴网交点首层建筑完成面标高点；②各栋独立的群体建筑，项目基点建议设置为居于中部的单体的最左下角主轴网交点首层建筑完成面标高点。除了基点以外，有些项目还要考虑模型方位。模型方位设置指模型中方向与实际情况方向的吻合情况，该方位对实体模型建立没有明显影响，但对周边场地环境模型建立有影响，若模型方位与实际方位不吻合，场地环境模型需做相应调整。

（2）按空间维度拆分。首先，对于群体建筑工程，按各单体建筑进行单体拆分；其次，对于超高层建筑，按楼层区段进行拆分，如拆分为低区、中区、高区；再次，按楼层拆分，单侧体量较小时，可按两～三层一段拆分。其中空间代号建议按拼音首字母编制。在按空间维度拆分时，应注意的专业系统的特殊要求有①幕墙系统：由于幕墙体系构造的特殊性，幕墙系统不宜按楼层进行空间拆分，而应根据幕墙安装构造节点设计的分段位置进行模型拆分。②结构系统：结构系统中对钢结构的拆分应按钢构件实际分段位置进行，不宜按楼层拆分。同时拟进行结构体系分析的项目，应在拆分时考虑结构体系的完整和连贯，以及结构体系连接构造形式。③机电系统：机电系统拆分时，应注意某些子系统或构件贯穿建筑分区的情况（如点对点的布线等），应先保证体系的完整和连贯。

2）BIM 的模型整合

拆分的 BIM 单个或多个模型，当需要查看整体效果或进行整体模型应用（如工程量统计、4D 进度模拟）时就需要将各个独立的模型文件集成起来，这个模型整合的过程，简称合模。合模可分为整体土建专业的合模和局部的合模或部分专业的合模。

对于大中型项目，目前的软硬件几乎不可能支持所有专业模型以原始格式进行合模，否则，会导致计算机运行速度极慢、卡顿或死机。因此，原始格式的模型集成方式一般用于局部的合模或部分专业的合模。比如在进行管线综合深化设计时，必须集成所有专业的 Revit 模型进行调整，此时按楼层进行局部的合模；在施工场地布置时，不需要机电专业参与，因此一般仅对土建模型与场地、机械等施工过程模型进行合模。对于 Revit 来说，基于统一的坐标系，模型集成一般通过模型文件的链接来完成。Revit 的文件链接与 AutoCAD 的外部参照类似，链接对象仍然保持文件上的独立，仅将模型内容引用到当前文件中。Revit 的文件链接有“附着”与“覆盖”两种方式，用于控制子文件所嵌套链接的文件是否在父文件中显示，“附着”为显示，“覆盖”为不显示。当多个文件相互链接时，如果全部用“附着”，则容易有重复构件；如果全部用“覆盖”，则合模时有可能出现遗漏。一个可行的原则是：事先指定合模时将会包含哪些 Revit 文件，这一层级以上的用“覆盖”，这一层级以下的用“附着”。

4. BIM 轻量化建模

1）数模分离

BIM 包含三维几何数据和模型结构属性非几何数据两部分，将几何数据和非几何数据进行拆分，可以过滤掉造型历史和特征定义/参数等，并不会影响产品模型的浏览与批注，而三维模型数据大大降低，又保护了设计者的设计意图。通过这样的处理，原始的 BIM 文件中 20%～50%的非几何数据会被剥离出去，输出的数据文件供 BIM 应用开发使用。

2）三维几何数据轻量化处理

剥离非几何数据后剩下的三维几何数据，需要进一步轻量化处理，以降低三维几何数据的数据量，节约客户端计算机的渲染计算量，从而提高 BIM 下载、渲染和功能处理的速度。

三维几何数据优化一般采取的方案包括：①通过三角化使三维参数化模型转化为离散化的三角形网格模型，用三角形网格模型近似地表达精确三维模型，同时记录三角化的边、面与原始精确几何模型参数化边、面的匹配关联关系。网格模型的运行速度与显示精度随着网格数目的增加而增加，通过采用参数化或三角化的描述手段降低了三维几何数据的数据文件大小，从而实现模型的快速显示与浏览。②采用相似性算法减少构件存储量。BIM 的构件尺寸相同，位置或角度不同，采用相似性算法进行数据合并，只保留一个构件的数据，其他相似构件只记录引用及空间坐标数据即可。通过这种方式可以有效减少构件存储量，达到轻量化的目的。此外，可利用折叠算法（Edge Collapse）与递进网格（PM）算法对三角形网格进行简化。③将网格模型简化压缩。为了能实现更大的压缩比，可采用通用无损压缩编码算法压缩三角形网格模型、重构模型拓扑数据得到文件更小的轻量化模型。④实例化处理，构建符合场景远近原则的多级构件组织体系。大型 BIM 的构件数量会非常多，在 Web 浏览器中全部下载和加载这些构件是不现实的。同时，观察 BIM 的视野范围或场景又是相对有限的。基于以上原因，可以创建一个符合场景远近原则的多级构件体系，使得用户在观察 BIM 时，在远处可以看到全景，但不用看到细节，在近处可以看到细节，但无须看到 BIM 的全部。这样可以大大提高 BIM 在 Web 浏览器中的加载速度和用户体验，解决大体量 BIM 的轻量化问题。

3）基于文件语义、内部解析分割的轻量化

针对 BIM 数据进行在线可视化存在专业性强、逻辑结构复杂、集合冗余度高、数据访问速度慢等问题，通过语义解析、内部分割的模型轻量化操作，对场景构件集进行基于语义引导的轻量级解析，获得轻量级构件库，再对建筑的内部结构进行自动化分割，生成多个相对独立的空间，并生成独立空间之间的关系结构图，构件集建立多层数据索引结构，调用轻量级构件库，实现建筑的渐进式可视化。

4）基于计算机加载的轻量化

首先，三维几何数据从服务器端下载到计算机存储。其次，调用计算机内存和 GPU（显卡）高效地实时渲染三维几何数据，还原三维模型。最后，通过 API 接口调用形式，实现对三维模型及其构件的操作、管理和对外功能实现。

2.6.4 BIM 在智能建造中的应用

1. 前期规划

1）BIM 在项目前期规划中的应用

项目前期策划虽然是最初的阶段，但是对整个项目的实施和管理起着决定性的作用，对项目后期的实施、运营也具有决定性的作用。在项目规划阶段，业主需要确定出项目建设方案是否既具有技术与经济可行性又能满足类型、质量、功能等要求。一般只有花费大量的时间、金钱与精力，才能得到可靠性较高的论证结果。而 BIM 技术可以为广大业主提供概要模型，针对项目建设方案进行分析、模拟费用，从而为整个项目的建设降低成本、缩短工期并提高质量。BIM 在项目前期规划阶段的应用主要包括现状分析、场地分析、成本估算、规划编制、建筑策划等，详细应用情况见表 2-3。

表 2-3　BIM 在项目前期规划阶段的主要应用

序号	应用方面概要	主要应用具体情况
1	现状分析	把现状图纸导入到基于 BIM 技术的软件中，创建出场地现状模型，根据规划条件创建出地块的用地红线及道路红线，并生成道路指标。之后创建建筑体块的各种方案，创建体量模型，做好交通景观、管线等综合规划，进行概念设计，建立起建筑物初步的 BIM
2	场地分析	根据项目的经纬度借助相关软件采集此地气候数据，并基于 BIM 数据利用分析软件进行气候分析、环境影响评估，包括日照、风、热、声环境影响等评估。某些项目还要进行交通影响模拟
3	成本估算	应用 BIM 技术强大的信息统计功能，可以获取较为准确的土建工程量，即可以直接计算本项目的土建造价，还可提供对方案进行补充和修改后所产生的成本变化，可快速知道设计变化对成本的影响，衡量不同方案的造价优劣
4	规划编制	用模型、漫游动画、管线碰撞报告、工程量及经济技术指标统计表等 BIM 技术的成果编制设计任务书等
5	建筑策划	利用参数化建模技术，可以在策划阶段快速组合生成不同的建筑方案

2）BIM 在项目前期规划的实施控制要点

（1）场地规划与分析。

场地规划是研究影响建筑物定位的主要因素，是确定建筑物的空间方位和外观、建立建筑物与周围景观联系的过程。在场地规划阶段，场地的地貌、植被、气候条件都是影响设计决策的重要因素，往往需要通过场地分析来对景观规划、环境现状、施工配套及建成后交通流量等各种影响因素进行评价及分析。传统的场地分析存在诸如定量分析不足、主观因素过重、无法处理大量数据信息等弊端，通过 BIM 结合地理信息系统（GIS），对场地及拟建的建筑物空间数据进行建模，利用 BIM 及 GIS 软件的强大功能，能迅速得出令人信服的分析结果，帮助项目在规划阶段评估场地的使用条件和特点，从而做出新建项目最理想的场地规划、交通流线组织关系、建筑布局等关键决策。

采用 BIM 技术进行场地分析，可真实展示项目场地与周边建筑的关系，反映建筑物与自然环境的相互影响。要以合理的土地利用、和谐的院区空间、清晰的交通流线和绿色的康复环境为最终目标和原则，重点解决建筑布局、地上与地下空间利用方式、环境质量（日照、风速等）及无障碍设计等方面的问题。

（2）体量建模。

在项目的早期规划阶段，BIM 的体量功能能帮助设计师进行自由形状建模和参数化设计，并能够让使用者对早期设计进行分析。同时借助 BIM，设计师可以自由绘制草图，快速创建三维形状，交互处理各个形状。也为建筑工程师、结构工程师和室内设计师提供了更大的灵活性，使他们能够表达想法并创建可在初始阶段集成到 BIM 中的参数化体量。以 Revit 为例，利用其概念体量的功能，便于设计师对设计意图进行推敲和找形，并根据实际情况实时进行基本技术指标的优化。

(3) 建筑性能分析。

建筑性能分析，也就是将BIM文件导入专业的性能分析软件，或者直接构建分析模型，对规划及方案设计阶段的建筑物的日照、采光、通风、能耗、声学等建筑物理性能和建筑使用功能进行模拟分析。通过基于BIM的参数化建模软件如Revit的应用程序接口API，将BIM文件导入到各种专业的可持续分析工具软件如Ecotect软件中，可以进行日照、可视度、光环境、热环境、风环境等的分析、模拟仿真。在此基础上，对整个建筑的能耗、水耗和碳排放进行分析、计算，使建筑设计方案的能耗符合标准，从而可以帮助设计师更加准确地评估方案对环境的影响程度，优化设计方案，将建筑对环境的影响降到最低。

(4) 设计方案比选。

初步完成设计场地的分析工作后，设计单位应对任务书中的建筑面积、功能要求、建造模式和可行性等方面进行深入分析，与单位决策人员、管理人员等反复沟通确定建筑设计的基本框架，包括平面基本布局、体量关系模型等内容。在实现建筑使用功能的前提下，对多种可行的外观装饰、功能布置、施工方法等进行比选。

(5) 建筑成本估算。

建筑成本估算对项目决策来说，有着至关重要的作用。一方面此过程通常由预算员先将建筑设计师的纸质图纸数字化，或将其CAD图纸导入成本预算软件中，或者利用图纸手工算量。上述方法增加了出现人为错误的风险，也使原图纸中的错误继续扩大。如果使用BIM来取代图纸，所需材料的名称、数量和尺寸都可以在模型中直接生成，而且这些信息将始终与设计保持一致。在设计出现变更时，如窗户尺寸缩小，该变更将自动反映到所有相关的施工文档和明细表中，预算员使用的所有材料的名称、数量和尺寸也会随之变化。另一方面，预算员花在计算数量上的时间在不同项目中有所不同，但在编制成本估算时，50%～80%的时间要用来计算数量。而利用BIM算量有助于快速编制更为精确的成本估算，并根据方案的调整进行实时数据更新，从而节约了大量时间。

2. 设计阶段

1) 初步设计

初步设计阶段是介于方案设计和施工图设计之间的过程，是对方案设计进行细化的阶段。此阶段主要应用BIM可视化、参数化和集成协同性的优势，确定建筑物内部水、暖、电、消防设备等系统的选型及其在建筑内部的初步布置。

(1) 专业模型深化。

建筑和结构专业模型的深化主要目的是利用BIM软件，进一步细化建筑、结构专业在方案设计阶段的三维几何实体模型，以达到完善建筑、结构设计方案的目标，提高模型的建模深度，为初步设计阶段的应用模拟提供模型基础。建筑与结构平面、立面、剖面检查的主要目的是通过剖切建筑和结构专业整合模型，检查建筑和结构的构件在平面、立面、剖面位置是否一致，从而消除设计中出现的建筑、结构不统一的错误。

(2) 设备选型分析。

对建筑内部的电梯、空调系统等设备进行初步选型，确定其基本需求参数，并对其在建筑结构模型中的适配性进行模拟分析，选择在功能参数、几何尺寸、造价指标、使用维护等方面合适且有效的主要设备系统，从而完成建筑设备选型分析工作。

（3）机电专业模型。

机电专业模型构建主要是利用BIM软件建立初步设计阶段的强弱电、给排水、暖通、消防等机电专业的三维几何实体模型，主要涉及主管、干管及重要构件的模型信息内容。机电专业模型构建时，应注意以下问题：①机电专业建模应采用与建筑、结构模型一致的轴网和模型基准点；②机电各专业模型初步构建后，应进行初步的管线综合，提前考虑主管、干管及重要构件对净空高度、安装空间、管线美观等因素的影响；③机电模型深度和构件要求应符合此阶段的设计内容及基本信息要求。

2）施工图设计阶段

施工图设计阶段是建筑项目设计的重要阶段，是项目设计和施工的桥梁。这一阶段主要通过施工图图纸及模型，表达建筑项目的设计意图和设计结果，并作为项目现场施工的依据。施工图设计阶段的BIM应用是各专业模型构建并进行优化设计的复杂过程。

（1）各专业模型构建。

基于扩初阶段的BIM和施工图设计阶段的设计成果，应用BIM软件进一步构建各专业的信息模型，主要包括建筑、结构、强弱电、给水、排水、暖通、消防等专业的三维几何实体模型。各专业模型应满足施工图设计阶段模型的深度要求。在各专业模型建模的过程中，由于涉及专业较多，核查难度相比建筑、结构专业之间要高出许多，在建模及核查过程中建议多人协同进行，发现问题应及时解决。设计单位在此阶段利用BIM技术的协同功能，可以提高专业内和专业间的协同设计质量，减少“错漏碰缺”，提前发现设计阶段潜在的风险和问题，及时调整和优化方案。

（2）碰撞检测及三维管线综合。

在现阶段的建筑机电安装工程项目中，管道复杂性越来越高，在有限空间中涉及的专业也越来越多，比如给排水、消防、通风、空调、电气、智能化等专业，同时，安装工程设计的好坏会直接关系到整个工程的质量、工期、投资和预期效果，因此，以三维数字技术为基础，对建筑物管道设备建立仿真模型，将管线设备的二维图纸进行集成和可视化，在设计过程中自动检测管线与管线之间、管线与建筑结构之间的冲突，发现实体模型对象占用同一空间（“硬碰撞”）或者是间距过小无法实现足够通路、安全、检修等功能问题（“软碰撞”），然后通过调整管线、优化布局，解决所有“硬碰撞”“软碰撞”问题，减少在建筑施工阶段由于图纸问题带来的损失和返工，实现管线综合优化布置。

（3）绿色分析。

BIM技术可用于分析包括影响绿色条件的采光能源效率和可持续性材料等建筑性能的方方面面；可分析、实现最低的能耗，并借助通风、采光、气流组织及视觉对人心理感受的控制等，实现节能环保；采用BIM理念，还可在项目方案完成的同时计算日照、模拟风环境等。目前包括Revit在内的绝大多数BIM相关软件都可以将其模型数据导出为各种分析软件专用的GBXML格式。BIM的某些特性（如参数化、构件库等）使建筑设计及后续流程针对上述分析的结果有非常及时和高效的反馈。BIM的绿色分析能将建筑各项物理信息分析从设计后期显著提前，有助于建筑师在方案，甚至概念设计阶段进行绿色建筑相关的决策。

（4）竖向净空分析。

竖向净空分析是指通过优化地上部分的土建、动力、空调、热力、给水、排水、强弱电和消防等综合管线，在无碰撞情况下，通过计算机自动获取各功能分区内的最不利管线

排布，绘制各区域机电安装净空区域图。基于BIM的竖向净空优化具体操作流程如下：①收集数据，并确保数据的准确性；②确定需要净空优化的关键部位，如走道、机房、车道上空等；③在不发生碰撞的基础上，利用BIM软件等工具和手段，调整各专业的管线排布模型，最大化提升净空高度；④审查调整后的各专业模型，确保模型准确；⑤将调整后的BIM文件及相应深化后的CAD文件，提交给建设单位确认。其中，对二维施工图难以直观表达的结构、构件、系统等提供三维透视图和轴测图等三维施工图形式辅助表达，为后续深化设计、施工交底提供依据。

（5）施工图出图。

BIM具有建筑的完整几何配置及构件尺寸和规格，并带有比图纸更多的信息。在传统的二维出图过程中，任何更改和编辑都必须由设计师人为转换到多个图纸，因而存在着由于疏漏而导致的潜在人为错误。反观以BIM为基础的施工图出图，由于每个建筑模型构件个体只表示一次，构件个体如形状、属性和模型中的位置，根据建筑构件个体的排列，所有图纸、报表和信息集，都可以被拾取。这种非重复的建筑表现法，能确保所有的图纸、报告和分析信息一致，可以解决图纸的错误来源。同时BIM软件本身具有联动性，也确保了对模型进行修改后所有涉及的图纸同步发生相应的修改，也就提高了设计师修改的效率，也可以避免人为的疏漏。

3. 工厂生产

装配式建筑需要将各个部品部件拆分成独立单元，梁、柱、内外墙、叠合板、楼梯、阳台、空调板需要工厂预制加工生产。基于BIM的数字化工厂生产将包含在BIM里的构件信息准确地、不遗漏地传递给构件加工单位进行构件加工，BIM的应用不仅解决了工厂生产构件的信息创建、管理与传递的问题，而且BIM、装配模拟、加工制造、运输、存放、测绘、安装的全程跟踪等手段为数字化建造奠定了坚实的基础。

1）构件数字化生产管理系统

装配式建筑预制构件加工生产阶段，需要构建一个数字化生产管理系统，实现构件生产排产、物料采购、模具加工、生产控制、构件查询、构件库存和运输的数字化、信息化管理。基于传统工厂管理的ERP（企业资源计划）、MES（制造企业生产过程执行系统）、WMS（仓库管理系统），构件生产管理系统包括以下主要功能。

（1）构件生产信息管理。

通过手工导入BIM或与BIM协同设计平台打通数据接口的方式，获取构件深化设计BIM数据，实现构件设计信息到构件生产信息的传递和共享，避免大量烦琐构件生产数据信息的二次输入和输入数据的失真，达到设计生产一体化的信息共享。在进一步导入构件BIM数据的基础上，创建构件生产加工信息表，并关联各个构件对应的二维码、预埋的RFID芯片等，生成构件生产信息。

（2）生产计划排产管理。

根据施工进度计划按照项目工期要求，综合考虑构件生产加工工序、各工序作业时间、现场构件吊装顺序，自动优化生成构件的生产排产计划，包括构件模具计划、生产计划、存储计划、发货计划、每日生产任务单、每日发货计划单，并通过生产、发货反馈进行进度控制。构件生产计划编制的好坏直接影响到构件的质量、进度与成本，是构件生产管理最核心的内容。

（3）物料采购管理。

运用ERP中的物料需求计划，为每个构件的设计型号编制物料清单表，计算出项目成本及需要采购的原材料数量。根据生产排产计划制订物料采购计划，在生产过程中实时记录构件生产过程中的物料消耗，关联构件生产信息，通过分析构件出现生产的物料所需量，对比物料库存及需求量，自动生成物料采购报表，适时提醒向物料供应商下单采购。

（4）生产质量管理。

记录构件生产中的各种质量问题，运用数据统计手段分析构件出现生产质量问题的原因，并通过系统实时反馈的质量及实验数据进行质量控制。

（5）构件堆场管理。

通过构件二维码信息，关联不同类型构件的产能及现场需求，自动排布构件成品存储计划、产品类型及数量，并可通过构件二维码及RFID扫描快速确定所需构件的具体位置。

2）构件智能化加工

构件智能化加工的核心思想是将构件深化设计BIM数据与构件自动化生产设备相关联，打通构件设计信息模型和工厂自动化生产线协同之间的瓶颈，实现装配式预制构件的智能化加工和自动化生产。通过这种数字化加工生产方式可以大幅提升装配式构件的生产效率和生产质量。

构件智能化加工由中央控制系统自动提取构件BIM设计信息，以规定格式的数据文件输出，再导入生产线各数字化加工设备，由各加工设备的控制电脑识别构件加工所需数据信息，即可实现包括画线定位、模具摆放、成品钢筋摆放、混凝土浇筑振捣、刮杆刮平、预养护、抹平、养护、拆模、翻转起吊等一系列工序在内的构件数字化、智能化加工生产。

3）基于物联网＋GPS/北斗的构件物流运输管理

装配式建筑预制构件生产过程中会预埋RFID芯片，并赋予每个构件唯一的二维码。通过扫描RFID芯片，结合GPS/北斗，可对预制构件的出厂、运输、进场进行全程追踪监控，并通过无线网络即时传递信息到工厂生产管理系统和施工现场管理系统，完成整个预制构件物流运输过程的全程数字化管理，有效地掌握预制构件的物流和安装进度信息。

4）构件质量追溯系统

构件质量追溯系统是以单个构件为基本管理单元，以RFID芯片或二维码为跟踪手段，采集原材料进场、生产过程检验、入库检验、装车运输、施工装配、验收等全过程信息，通过唯一性编码，关联构件生产、运输、施工装配等各环节信息，实现装配式预制构件的质量溯源和统计分析。构件质量追溯系统为政府监管部门、建设单位、设计单位、构件生产企业、物流企业、施工单位、监理单位等各方提供预制构件质量追溯信息查询服务。

4. 施工阶段

1）施工准备

（1）施工图深化。

深化设计是指在建设单位或设计院提供的条件图或原理图基础上，结合施工现场的实际情况，对图纸进行细化、补充和完善。施工单位依据设计单位提供的施工图和施工图设计模型，根据自身施工特点及现场情况，建立、完善、深化设计模型。该模型应该根据实际采用的材料设备、实际产品的基本信息构建模型和进行模型深化。BIM 工程师结合自身专业经验或与施工技术人员配合，对建筑信息模型的施工合理性、可行性进行甄别，并进行相应的调整优化。同时，对优化后的模型进行碰撞检测。施工深化设计模型通过建设单位、设计单位、相关顾问单位的审核确认，最终生成可指导施工的三维图形文件、二维深化施工图、节点图。

（2）施工图会审。

项目施工的主要依据是施工设计图纸，施工图会审则是解决施工图纸设计本身所存在问题的有效方法，在传统的施工图会审的基础上，结合 BIM 总包所建立的本工程的 BIM，对照施工设计图，相互排查，若发现施工图纸所表述的设计意图与 BIM 不相符，则重点检查 BIM 的搭建是否正确；在确保 BIM 是完全按照施工设计图纸搭建的基础上，运用 Revit 进行碰撞检查，找出各个专业之间及专业内部之间设计上发生冲突的构件，同样采用模型配以文字说明的方式提出设计修改意见和建议。

（3）施工场地规划。

施工场地规划是对施工各阶段的场地地形、既有建筑设施、周边环境、施工区域、临时道路、临时设施、加工区域、材料堆场、临水临电、施工机械、安全文明施工设施等进行规划布置和分析优化，以保证场地布置的科学合理性。根据施工图设计模型或深化设计模型、施工场地信息、施工场地规划、施工机械设备选型初步方案及进度计划等，创建或整合相应模型，并附加相关信息进行经济技术模拟分析，如工程量比对、设备负荷校核等。依据模拟分析结果，选择最优施工场地规划方案，生成模拟演示视频并提交施工部门审核，最后编制场地规划方案并进行技术交底。

（4）技术交底。

利用 BIM 不仅可以快速地提取每一个构件的详细属性，让参与施工的所有人员从根本上了解每一个构件的性质、功能和所发挥的作用，还可以结合施工方案和进度计划，进行 4D 施工模拟，采用多媒体可视化交底的方式，对施工过程的每一个环节和细节进行详细的讲解，确保参与施工的每一个人都要在施工前对施工的过程认识清晰。

2）施工进度与质量管控

（1）施工模拟及进度控制。

在三维几何模型的基础上，增加时间维度，从而进行 4D 施工模拟。通过安排合理的施工顺序，在劳动力、机械设备、物资材料及资金消耗量最少的情况下，按规定的时间完成满足质量要求的工程任务，实现施工进度控制。根据不同深度、不同周期的进度计划要求，创建项目工作分解结构（WBS），分别列出各进度计划的活动（WBS 工作包）内容。根据施工方案确定各项施工流程及逻辑关系，制订初步施工进度计划，将进度计划与模型关联生成施工进度管理模型。利用施工进度管理模型进行可视化施工模拟。检查施工进度计划是否满足约束条件、是否达到最优状况。若不满足，需要进行优化和调整，优化后的计划可作为正式施工进度计划。经项目经理批准后，报建设单位及工程监理审批，用于指导施工项目实施。结合虚拟设计与施工（VDC）、增强现实（AR）、激光扫描（LS）和施工监控及可视化中心等技术，实现可视化项目管理，对项目进度进行更有效的跟踪和控制。在选用的进度管理软件系统中输入实际进度信息后，通过实际进度与项目计划间的对比分析，发现两者之间的偏差，指出项目中存在的潜在问题。对进度偏差进行调整及更新目标计划，以达到多方平衡，实现进度管理的最终目的，并生成施工进度控制报告。

（2）工程计量统计。

施工阶段的工程计量统计，即在施工图设计模型和施工图预算模型的基础上，按照合同规定深化设计，按照工程量计算要求深化模型，同时依据设计变更、签证单、技术核定单和工程联系函等相关资料，及时调整模型，据此进行工程计量统计。工程计量统计的主要步骤如下：①形成施工过程造价管理模型，即在施工图设计模型和施工图预算模型的基础上，依据施工进展情况，在构件上附加“进度”和“成本”等相关属性信息。②维护模型，即依据设计变更、签证单、技术核定单和工程联系函等相关资料，对模型做出及时调整。③施工过程造价动态管理，即利用施工造价管控模型，按时间进度、施工进度、空间区域实时获取工程量信息数据，并分析、汇总和制表处理。④施工过程造价管理工程量计算，即依据BIM计算获得的工程量，进行人力资源调配、用料领料等方面的精准管理。

（3）设备与材料管理。

应用BIM技术对施工过程中的设备和材料进行管理，达到按施工作业面配料的目的，实现施工过程中设备、材料的有效控制，提高工作效率，减少浪费。在深化设计模型中添加或完善楼层信息、构件信息、进度表和报表等设备与材料信息。按作业面划分，从BIM中输出相应的设备、材料信息，通过内部审核后，提交给施工部门审核。根据工程进度实时输入变更信息，包括工程设计变更、施工进度变更等。

（4）质量管理。

基于BIM技术的质量管理，通过现场施工情况与模型的对比分析，从材料、构件和结构三个层面控制质量，有效避免常见质量问题的发生。BIM技术的应用丰富了项目质量检查和管理的模式，将质量信息关联到模型，通过模型预览，可以在各个层面上提前发现问题。基于BIM的工程项目质量管理包括产品质量管理、技术质量管理和施工工序管理：①产品质量管理。BIM模型储存了大量的建筑构件、设备信息，通过软件平台，可快速查找所需的材料及构配件信息，规格、材质、尺寸要求等，并可根据BIM设计模型，可对现场施工作业产品进行追踪、记录、分析，掌握现场施工的不确定因素，避免不良后果的产生，监控施工质量。②技术质量管理。通过BIM的软件平台动态模拟施工技术流程，再由施工人员按照仿真施工流程施工，确保施工技术信息的传递不会出现偏差，避免实际做法和计划做法不一样的情况出现，减少不可预见情况的发生，监控施工质量。③施工工序管理。施工工序管理就是对工序活动条件即工序活动投入的质量和工序活动效果的质量及分项工程质量的控制。

3）安全管控

BIM技术不仅可以通过施工模拟提前识别施工过程中的安全风险，而且可以利用多维模型让管理人员直观了解项目动态的施工过程，进行危险识别和安全风险评估。基于BIM技术的施工管理可以保证不同阶段、不同参与方之间信息的集成和共享，保证了施工阶段所需信息的准确性和完整性，有效地控制资金风险，实现安全生产。BIM技术在工程项目安全施工的实施要点如下。

（1）施工准备阶段安全控制。

在施工准备阶段，利用BIM进行与实践相关的安全分析，能够降低施工安全事故发生的可能性，如 4D 模拟与管理和安全表现参数的计算可以在施工准备阶段排除很多建筑安全风险、重大危险源；BIM 虚拟环境划分施工空间，排除安全隐患，保障施工安全，如图 2.25 所示。

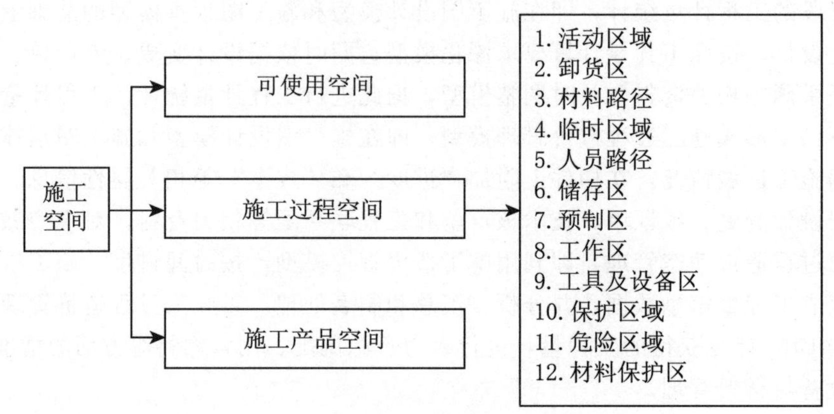

图 2.25　施工空间划分图

（2）施工过程仿真模拟。

仿真分析技术能够模拟建筑结构在施工过程中不同时段的力学性能和变形状态，为结构安全施工提供保障。在 BIM 的基础上，开发相应的有限元软件接口，实现三维模型的传递，再附加材料属性、边界条件和荷载条件，结合先进的时变结构分析方法，便可将 BIM 4D 技术和时变结构分析方法结合起来，实现基于 BIM 的施工过程结构安全分析、有效预警施工过程中可能存在的危险状态，指导安全维护措施的编制和执行，防止发生安全事故。

（3）模型试验。

对于结构体系复杂、施工难度大的结构，结构施工方案的合理性与施工技术的安全可靠性都需要验证，为此利用 BIM 技术建立试验模型，对施工方案进行动态展示，从而为试验提供模型基础信息。

（4）施工动态监测。

对施工过程进行实时施工监测，特别是重要部位和关键工序，可以及时了解施工过程中结构的受力和运行状态。三维可视化动态监测技术较传统的监测手段具有可视化的特点，可以人为操作，在三维虚拟环境下漫游来直观、形象地提前发现现场的各类潜在危险源，更便捷地查看监测位置的应力应变状态，在某一监测点应力成应变超过拟定的范围时，系统将自动报警。

（5）防坠落管理。

坠落危险源包括尚未建造的楼梯井和天窗等，通过在 BIM 中的危险源存在部位建立坠落防护栏杆构件模型，能够清楚地识别多个坠落风险；可以向承包商提供完整且详细的信息，包括安装或拆卸栏杆的地点和日期等。

（6）塔式起重机安全管理。

在整体 BIM 施工模型中布置不同型号的塔式起重机，能够确保其同电源线和附近建筑物的安全距离，确定哪些员工在哪些时候会使用塔式起重机。在整体施工模型中，用不同颜色的色块来表明塔式起重机的回转半径和影响区域，进行碰撞检测，确认塔式起重机回转半径内的危险源。

（7）灾害应急管理。

利用BIM及相应灾害分析模拟软件，可以在灾害发生前，模拟灾害发生的过程，分析灾害发生的原因，制定避免灾害发生的措施，以及发生灾害后人员疏散、救援支持的应急预案，在发生意外时可减少损失并赢得宝贵时间。BIM能够模拟人员疏散时间、疏散距离、有毒气体扩散时间、建筑材料耐燃烧极限、消防作业面等，并以3D漫游、3D渲染、3D动画等方式模拟各种危险。

4）BIM协同管理平台

协同管理平台应用的目的是，项目各参与方和各专业人员通过基于网络及BIM的协同平台，实现模型及信息的集中共享、模型及文档的在线管理、基于模型的协同工作和项目信息沟通等。因此，面向BIM应用的协同平台既需要具有传统项目协同管理功能，也需要支持在线BIM管理，还需要考虑诸如移动终端的应用等。

BIM协同管理平台的核心功能：①建筑三维可视化。可在计算机及移动终端的浏览器中，实现包括BIM的浏览、漫游、快速导航、测量、模型资源等管理及元素透明化等功能。②项目流程协同。项目管理全过程各项事务审核处理流程协同，如变更审批、现场问题处理审批、验收流程等。需要考虑施工现场的办公硬件和通信条件，结合云存储和云计算技术，确保信息及时便捷传输，提高协同工作的适用性。③图纸及变更管理。项目各参与人员能通过平台和模型查看到最新图纸变更单，并可将二维图纸与三维模型进行对比分析，获取最准确的信息。④进度计划管理。实现4D计划的编辑和查看，通过图片、视频和音频等对现场施工进度进行反馈，或采用视频监控方式，及时或实时对比施工进度偏差，分析施工进度延误原因。⑤质量安全管理。现场施工人员或监理人员发现问题，通过移动终端应用程序，以文字、照片、语音等形式记录问题并关联模型位置，同时录入现场问题所属专业、类别、责任人等信息。项目管理人员登录平台后接收问题，对问题进行处理整改。平台定期对质量安全问题进行归纳总结，为后续现场施工管理提供数据支持。针对基坑等关键部位，可通过数据分析，进行安全事故的自动预警或者趋势预测。⑥文档共享与管理。项目各参建方、各级人员通过计算机、移动设备实现对文档在线浏览、下载及上传，减少以往文档管理受计算机硬件配置和办公地点的影响，让文档共享与协同管理更方便。

BIM协同管理平台的扩展功能：①模型空间定位。对问题信息和事件在三维空间内进行准确定位，并进行问题标注，查看详细信息和事件。②图纸信息关联。将建筑的设计图纸等信息关联到建筑部位和构件上，并通过模型浏览界面进行显示，方便用户点击和查看，实现图纸协同管理。③数据挖掘。随着平台的不断应用，数据不断积累，对数据进行挖掘与分析。

5. 交付与运维

1）BIM交付

项目竣工时，应组织各参建方编制完整的竣工资料。对工程各参建单位提供的信息完整性和精度进行审查，确保按本方案要求的信息已全部提供并输入到竣工模型中，包括所有过程变更信息。对工程各参建单位提供的信息准确性进行复核，除与实体建筑、基础资料进行核对外，还应对不同单位的信息进行相互验证。对竣工信息模型的集成效果进行检测，运用专业软件进行模拟演示，检查各种信息的集成状况。将全专业的BIM文件整合校对，并在施工过程中实时根据项目的实际施工结果，修正原始的设计模型，使模型包含项目整个施工过程的真实信息，包括本工程建筑、结构、机电等各专业相关模型大量、准确的工程和构件信息，这些信息能够以电子文件的形式进行长期保存，形成竣工模型。

2）BIM运维管理

BIM运维管理的范畴主要包括五个方面：空间管理、资产管理、维护管理、公共安全管理和能耗管理。

（1）空间管理。

空间管理主要是满足组织在空间方面的各种分析及管理需求，更好地响应组织内各部门对于空间分配的请求，高效处理日常相关事务，计算空间相关成本，执行成本分摊等内部核算，增强企业各部门控制非经营性成本的意识，提高企业收益。

① 空间分配。创建空间分配基准，根据部门功能，确定空间场所类型和面积，使用客观的空间分配方法，消除员工对所分配空间场所的疑虑，同时快速地为新员工分配可用空间。

② 空间规划。将数据库和BIM整合在一起的智能系统跟踪空间的使用情况，提供收集和组织空间信息的灵活方法，根据实际需要、成本分摊比例、配套设施和座位容量等参考信息使用预定空间，进一步优化空间使用效率；并且根据人数、功能用途及后勤服务，预测空间占用成本，生成报表，制定空间发展规划。

③ 租赁管理。大型商业地产对空间的有效利用和租售是业主实现经济效益的有效手段，也是充分实现商业地产经济价值的表现。应用BIM技术对空间进行可视化管理，分析空间使用状态收益、成本及租赁情况，业主可通过三维可视化直观地查询定位到每个租户的空间位置及租户的信息，如租户名称、建筑面积、租约区间、租金情况、物业管理情况；还可以实现租户的各种信息的提醒功能。同时根据租户信息的变化，实现对数据的及时调整和更新，从而判断影响不动产财务状况的周期性变化及发展趋势，帮助提高空间的投资回报率并抓住出现的机会及规避潜在的风险。

④ 统计分析。开发如成本分摊比例表、成本详细分析、人均标准占用面积、组织占用报表、组别标准分析等报表，方便获取准确的面积和使用情况信息，满足内外部报表需求。

（2）资产管理。

资产管理是运用信息化技术增强资产监管力度，降低资产的闲置浪费，减少和避免资产流失，使业主在资产管理上更加全面规范，从整体上提高业主的资产管理水平。

① 日常管理。日常管理主要包括固定资产的新增、修改、退出、转移、删除、借用、归还、计算折旧率及残值率等日常工作。

② 资产盘点。依照盘点数据与数据库中的数据进行核对，并对正常或异常的数据做出处理，得出资产的实际情况，并可按单位、部门生成盘盈明细表、盘亏明细表、盘亏明细附表、盘点汇总表、盘点汇总附表。

③ 折旧管理。折旧管理包括计提资产月折旧、打印月折报表、对折旧信息进行备份、恢复折旧工作、折旧手工录入、折旧调整。

④ 报表管理。可以对单条或一批资产的情况进行查询，查询条件包括资产卡片、保管情况、有效资产信息、部门资产统计、退出资产、转移资产、历史资产、名称规格、起始及结束日期、单位或部门。

（3）维护管理。

建立设施设备基本信息库与台账，定义设施设备保养周期等属性信息，建立设施设备维护计划；对设施设备运行状态进行巡检管理并生成运行记录、故障记录等信息，根据生成的保养计划自动提示到期需保养的设施设备；对出现故障的设备从维修申请，到派工、维修、完工验收等实现过程化管理。

（4）公共安全管理。

公共安全管理包括应对火灾、非法侵入、自然灾害、重大安全事故和公共卫生事故等危害人们生命财产安全的各种突发事件，建立起应急及长效的技术防范保障体系。基于BIM技术可存储大量具有空间性质的应急管理所需数据，可协助应急响应人员定位和识别潜在的突发事件，并且通过图形界面准确确定其危险发生的位置。此外，BIM中的空间信息也可用于识别疏散线路和环境危险之间的隐藏关系，从而降低应急决策制定的不确定性。另外，BIM也可以作为一个模拟工具，评估突发事件的损失，预测突发事件的发展趋势。

（5）能耗管理。

有效地进行能源的运行管理是业主在运营管理中提高收益的一个主要方面。基于该系统，通过BIM可以更方便地对租户的能源使用情况进行监控与管理，通过能源管理系统对能源消耗情况自动进行统计分析，对异常使用情况发出警告。

本章小结

智能建造和人工智能科学与技术、数据科学与大数据技术、物联网工程、通信工程等专业紧密相关，本章抽取以上专业的人工智能、大数据、云计算、物联网、5G和BIM技术的相关知识，作为智能建造的基础共性技术。本章共有6节，2.1节介绍了人工智能的内涵、分类、研究内容和主要流派，重点阐述了人工智能的主要研究领域。2.2节介绍了大数据的概念、特征和大数据处理流程，重点阐述大数据处理。2.3节介绍了云计算的概念、特征、分类和服务形态，重点介绍了云计算核心技术和云计算架构。2.4节介绍了物联网的概念、特征和物联网架构，重点介绍了物联网关键技术。2.5节介绍了移动通信概述和5G核心技术。2.6节介绍了BIM技术的概念、特点，BIM建模要求及BIM在智能建造中的应用。

复习思考题

1. 如何理解人工智能？

2. 简述人工智能的分类。

3. 简述人工智能的主要学派。
4. 简述大数据的主要特征。
5. 简述大数据处理的主要内容。
6. 简述云计算的概念、特征和分类。
7. 简述云计算服务的主要内容。
8. 简述云计算的核心技术。
9. 简述云平台架构。
10. 简述物联网的概念和特征。
11. 简述物联网架构。
12. 简述物联网关键技术。
13. 简述 5G 核心技术。
14. 简述你对 BIM 的理解。
15. 论述 BIM 模型的特点。
16. 简述 BIM 建模的基本要求。
17. 简述 BIM 的模型精度的主要内容
18. 简述 BIM 的模型拆分与整合的主要内容。
19. 什么是模型轻量化?
20. 简述轻量化技术的主要内容。
21. 简述我国 BIM 标准的现状。
22. 简述 BIM 在前期规划中的应用。
23. 简述 BIM 在设计阶段中的应用。
24. 简述 BIM 在施工阶段中的应用。
25. 简述 BIM 在运维阶段中的应用。

第3章 智能规划与设计

思维导图

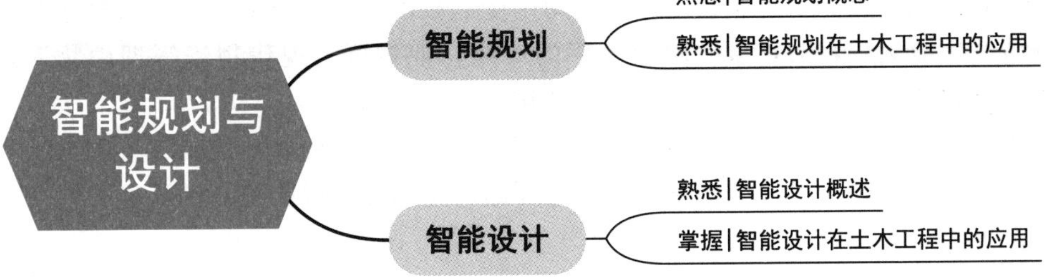

智能规划与设计

- 智能规划
  - 熟悉|智能规划概念
  - 熟悉|智能规划在土木工程中的应用
- 智能设计
  - 熟悉|智能设计概述
  - 掌握|智能设计在土木工程中的应用

3.1 智能规划

3.1.1 智能规划概述

智能规划起源于20世纪60年代，是人工智能的一个重要领域。规划是关于动作的推理，通过预估动作的效果，选择和组织一组动作，以尽可能好地实现一些预先指定的目标。而智能规划则是人工智能中专门从计算上研究这个过程的一个领域。面对复杂的任务，为实现复杂的目标，或者在动作的使用中受到某种约束限制的时候，智能规划能够节省大量人力、物力、财力，可应用于工厂的车间作业调度、现代物流管理中物资运输调度、智能机器人的动作规划及宇航技术等领域。

按照规划的形式，智能规划可分为路径和运动规划、感知规划和信息收集、导航规划、通信规划、社会与经济规划等。根据模型的简化程度，智能规划的研究方向可以分为经典规划和非经典规划两大类。

1. 经典规划

经典规划是在经典规划环境下进行的搜索、决策过程。经典规划环境具有以下特点：①完全可观察的，即关于系统的状态有一个完整的认知；②确定的，动作的效果是唯一的、确定的；③静态的，不考虑外部动态性；④有限的，系统状态有限；⑤离散的，动作和事件没有持续时间。

经典规划是在完全可观察的、确定的、静态的环境中定义了规划问题，主要求解方法包括状态空间搜索规划算法、转换为布尔满足性问题的经典规划、转换为一阶逻辑推理的规划、转换为约束满足的规划、转换为改良的偏序规划的规划等。

2. 非经典规划

非经典规划是指那些在部分可观察的或随机的、考虑时间和资源的、放宽其他限制条件的环境下进行的规划。可细分为状态空间搜索方法、规划空间搜索方法、规划图搜索、不确定规划、进化规划及多智能体规划等。

3.1.2 智能规划在土木工程中的应用

1. 中央商务区的智能规划

1）项目概况

青岛中央商务区是青岛市市北区集“一心、三轴、一带、两区”于一体的综合性商务中心。核心区用地面积为2.46km^2，规划人口5.4万人，建筑面积约500万m^2，是青岛市政府确定的重点项目和现代服务业集聚的示范区，如图3.1所示。

青岛中央商务区是基于数字孪生的新型智慧城市项目，是以创建国家示范中央商务区为目标，通过数字孪生的科技手段，以CIM城市信息模型为核心构建CIM平台和智慧应用系统，通过资源整合、商业模式创新等方式，向中央商务区内的产业、民众提供各类服务，为政府提供城市精细化治理与服务的支持。

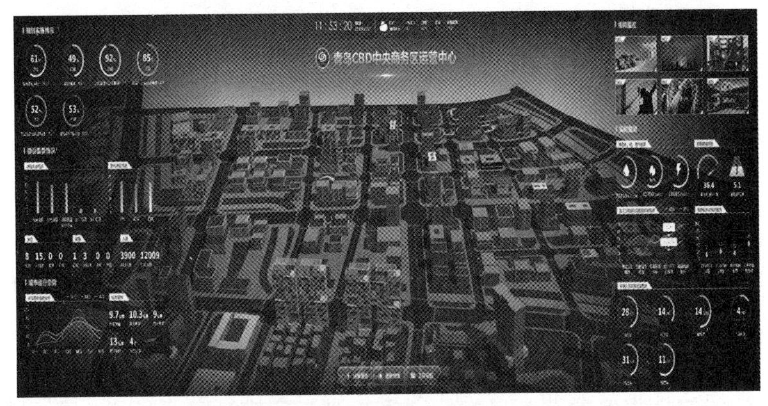

图 3.1　青岛中央商务区总体规划图

2）规划建设内容

（1）城市三维数字化建模。

项目基于 BIM 3D＋GIS 技术，对中央商务区核心区 2.46km² 范围内城区进行三维数字化建模。项目中，以倾斜摄影＋BIM 为主、辅以 3ds Max 手工建模方式，实现中央商务区三维模型构建，如图 3.2 所示。

图 3.2　中央商务区三维模型图

（2）CIM 时空信息云平台构建。

CIM 时空信息云平台构建主要有两个方面：一是以倾斜摄影三维模型数据、3ds Max 手工建模数据及单体建筑 BIM 数据为基础，叠加 IoT 城市物联网信息，通过高精度多元数据融合技术，构建起中央商务区的 CIM 三维模型数据库；二是在 CIM 三维模型数据库的基础上，开发实现了基于 CIM 三维模型的数据管理系统、三维漫游交互、二三维联动、空间查询分析、三维量测、特征要素绘制、空间和地形分析、BIM 集成、IoT 设备接入、视频接入等功能模块，成功构建起中央商务区 CIM 时空信息云平台，如图 3.3 所示。

（3）CBD 综合运营管理平台打造。

基于 CIM 时空信息云平台，集成接入了智慧照明、环境监测、视频监控、紧急呼叫、

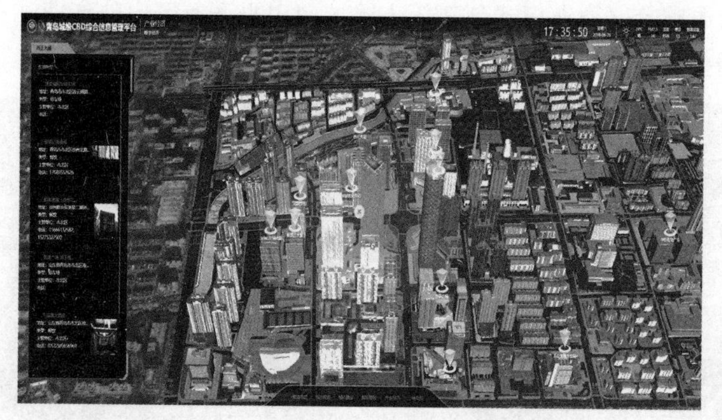
图 3.3　中央商务区 CIM 时空信息云平台

公共广播、LED 多媒体信息发布、Wi-Fi 网络、智慧停车、楼宇经济、城市部件设备设施等业务系统和数据，打造中央商务区智慧运营管理统一门户和中央商务区管理驾驶舱（图 3.4），实现了如下功能：①中央商务区总体态势呈现和综合信息显示；②基于 CIM 三维模型的三维浏览、虚拟漫游；③城市部件设备设施运维数据统计分析和展示；④楼宇经济等可视化分析决策展示应用；⑤实现对集成接入的智慧照明、环境监测、视频监控、紧急呼叫、公共广播、LED 多媒体信息发布、Wi-Fi 网络、智慧停车等业务系统和设备的集中监控、远程操控和统一管理。

图 3.4　中央商务区管理驾驶舱

（4）城市部件设施巡检一体化系统搭建。

针对中央商务区路灯、灯杆、井盖、广告箱等市政设施设备日常巡检运维管理，开发了城市部件设施巡检一体化系统，如图 3.5 所示。系统通过综合运用三维可视化、移动巡检 App、任务智能分派、人员自动定位、二维码等多种技术手段实现城市部件设施的智慧巡检运维管理，具有提高运维管理效率、降低人工成本、延长城市部件设施使用生命周期等价值和优势。

3）项目价值与意义

相对于传统的智慧城市项目，青岛中央商务区基于数字孪生的新型智慧城市，通过综合应用 BIM 3D＋GIS＋IoT 等技术手段，在数字空间再造了一个与实体城市相匹配的数字虚体，将传统静态的数字城市升级为可感知、动态在线、虚实交互的数字孪生城市；以 CIM 三维城市信息模型为基础，通过集成接入各业务系统和数据，实现了整个城市的三维

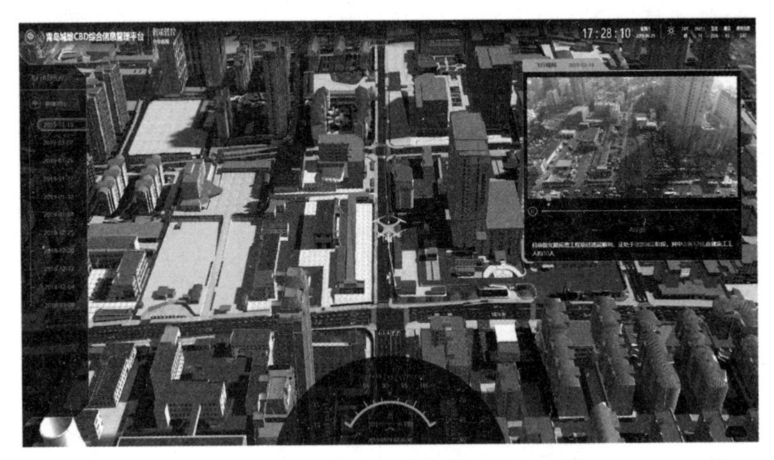

图 3.5　城市部件设施巡检一体化系统

可视化综合管理和精细化治理。该项目的实施，是我国在基于数字孪生的新型智慧城市建设上的探索实践，将对国内新型智慧城市、数字城市的建设发展起到良好的促进作用。

项目通过体系规划、信息主导、改革创新，推进新一代信息技术与城市现代化深度融合、迭代演进，全面提升青岛中央商务区创新示范效应，建立国家与城市协调发展的新生态，符合“数字中国”“智慧社会”的国家发展战略。

2. 基于蚁群算法的建筑消防疏散路径

基于 BIM，动态更新火灾发生时疏散通道内有毒气体浓度及温度、减光系数人员数量等信息，分析、计算和确定建筑火灾的位置及过火面积，利用自适应蚁群算法计算出最佳的建筑消防疏散路径。在城市综合体建筑消防疏散过程中，其疏散通道有多条，若疏散人员全部拥挤在一条通道则会降低疏散效率，为防止疏散通道达到人员疏散上限，需提前通过基于 BIM 的建筑消防疏散系统的底层传感器探测疏散通道中的被困人员数量，根据通道内人员数量情况对疏散人员进行建筑消防疏散的分流引导。

建筑消防疏散人员的运动模型为

$$f=\rho\times V_t\times D$$

式中：f 为建筑消防节点在 t 时刻通过的人员流量；ρ 为人员密度；V_t 为疏散人员的运动速度；D 为疏散通道的宽度。

进行建筑消防疏散路径选择策略分析时，应结合疏散通道中的被困人员数量、温度、有毒气体浓度、能见度对建筑内被困人员疏散能力的影响，然后引入被困人员活动系数、路径通行阻碍系数等分析。被困人员活动系数公式为

$$B_{ij}(t)=f_{ij}(R)\times f_{ij}(T)\times f_{ij}(C)\times f_{ij}(Dm)$$

式中：$B_{ij}(t)$为被困人员活动系数；$f_{ij}(R)$为建筑疏散经过的节点的人员数量；$f_{ij}(T)$为疏散通道内温度；$f_{ij}(C)$为有毒气体浓度；$f_{ij}(Dm)$为能见度。

受火灾影响，建筑消防疏散的各个通道通行的难易程度不同，通过对人员在火场环境影响中的步行速率可以计算出路径通行阻碍系数 $Z_{ij}(t)$ 为

$$Z_{ij}(t)=\frac{V_0-V_t}{V_0}$$

$$V_t=V_0\times Z_{ij}(t)$$

式中：V_0 为普通情况下行人的行走速度，V_t 为疏散人员在火灾情况下的移动速度。

通过对路径通行阻碍系数和火场环境对人员疏散能力的影响综合计算后，建筑消防疏散通道的当量长度 $W_{ij}(t)$ 可以表示为

$$W_{ij}(t)=\frac{L_{ij}\times Z_{ij}}{B_{ij}(t)}$$

式中：L_{ij} 为疏散通道的几何长度。

蚁群算法是一种启发式优化算法，有着鲁棒性好、分布计算、适应性强的特点，被广泛应用在不同的路径规划领域中。蚁群算法路径规划的基本思路为：用蚂蚁的行走路径表示待优化问题的可行解，整个蚂蚁群体的所有路径构成待优化问题的解空间；路径较短的蚂蚁释放的信息素量较多，随着时间的推进，较短的路径上累积的信息素浓度逐渐增高，选择该路径的蚂蚁个数也越来越多；最终，整个蚂蚁会在正反馈的作用下集中到最佳的路径上，此时对应的便是待优化问题的最优解。在建筑消防疏散算法中，启发函数是在节点搜索的过程中启发信息对蚂蚁选择路径节点的影响程度，在建筑消防疏散模型中则代表被困人员在节点间移动的启发程度。启发函数可表示为

$$\eta_{ij}(t)=\frac{1}{W_{ij}(t)}$$

对任意的疏散人员而言，当量长度 $W_{ij}(t)$ 越小，启发程度越高。所以通过计算疏散通道的当量长度，选择当量长度短的路径到达下一个节点，直至安全出口，最终得到最优路径。

基于蚁群算法的消防疏散路径算法实现流程如图 3.6 所示。

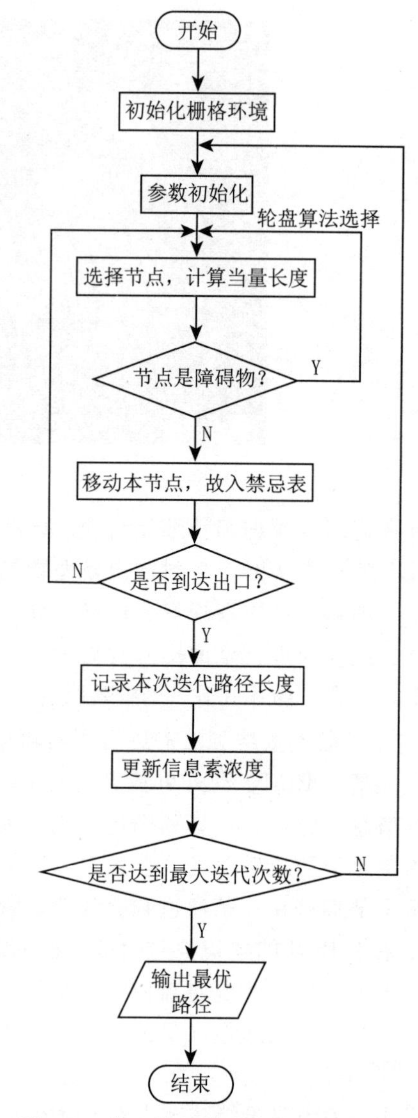

图 3.6　基于蚁群算法的消防疏散路径算法实现流程

3.2　智能设计

3.2.1　智能设计概述

1. 智能设计概念

智能设计是指应用现代信息技术，采用计算机模拟人类的思维活动，提高计算机的智

能水平，从而使计算机能够更多、更好地承担设计过程中各种复杂任务，成为设计人员的重要辅助工具。

2. 智能设计内容

1）智能设计层次

综合国内外关于智能设计的研究现状和发展趋势，智能设计按设计能力可以分为三个层次：常规设计、联想设计和进化设计。

（1）常规设计。

常规设计，即设计属性、设计进程、设计策略已经规划好，智能系统在推理机的作用下，调用符号模型（如规则、语义网络、框架等）进行设计。国内外投入应用的智能设计系统大多属于此类，如华中理工大学开发的标准V带传动设计专家系统（JDDES）、压力容器智能CAD系统，日本NEC公司用于VLSI产品布置设计的Wirex系统等。

（2）联想设计。

联想设计可分为两类：一类是利用工程中已有的设计事例，进行比较，获取现有设计的指导信息，这需要收集大量良好的、可对比的设计事例，对大多数问题是困难的；另一类是利用人工神经网络数值处理能力，从试验数据、计算数据中获得关于设计的隐含知识，以指导设计。

（3）进化设计。

遗传算法是一种借鉴生物界自然选择和自然进化机制的、高度并行的、随机的、自适应的搜索算法，通过进化策略，进行智能设计。遗传算法是根据设计方案或设计策略编码为基因串，形成设计样本的基因种群，然后基于设计方案评价函数，决定种群中样本的优劣和进化方向。进化过程就是样本的繁殖、交叉和变异等过程。20世纪80年代早期，遗传算法已在人工搜索、函数优化等方面得到广泛应用，并推广到计算机科学、机械工程等多个领域。进入20世纪90年代，遗传算法的研究在其基于种群进化的原理上，拓展出进化编程（Evolutionary programming，EP）、进化策略（Evolutionary strategies，ES）等方向，它们并称为进化计算（Evolutionary computation，EC）。进化计算使得智能设计拓展到进化设计，其特点是：设计方案或设计策略编码为基因串，形成设计样本的基因种群；设计方案评价函数决定种群中样本的优劣和进化方向；进化过程就是样本的繁殖、交叉和变异等过程。

2）智能设计内容

智能设计内容主要包括以下几个方面：①智能方案设计是方案的产生和决策阶段，是最能体现设计智能化的阶段，是设计全过程智能化必须突破的难点。②知识获取和处理技术基于分布和并行思想的结构体系和机器学习模式的研究，基于遗传算法和神经网络推理的研究，其重点均在非归纳及非单调推理技术的深化等方面。③面向CAD的设计理论包括概念设计、虚拟现实、并行工程、健全设计集成化、产品性能分类学及目录学、反向工程设计法、产品生命周期设计法等。④面向制造的设计以计算机为工具，建立用虚拟方法形成的趋近于实际的设计和制造环境。具体研究CAD集成，虚拟现实，并行及分布式CAD/CAM系统及其应用，多学科协同，快速原型生成和生产的设计等人机智能化设计系统。智能设计是智能工程与设计理论相结合的产物，它的发展必然与智能工程和设计理论的发展密切相关，相辅相成。智能工程技术和设计理论是智能设计的知识基础。智能设计的发展和实践，既证明和巩固了设计理论研究的成果，又不断提出新的问题，产生新的研究方向，反过来还会推动智能工程和设计理论研究的进一步发展。智能设计作为面向应用的技术，其研究成果最后还要体现在系统建模和支撑软件开发及应用上。

3. 智能设计系统

1）关键技术

智能设计系统的关键技术包括：设计过程的再认识、设计知识表示、多专家系统协同技术、再设计与自学习机制、多种推理机制的综合应用、智能化人机接口等。

（1）设计过程的再认识。

智能设计系统的发展取决于对设计过程本身的理解。尽管人们在设计方法、设计程序和设计规律等方面进行了大量探索，但从计算机化的角度看，设计方法学还远不能适应设计技术发展的需求，仍然需要探索适合于计算机处理的设计理论和设计模式。

（2）设计知识表示。

设计过程是一个非常复杂的过程，它涉及多种不同类型知识的应用，因此单一知识表示方式不足以有效表达各种设计知识，建立有效的知识表示模型和有效的知识表示方式，始终是设计类专家系统成功的关键。

（3）多专家系统协同技术。

较复杂的设计过程一般可分解为若干个环节，每个环节对应一个专家系统，多个专家系统协同合作、信息共享，并利用模糊评价和人工神经网络等方法以有效解决设计过程多学科、多目标决策与优化难题。

（4）再设计与自学习机制。

当设计结果不能满足要求时，系统应该能够返回到相应的层次进行再设计，以完成局部和全局的重新设计任务。同时，可以采用归纳推理和类比推理等方法获得新的知识，总结经验，不断扩充知识库，并通过自学习达到自我完善。

（5）多种推理机制的综合应用。

智能设计系统中，除了演绎推理外，还应该包括归纳推理、基于实例的类比推理、各种基于不完全知识的模糊逻辑推理方式等。上述推理方式的综合应用，可以博采众长，更好地实现设计系统的智能化。

（6）智能化人机接口。

良好的人机接口对智能设计系统是十分必要的，对于复杂的设计任务及设计过程中的某些决策活动，在设计专家的参与下，可以得到更好的设计效果，从而充分发挥人与计算机各自的长处。

2）智能设计分类

（1）原理方案。

方案设计的结果将影响设计的全过程，对于降低成本、提高质量和缩短设计周期等有至关重要的作用。原理方案设计是寻求原理解的过程，是实现产品创新的关键。原理方案设计的过程是总功能分析—功能分解—功能元（分功能）求解—局部解法组合—评价决策—最佳原理方案。按照这种设计方法，原理方案设计的核心归结为面向分功能的原理求解。面向通用分功能的设计目录能全面地描述分功能的要求和原理解，且隐含了从物理效应向原理解的映射，是原理方案设计系统的知识库初始文档。基于设计目录的方案设计智能系统，能够较好地实现概念设计的智能化。

(2) 协同求解。

智能 CAD 应具有多种知识表示模式、多种推理决策机制和多专家系统协同求解的功能，同时需把同理论相关的基于知识程序和方法的模型组成一个协同求解系统，在元级系统推理及调度程序的控制下协同工作，共同解决复杂的设计问题。

某一环节单一专家系统求解问题的能力，与其他环节的协调性和适应性常受到很大限制。为了拓宽专家系统解决问题的领域，或使一些互相关联的领域能用同一个系统来求解，就产生了所谓协同式多专家系统的概念。在这种系统中，有多个专家系统协同合作。多专家系统协同求解的关键，是要工程设计领域内的专家之间相互联系与合作，并以此来进行问题求解。协同求解过程中信息传递的一致性原则与评价策略，是判断所从事的工作是否向着有利于总目标的方向进行。多专家系统协同求解，除在此过程中实现并行特征外，尚需开发具有实用意义的多专家系统协同求解的软件环境。

3) 知识获取、表达和利用技术

知识获取、表达和利用技术是智能 CAD 的基础，其面向 CAD 应用的主要发展方向，可概括为：①基于图形智能自动数据采集，规则生成、约束满足和搜索技术；②机器学习模式的研究，旨在解决知识获取、求精和结构化等问题；③推理技术的深化，既要有正、反向和双向推理流程控制模式的单调推理，又要把重点集中在非归纳、非单调和基于神经网络的推理等方面；④综合的知识表达模式，即如何构造深层知识和浅层知识统一的多知识表结构；⑤基于分布和并行思想求解结构体系的研究；⑥黑板结构模型。

4) 基于实例的推理 (CBR)

CBR 是一种新的推理和自学习方法，其核心精神是用过去成功的实例和经验来解决新问题。研究表明，设计人员通常依据以前的设计经验来完成当前的设计任务，并不是每次都从头开始，CBR 的一般步骤为提出问题，找出相似实例，修改实例使之完全满足要求，将最终满意的方案作为新实例存储于实例库中。CBR 中最重要的支持是实例库，关键是实例的高效提取。

CBR 的特点是对求解结果进行直接复用，而不用再次从头推导，从而提高了问题求解的效率。另外，过去求解成功或失败的经历可用于动态地指导当前的求解过程，并使之有效地取得成功，或使推理系统避免重犯已知的错误。

3.2.2 智能设计在土木工程中的应用

1. 参数化设计

1) 参数化设计概念

参数化是指将设计要求、设计原则、设计方法和设计结果用灵活可变的参数来表示，在人机交互的过程中根据实际情况随时更改。参数化设计是把建筑对象模型化、对象化和抽象化，即把建筑对象和约束条件，通过相关数字化建模，建立建筑对象关联参数，生成或形成可以灵活调控、有限变化的虚拟建筑模型。参数化设计是将核心问题由设计问题转化为逻辑推理过程的方法，即影响建筑结构设计的因素都转化成函数的参数，进行算法函数运算，生成设计模型。

参数化设计的基本思想是使用约束来定义和修改几何模型。约束包括尺寸约束、拓扑约束和工程约束（如应力、性能约束等），这些约束反映了设计时要考虑的因素。几何模型由几何形体、尺寸约束和拓扑约束三部分组成。当修改某一尺寸时，系统自动检索与该尺寸相关的几何形体，使它们按新尺寸值进行调整，得到新模型，然后通过求解基于工程原理方程组检查所有几何形体是否满足约束，如不满足，则让拓扑约束不变，按尺寸约束递归修改几何模型（实例匹配），直到满足全部约束条件为止。尺寸约束及拓扑约束的参数化设计一般由建筑师完成，工程约束的参数化设计一般由结构师等完成。

参数化设计实际上是一种通过计算机生成技术以可量化的参数系统控制不可量化的参数变化的方法论。它并不是针对具体参数的数据进行设计，而是针对该参数系统背后的规则来进行设计。参数化设计之意不在于具体参数的变化，而在于参数关联的系统性能、生成法则、参数范围、边界约束。

2）基于 BIM 的参数化设计

BIM 参数化包括参数化图元和参数化修改引擎，其中参数化图元可理解为 BIM 中的图元都是以构件的形式出现的，这些构件之间的不同，是通过参数的调整反映出来的，参数保存了图元作为数字化建筑构件的所有信息；参数化修改引擎提供的参数更改技术，使用户对建筑设计或文档部分做的任何改动都可以自动地在其他相关联的部分反映出来，采用智能建筑构件、视图和注释符号，使每一个构件都通过一个变更传播引擎互相关联。构件的移动、删除和尺寸的改动所引起的参数变化会引起相关构件的参数产生关联的变化，任一视图下所发生的变更都能参数化地、双向地传播到所有视图，以保证所有图纸的一致性，无须逐一对所有视图进行修改，从而提高了工作效率和工作质量。简单来说，就是一种以建筑工程各项信息数据作为模型基础，依据各项信息数据建立建筑模型，通过数字信息仿真模拟建筑真实信息的技术。

BIM 存在一个集成的模型数据库中，所有内容之间都是相互关联的。参数化建模产生协调、内部一致并且可运算的建筑信息，这正是 BIM 的核心。正因为 BIM 模型所有的内容都是参数化和相关联的，所以对 BIM 模型的任何部分进行变更时都能引起相关构件的关联变更，包括剖视图、施工图、大样图都会自动变更。BIM 模型允许建筑的设计和图纸编制同步，在设计工作进行的同时动态生成项目的有关数据。BIM 参数化建模的目的是推行建设工程设计、施工和管理工作中的工程信息的模型化和数字化，以避免信息流失和减少交流障碍，它的特点是为设计和施工中建设项目建立和使用互相协调的、内部一致的及可运算的信息。基于 BIM 的参数化设计的特点可以归纳为以下三点。

(1) 面向关联的建筑对象。

它是通过具有一定规则形状的几何构件和相关参数进行模型搭建的，软件操作的对象是建筑的墙体、门、窗、梁、柱等建筑构件，而不再是以前绘图所面对的简单的点、线、面等几何对象。在计算机上建立和编辑的不再是一些毫无关联的点和线，而是能够代表建筑构件的物理参数属性。因此，面向建筑对象的参数化设计使得基于 BIM 的建筑设计更加清晰、直观。

(2) 交互式编辑。

使用 BIM 进行建筑设计就是不断设置和修改建筑构件的属性的过程。BIM 是由真实的建筑元素构件（墙、板、柱），并附加上非三维数据（数量、材料、描述、价格等）构成的。随着项目的不断深入，可以将设计到施工的所有工程相关信息如建筑材料、结构类型等设计信息，施工进度、施工节点成本、工程量、项目成本、工程质量及材料、人力、机械等施工信息，建筑维修管理、材料强度和耐久性等运营维护信息逐渐加入模型中，不断丰富模型的信息，最终形成一个完整的建筑信息模型。建筑信息模型能够实现连接、管理、使用建筑工程项目全生命周期内不同阶段的数据、资源的过程，能够完整描述工程项目信息，可被各个建设的参与方使用。在传统 CAD 设计过程中，只能对建筑进行简单的文字注释，而在参数化建筑模型设计过程中，可以对建筑构件的所有信息进行注释和编辑，并且这些信息相互关联。当对图纸的某一部分进行改动时，其对应的立面、剖面及各种报表等也将立即更新。BIM 的参数化建模的特点，使得所建立的模型包含了建筑的所有信息，为建筑信息模型的进一步应用创造了条件。

(3) 数据库共用。

在整个设计过程中，使用单一数据库可以提高数据的协同性和关联性，有利于设计变更时的图纸修改和信息追踪，提高图纸的准确性，减少错误的产生。这种基于同一数据库的设计方法在工程后期同样具有重要的意义和价值。比如，根据建筑信息模型中的信息可直接与建筑构件制造商联系，提前在工厂生产所需构件。这样可以保证产品的订购及时有效，确保施工进度严格按照计划进行，避免出现窝工等情况。在运营管理阶段，建立的模型数据库与物业管理系统及其他楼宇自动化系统集成，可以实现基于 BIM 的物业管理和设备自动化管理。

3) 建筑参数化设计

建筑参数化设计包括生成设计、算法几何、关联性模型等核心概念，其核心是生成算法 (Generative Algorithms)。生成算法是对平面或立体的几何生成过程的描述，其最终目标是以最快的速度和最少的步骤生成海量的包括建筑几何在内的各种数据，而实现这一目标的手段则是根据设定的算法在参数化软件中建立关联性模型 (Associative Model)，模型由不同的模块化单元组成，其结构表述为参数输入模块、调节控制模块、逻辑计算模块及数据输出模块。关联性模型一旦建立，通过参数的输入和调节，计算机将自动完成复杂的运算，并实时输出设计成果，如图 3.7 所示。

图 3.7 长沙梅溪湖国际文化艺术中心

建筑参数化设计的优势主要体现在以下几个方面：①BIM 能够协调图形和非图形数据，如视图、图纸、表格。如果其中任何构件进行移动，其他相连的建筑构件将进行实时更新。参数化建模固有的双向联系性，传递变动的特性，带来高质、协调一致、可靠的模

型，使得以数据为基础的分析过程更加便利。②可以充分结合设计者与数字技术的智能力量来实现对集合符号的生成、测评、修正和优化，从而得到更加符合设计者、使用者和环境要求的建筑形态。③可变参数带来的开放设计成果满足了建筑师对多种可预见因素的考虑，并使设计的客观性加强，使几何形态的生成成为参数控制的结果。通过设计程序的作用，输入参数控制值就可以在变化中生成相应的形态，甚至生成可控制但不可预见的几何形态。④在建造方面，它解决了标准化与单独定制的矛盾，借助智能工具，利用参数化手段使得重复性的标准化结构和量身定做的异形构件的生产代价之间的差别减小，同时也弱化了通过重复生产相同几何信息的构件以提高生产效率和降低造价的经济原则的重要性。

建筑参数化设计常用的方法有程序参数化方法和在线交互参数化方法，其中程序参数化方法是出现较早而又最常用的一种方法。程序参数化方法是和在线交互参数化方法相对应的一类方法，它允许用户或二次开发软件工程师采用系统提供的内嵌编程语言或二次开发语言接口来定义产品的参数化模型，并支持对参数化模型库的建立、管理和使用，用户可通过编程方法来建立自己的参数化设计模型和参数化标准库。在线交互参数化方法模型的生成和约束的施加是交互进行的，根据约束求解方式的不同，又可分为变量几何法、构造过程法、人工智能法、初等法。

4）结构参数化设计

基于BIM技术的结构参数化设计步骤如下：①初始化设计参数确定设计中所涉及的几何参数及力学参数，如结构的几何尺寸、物理性质、约束条件、荷载值等参数；②建立参数化BIM模型，根据前面确定的设计参数及业主提供的初始设计条件创建含有设计参数的BIM模型，BIM模型的修改可以通过修改参数值的方法实现；③建立参数化有限元模型，通过开发相应的数据接口，实现三维模型的传递，结合结构设计软件语言编写命令流，命令流编写过程中需对计算单元的选择、网格的划分、节点的位移约束及荷载的施加进行详细的研究；④结构有限元计算，对利用结构设计软件语言建立起的参数化模型进行求解计算；⑤设计结果后处理，输出结构的应力、应变、位移的数值及计算云图，判断运算结果是否满足设计要求，如不满足设计要求，则需修正设计参数并重复步骤①～⑤；⑥绘制施工蓝图，利用BIM模型的可出图性，生成施工蓝图及关键部位三维节点详图。

2. 结构找形

结构找形是基于结构成形规则，确定成形状态（目标状态或理想状态）的分析过程。在20世纪末，这一术语的使用开始在西方建筑学领域内呈爆发式增长，其形态应用范围远远超越了传统的结构范式，其实现手段也更加多样化和性能化，并且其不断更新的技术内核为建筑设计提供了源源不断的创新内涵。而人工智能与复杂性建筑、结构可变、结构可拆卸等新需求的融合，再一次激发了结构找形动能、价值体现和技术发展。

构成结构形态的基本要素为材料、几何、力，其体现在实体要素上是结构构件及构件的不同方式的组合。在外部环境的刺激下系统内部要素如何在保证性能的基础上调整和应变，从而生成在不同边界、不同约束和环境条件下，采用不同的技术逻辑和方法能够生成特定的、性能稳定的形态，随着边界和约束条件的改变，形态能够在性能稳定的基础上进行自我调整，自主地生成差异性的结构表现力。基于结构分析技术和优化技术，结构找形具有以下三种方法。

1）设计原型的模拟找形

向自然界的结构形态学习启发结构形态设计，是结构找形的最基础、最朴实、最普遍的方法。自然界系统中，生物种类与物种多样性产生的根本原因在于，其具备一套引导种群应对环境变化的生理反应的模型制，它决定了物种优胜劣汰的进化方向，因此其行为本身是一个自适应的过程。传统对纯形式的模仿可能造成力学机制和生成机制缺失，基于设计原型的模拟找形可体现生物生成机制，符合结构的力学传导机制和最优设计机制。

基于物理实验、计算机算法等模拟工具和结构分析工具，能够实现对动态的运行机制和受力后形态变化规律的模拟，结合结构分析技术，对自然界的自适应系统进行全面的了解和评估，实现对自然结构形态规律和差异性的把控，从而在向自然结构形态模拟的过程中拓展更多的、性能更稳定的形态可能。同时，借助结构分析技术，传统的形式模仿能够得到力学性能的验证、修正和评估。

2）设计推演的图解找形

图解是建筑设计的基础思维和主要手段之一，图解既具备对概念的解释性功能，又具备方案创新的生成性功能。当图解操作具备验证和评估力学性能的能力，同时又具备推演形态的生成性功能时，才可以成为结构形态适应系统的手段之一。在结构分析技术中，力学图解，如静力学几何图解弯矩图、应力图等都是基于长期研究分析和验证的基础上提出的，具有雄厚的理论基础和严密的技术逻辑，因此挖掘这些图解在设计推演中的生成性功能，可以作为建筑与结构共识性的重要方法。

在有计算机技术之前，结构师通常以图解和计算为主要手段进行结构形式的创新，基于静力学理论下的图解静力学，发展出了桁架结构的各种形态。借助材料力学理论下的弯矩图和应力图，又发展出了框架结构和壳体结构的各种形态等，因此图解分析技术本身就是结构形态创新的手段之一。基于计算机有限元分析技术，结构图解的内容和种类得到了扩展，并可与设计模型互动，即从先模型后图解，发展为先图解后模型，再到图解与模型的同步显示。这些图解技术既能够在结构找形设计的自我调整中进行性能的评估，同时又能够从内部激发新的响应机制进行形态创新。因此各类图解运用在设计的各个阶段，在形态的生成、调整和修改的整个过程中，进行适应性的推演创新。

3）优化设计的找形

优化设计本身既是系统适应下自我调整的手段之一，同时也是实现性能化指标的重要手段。由于优化是一个复杂的迭代、调整过程，需要计算力的协同，因此，传统设计中很少涉及结构形态优化，随着计算机跨学科技术工具的出现，结构优化技术已经不仅是土木工程专业的技术手段，而且是能够帮助建筑师在结构形态中进行性能化修正和形态创新的手段之一。

结构优化设计的基本任务，就是寻求一组结构的设计变量的最优值，使之既满足约束条件又能使目标函数极小。最常见的单目标结构优化设计问题用数学公式表示如下。

寻求所有设计变量的一组集合：

$$X=[x_1\ x_2\cdots x_n]^T$$

使目标函数

$$minf(X) \text{ 或 } maxf(X)$$

且满足约束条件

$$g_i(X) \leqslant 0 \quad (i=1, 2, \cdots, m)$$
$$h_i(X)=0 \quad (i=m+1, m+2, \cdots, p)$$
$$x_j^l \leqslant x_j \leqslant x_j^n \quad (j=1, 2, \cdots, n)$$

式中：X 为设计变量列向量；$f(X)$ 为目标函数；$g_i(X)$ 为不等式约束函数；$h_i(X)$ 为等式约束函数；x_j^l、x_j^n 为设计向量 x_j 取值的下限和上限。

如果一个设计变量列向量（设计点）$X=[x_1 \quad x_2 \cdots x_n]^T$ 能满足所有的约束条件，则称其为可行解或可行设计点（Feasible Design Point），所有可行解或可行设计点组成的集合称为可行域（Feasible Domain）。使目标函数值最小（或最大）的可行解就是最优解。

传统结构优化设计其实质是将优化问题转化为数学问题，包括选择设计变量，确定目标函数，建立约束方程等，因此存在动态适应性差，模拟过程难以可视化，中间过程难以控制等缺点。优化设计的找形可在不同边界、不同约束和环境条件下，采用不同的技术逻辑和方法生成特定的、性能稳定的形态，随着边界和约束条件的改变，形态能够在性能稳定的基础上进行自我调整，自主地生成差异性的结构拓扑和结构参数，具有生成过程的动态性、多样性和自适应性。

3. 计算生成设计

计算生成设计是基于建筑的功能、结构和形式需求，采用模拟计算、进化计算、机器学习等技术方法生成建筑结构设计的过程。根据生成方法的机理不同分为三类：基于规则系统的生成方法、基于深度学习的生成方法及基于群体智能的生成方法。

1）基于规则系统的生成方法

在基于规则系统的生成方法中，设计过程通常由以下四个过程构成：设计逻辑的参数化转译、设计条件的参数化建构、设计方案的多元化生成及生成结果的择优筛选。设计逻辑的参数化转译是将设计需要转化为形体演化规则，用数学公式或者几何关系表达的形式。设计条件的参数化建构是将建筑材料、结构拓扑、空间约束和设计条件转化为计算机可以进行存储与计算的形式，实现设计的模型映射，当设计条件或者生成的规则发生变化时，参数化系统随时发生改变，生成的模型随之发生改变。设计方案的多元化生成是将设计条件作为输入参数，通过生成工具产生设计结果的过程，设计条件与生成模型之间存在数据映射关系，数据映射的互馈性是实现方案多元化输出与生成结果择优筛选的基础。优化是为了达到某一项或多项具体的性能需求，通过调整建筑设计过程中的各项控制参数，使性能满足设计的需求。根据性能指标数目的不同，优化可分为单目标优化与多目标优化。最后，在生成结果中择优筛选。

2）基于深度学习的生成方法

在基于规则系统的生成方法中，规则通常由设计师根据建筑的功能组织、形态结构等设计逻辑来制定，进而将规则编写为计算机代码以指导建筑的生成。随着机器学习技术的不断发展，计算机逐渐可以通过大量的样本学习自行找到输入与输出数据之间的映射关系，进而建立起设计规则及其内部参数。由于这种方法的原理和工作流程都与传统的规则系统方法相异，因而将之归为一种全新的生成方法。

3）基于群体智能的生成方法

基于群体智能的生成方法是依赖大量个体通过自组织、自适应、自学习等行为，经过不断地演化，最终形成比较稳定的群体分布，是一种自下而上的生成方法，以多主体系统和元胞自动机为代表。为了获得全局近似最优解，往往采用基于个体智能的模拟退火算法或者基于群体智能的粒子群算法、蚁群算法及遗传算法。不同的优化算法适用于解决不同的问题，蚁群算法适合用于解决最短路径问题，而粒子群算法不适合处理参数耦合情况，在面对建筑性能优化的问题时，遗传算法与模拟退火算法的应用最为广泛。

本章小结

智能规划和智能设计是基于知识工程和智能算法寻找解决问题的路线、方法和方案，前者面向宏观性问题，后者面向微观性问题。本章共有两节，3.1介绍了智能规划的概述及智能规划在土木工程中的应用。3.2介绍了智能设计的概述及智能设计在土木工程中的应用。

复习思考题

1. 简述智能规划的概念。
2. 简述经典规划的主要内容。
3. 简述非经典规划的主要内容。
4. 简述基于蚁群算法的建筑消防疏散路径规划的主要内容。
5. 简述智能设计的概念。
6. 简述智能设计的主要内容。
7. 简述智能设计系统的主要内容。
8. 谈谈你对参数化设计的理解。
9. 简述建筑参数化设计的主要内容。
10. 简述结构参数化设计的主要内容。
11. 简述结构找形的主要方法。
12. 简述计算生成设计的主要内容。

第4章 智能生产

思维导图

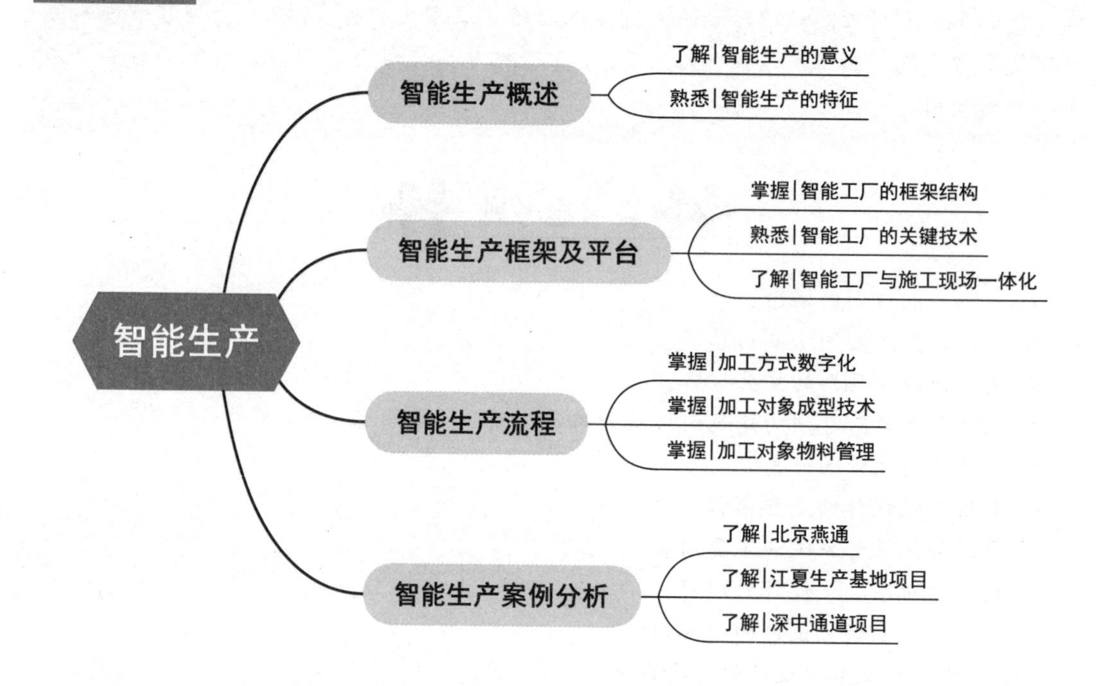

4.1 智能生产概述

4.1.1 智能生产的意义

智能生产，是一个由制造业引入建筑领域的全新概念，主要是基于物联网、BIM 技术和 3D 打印技术来完成的，3 种技术发展的成熟度和在实际施工过程中的适用性决定了智能生产能否在建筑建造过程中得以实现。物联网在智能生产中的作用是信息搜集和信息传输，其核心是 RFID 技术。而 RFID 技术已经发展得较为成熟，且在现实生活中多有运用。BIM 技术是智能生产的“神经中枢”，在施工过程中，BIM 技术可实现对项目的设计、施工进度和成本等多维度的信息模拟，足以满足建筑建造中智能生产运用的需求。与传统建造方式相比，智能生产在技术性角度上，具有较高的先进性。

智能生产的最终目的是使得建筑建造在工业化的基础上，与信息化深度融合，达到全程的智能化。与传统建造方式相比，建筑智能生产缩短了建造周期，工期的缩短可节省大量的施工阶段的人工成本。人工成本在住宅建造过程中占据的份额越来越大，而智能生产的引入，使得在同样的工程量下，人工的使用量大大降低，进一步降低了人工成本。智能生产在经济性角度上有不可比拟的优势。

4.1.2 智能生产的特征

智能生产实质上是一个智能化集成制造系统，将建筑构件设计的信息流、优化管理的数据流等虚拟网络信息与实际生产过程集合成一个整体，把工业化和信息化融合到一起，得以实现具有“人工智能”的特性。智能生产的主要特征如下。

（1）生产现场无人化，真正做到“无人”工厂。

工业机器人、机械手臂等智能设备的广泛应用，使工厂无人化制造成为可能。数控加工中心、智能机器人和三坐标测量仪及其他柔性制造单元，让“无人工厂”更加触手可及。

（2）生产数据可视化，利用大数据分析进行生产决策。

当下信息技术渗透到了制造业的各个环节，条形码、二维码、RFID、工业传感器、工业自动控制系统、工业物联网等技术广泛应用，数据也日益丰富，对数据的实时性要求也更高。这就要求企业应顺应制造的趋势，利用大数据技术，实时纠偏，建立产品虚拟模型以模拟并优化生产流程，降低生产能耗与成本。

（3）生产设备网络化，实现车间“物联网”。

物联网是指通过各种信息传感设备，实时采集任何需要监控、连接、互动的物体或过程等各种需要的信息，其目的是实现物与物、物与人、所有的物品与网络的连接，方便识别、管理和控制。

（4）生产文档无纸化，实现高效、绿色制造。

构建绿色制造体系，建设绿色工厂，实现生产洁净化、废物资源化、能源低碳化，是我国“智能制造”重要战略的内容之一。传统制造业在生产过程中会产生大量的纸质文件，不仅产生浪费问题，也存在查找不便、共享困难、追踪耗时等问题。实现无纸化管理之后，工作人员在生产现场即可快速查询、浏览、下载所需要的生产信息，大幅降低基于纸质文档的人工传递及流转，从而杜绝了文件、数据丢失，进一步提高了生产准备效率和生产作业效率，继而实现绿色、无纸化生产。

（5）生产过程智能化，智能工厂的“神经”系统。

推进生产过程智能化，通过建设智能工厂，促进制造工艺的仿真优化、数字化控制、状态信息实时监测和自适应控制，进而实现整个过程的智能管控，是“中国制造 2025”的重大战略。在机械、汽车、航空、船舶、轻工、家用电器和电子信息等行业，企业建设智能工厂的模式为推进生产设备（生产线）智能化，目的是拓展产品价值空间，基于生产效率和产品效能的提升，实现价值增长。

4.2 智能生产框架及平台

4.2.1 智能工厂的框架结构

实现智能生产，必须依托智能工厂的合理架构。在自动化工厂基础上，通过运用信息物理技术、大数据技术、虚拟仿真技术、网络通信技术等先进技术，建立一个能够实现智能排产、智能生产协同、设备智能互联、资源智能管控、质量智能控制、支持智能决策等功能的高度灵活的个性化、数字化、智能化的产品与服务的生产系统，贯穿产品的原料采购、设计、生产、销售、服务全生命周期。

智能工厂与传统工厂的比较如表 4-1 所示。

表 4-1　智能工厂与传统工厂的比较

名称	智能工厂	传统工厂
经营模式	产品 + 服务	产品
制造系统	各系统模块无缝连接，构建一个完整的智能化生产系统	各系统模块间连接程度较低，信息传递效率较低
制造车间	基于数字化＋自动化＋智能化实现设备与设备、设备与人互联互通	绝大部分设备不能实现互联互通，自动化程度低
过程分析	实现数据采集分析、信息流动、产品和设备检测自动化	大部分统计、检测、分析等工作依旧靠人工完成

续表

名称	智能工厂	传统工厂
虚拟仿真	虚拟仿真技术在从产品设计到生产制造，再到销售的整个产品生命周期中使用，与实体工厂相互映射	仿真程度较低，侧重于产品研发阶段；与实体工厂关联性较低
企业数据	数据来源多元化、数据量大；强调动态、静态数据的实时采集、分析、使用	数据多是静态数据；数据量较小；数据采集、分析、使用响应较慢

国外智能工厂的发展

智能工厂具有丰富的内涵，不同行业的智能工厂需要建立不同的智能工厂框架结构。从制造业生产模式角度归类出三种智能工厂框架结构模式：①在流程制造领域，从生产过程数字化到智能工厂；②在离散制造领域，从智能制造单元到智能工厂；③在消费品领域，从个性化定制到互联工厂。从数据角度归类出自下而上的三层次智能工厂框架结构：①整合工厂数据，实现数据共享；②通过虚拟仿真技术对数据进行分析处理，实现产品定制；③改变现有商业模式。

基于现场层、控制层、操作层、管理层和企业层，智能工厂框架结构如图 4.1 所示。

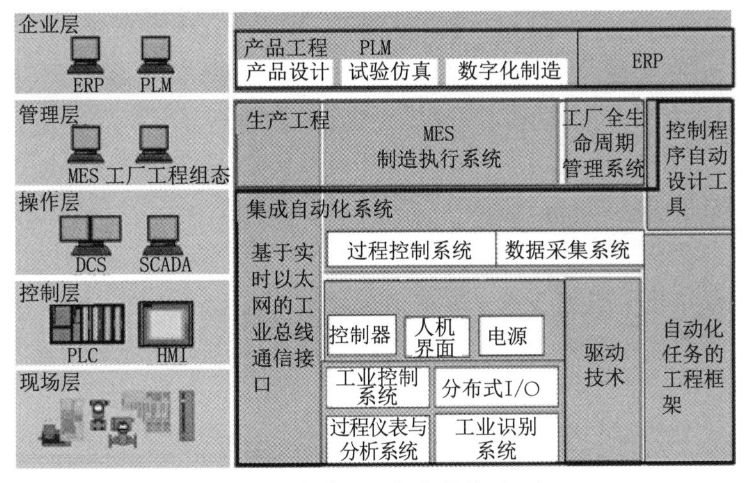

图 4.1　智能工厂框架结构（一）

基于大数据技术、虚拟仿真技术、网络通信技术，智能工厂框架结构如图 4.2 所示。

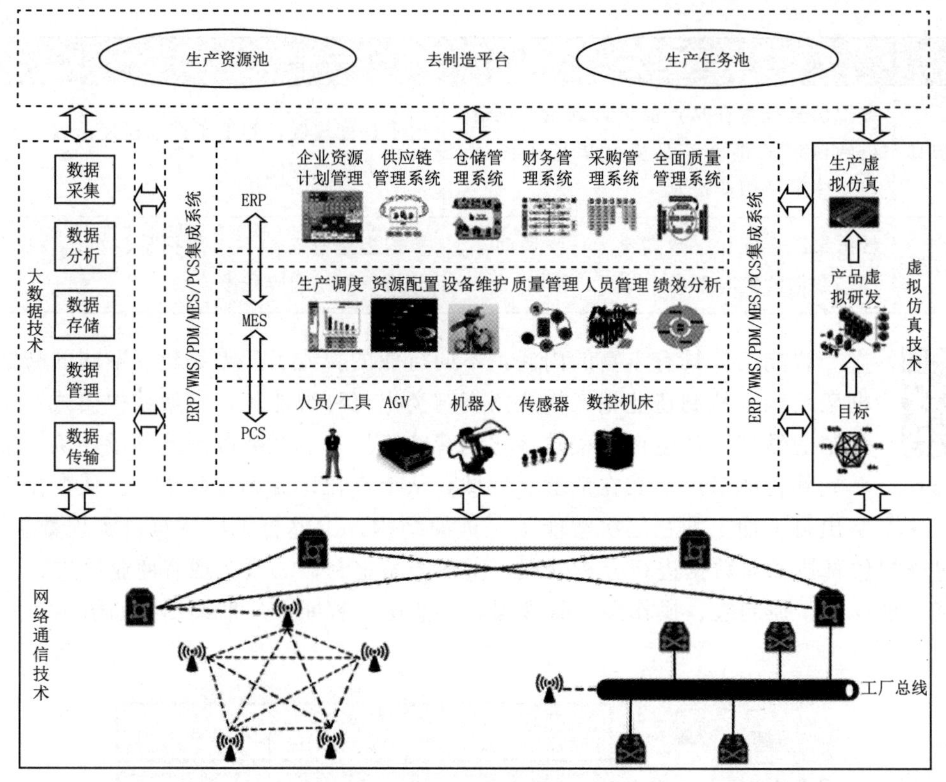

图 4.2　智能工厂框架结构（二）

4.2.2　智能工厂的关键技术

智能工厂是一个以大数据技术、虚拟仿真技术、人工智能技术等为基础构建的 PCS 系统智能化生产有机体。智能工厂的大数据技术、虚拟仿真技术、实体工厂之间的关系如图 4.3 所示。

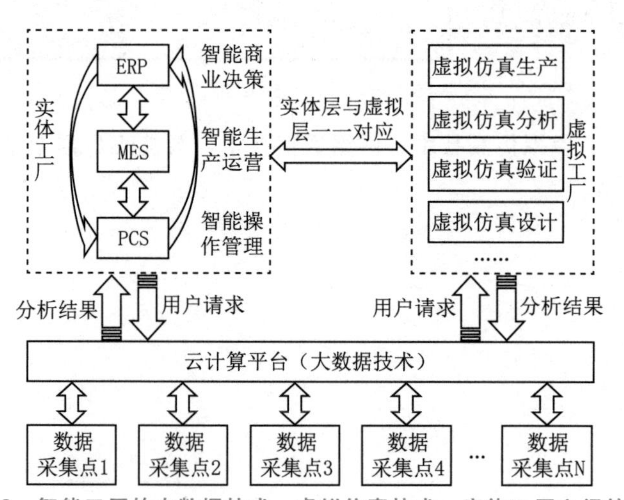

图 4.3　智能工厂的大数据技术、虚拟仿真技术、实体工厂之间的关系

1. 大数据技术

智能工厂在其运行过程中会产生大量的结构化、半结构化、非结构化的确定性和非确定性数据。大数据技术贯穿了整个智能工厂和智能制造体系，为各模块的数据采集、分析、使用等提供了解决方案。

1）数据采集技术

制造业在正常生产中会产生和需要多种数据，一部分包括需要实时采集的动态数据，另一部分包括储存在数据库中的静态数据。智能工厂数据分类如表 4-2 所示。

表 4-2　智能工厂数据分类

数据类型	具体数据	数据来源
动态数据	生产计划、设备运行参数、产品加工状态参数、产品工序实时加工参数、在制品数量、生产环境参数、库存数量等	智能传感器、智能机床、机器人、AGV 等
静态数据	人员和设备基础信息、供应商和客户信息、产品模型和生产环境标准参数、生产工艺指导参数、设备校正标准参数等	生产系统数据库

数据采集是建设智能工厂的第一步，其关键是对动态数据的采集。目前主要的数据采集技术有 RFID 技术、条码识别技术、视音频监控技术等，这些先进技术的载体则主要是传感器、智能机床和机器人等。

2）数据传输技术

现有的数据传输方式主要分为有线传输和无线传输。有线网络传输的发展比较完善，但有线传输方式不适合工厂内移动终端设备的连接需求。目前无线传输方式主要有：ZigBee、Wi-Fi、蓝牙、超宽频 UWB 等。RFID 技术也是无线传输的一种，目前在制造业中已有广泛应用，如制品管理、质量控制等。但无线传输可靠性差、传输速率低，同时受困于频谱资源。数据传输可靠性是智能工厂顺利运行的保障，目前主要手段有重传机制、冗余机制、混合机制、协作传输、跨层优化等。

3）数据分析技术

工业大数据分析手段是具有一定逻辑的流水线式数据流分析手段，强调跨学科技术的融合，包括数学、物理、机器学习、控制和人工智能等。智能工厂中对设备控制与维护、生产过程监控等的判断都基于数据分析，科学有效的数据分析技术对智能工厂的智能化建设具有重要意义。大数据分析技术是伴随着云计算的出现而出现的。典型数据处理系统如表 4-3 所示。

表 4-3　典型数据处理系统

数据处理方式	代表性系统
批量数据处理	GFS 系统、Mapeduce 系统、HDFS 系统
流式数据处理	LinkedIn 开发的 Kafka 系统、Twitter 开发的 Storm 系统
交互式数据处理	Berkeley 开发的 Spark 系统、Google 开发的 Dremel 系统
图数据处理	Google 开发的 Pregel 系统、Neo4j 系统、微软开发的 Trinity 系统

大数据分析技术将智能工厂运作中采集到的数据转化为信息，数据分析后以何种形式呈现也会直接影响到用户服务体验，而可视化技术将极大地帮助解决该问题。可视化技术根据使用要求可以分为文本可视化、网络可视化、时空数据可视化、多维数据可视化等。目前可视化技术面临的主要挑战体现在可视化算法的可扩展性、并行图像合成算法、重要信息提取和显示等方面。

2. 虚拟仿真技术

通过虚拟仿真技术可实现产品设计、产品仿真、生产运行仿真、三维工艺仿真、三维可视化工艺现场、市场模拟等流程的数字化管理，构建虚拟工厂。虚拟仿真技术在制造业中迎来了快速发展，不仅用于产品设计、生产过程的试验、决策、评价，还用于复杂工程的系统分析。为满足未来大数据时代下智能工厂的使用需求，虚拟仿真技术着重突破 MBD 技术、仿真系统架构、仿真模型三个环节。基于大数据的虚拟仿真技术架构图如图 4.4 所示。

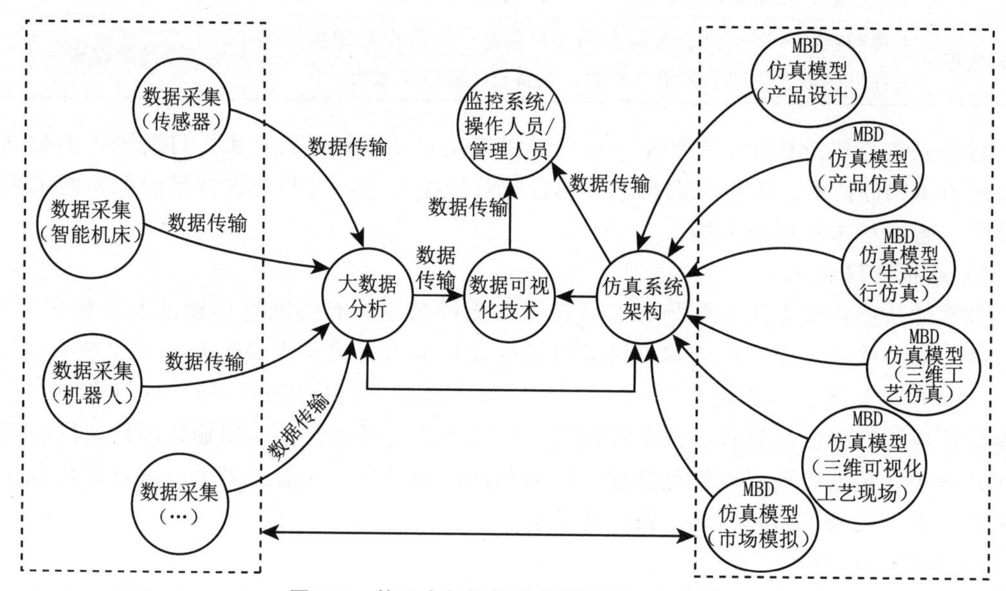

图 4.4 基于大数据的虚拟仿真技术架构图

3. 人工智能技术

在人工智能技术的配合下，人机之间可实现互联互通、互相协作的关系，使得机器智能和人的智能真正集成在一起。人工智能主要体现在计算智能、认知智能、感知智能三个方面。大数据技术、核心算法是助推人工智能的关键因素，驱动人工智能从计算智能向更高层的认知智能、感知智能发展。在智能工厂研究中，按关键词数量排前五的依次为：人工智能、机器人、机器视觉、计算机视觉、机器学习。综合人工智能技术发展及研究，人工智能技术体系包括机器学习、自然语言处理、图像识别三个模块。

4.2.3 智能工厂与施工现场一体化

数字建筑是融合了智能工厂和施工现场的一体化“数字生产线”。通过智慧调度系统可以充分链接工厂与施工现场，以现场工业化施工驱动工厂工业化生产，通过工厂工业化生产，实现节能、环保、提质和增效，通过现场工业化施工，满足个性化施工及建筑的定制需求。通过智能工厂与施工现场一体化最终实现全产业链协同与柔性生产。

在建造准备阶段，智慧调度系统基于客户个性化需求，快速实现对工厂产能、项目现场资源的模拟试算，并自动进行任务智能排程，自动生成相关联的生产、运输、施工任务，并按任务之间的搭接关系，分发给相关单位及责任人。

施工现场管理人员通过工序及末位计划驱动现场的流水化作业，并联动工厂工业化的生产线，分析工厂物料、模具等资源，智能进行排产和生产调度，并生成物料采购计划、备料清单等。基于 BIM 模型，加工数据可无缝传递到数字化加工设备，例如数控机床、3D 打印机等，进行自动化的数字加工和柔性生产。各个工厂的生产进度及生产状况都实时反馈到智慧调度系统，智能分析判断是否需要调整生产计划和资源配置。智能工厂如图 4.5 所示。

图 4.5 智能工厂

物流调度任务由智慧调度系统根据工厂、施工现场需求自动生成合理运输方案，并将运输任务发送给相关的运输单位。一方面要保障及时运输到场，另一方面要保障构件到场顺序满足施工要求，实现运输产能最大化。运输单位在进行装车时，通过扫描内嵌构件中的 RFID 或电子标签，对运输物品进行识别和确认。通过平台对构件或材料的运送过程进行全时跟踪，实时获取运输车辆位置及运输物品动态信息，对运输过程中可能出现和已经出现的状况进行分析与预测，并及时调整方案或启动应急预案，保障施工现场不受影响。

施工现场作业也是工业化流水线作业，施工现场作业以任务包的形式由平台的智能调度系统进行统一管理，并基于标准化工艺工法进行流水化作业。构件、部品部件送达现场后，通过智能设备进行进场检验，并及时反馈给施工作业人员。施工过程通过智能机械设备，甚至是机器人进行现场装配与施工作业。现场施工装配完成后，完成情况不仅会反馈到智慧调度系统，同时还会由智慧调度系统分析判断是否对后续的生产、运输、安装工作计划进行优化，从而形成从构件、部品部件的生产、运输到施工交付的闭环控制，实现厂场联动。

在数据驱动的智能工厂中，存在着一明一暗两条生产线，即物理生产线和数字生产线。在物理生产线，通过引入数控机床、机械手臂等先进生产设备，可以实现生产设备的自动化。在数字生产线，通过物联网、大数据分析、人工智能等数字技术的赋能，可以实现生产前的智能排程、生产过程中的智能调度等数字生产线自动化，如图 4.6 所示。通过数据流动的自动化驱动生产设备的自动化生产是智能工厂的生产逻辑，数据驱动、柔性自动化的精益生产是智能工厂的显著特征。

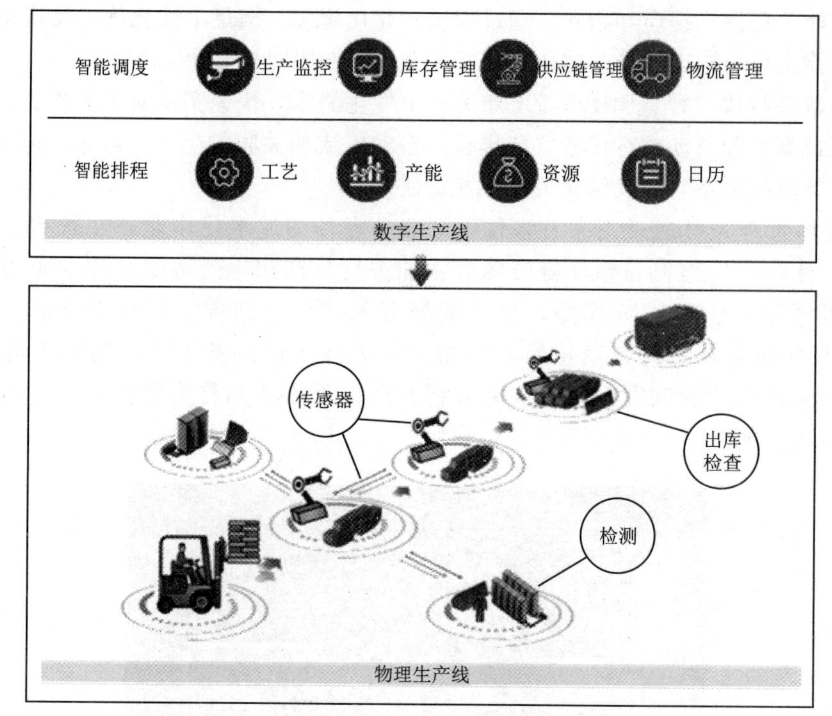

图 4.6　智能工厂数字生产线自动化生产场景

4.3　智能生产流程

4.3.1　加工方式数字化

3D 激光扫描突破了单点测量的方式，扫描出对象的空间模型，对其三维形状、位置、尺寸均可以进行精确度量。运用这个特性，在预制构件生产阶段，用 3D 激光扫描仪代替传统测量方法，对钢模具的尺寸和变形、预制构件尺寸偏差进行测量，以提高测量精度和效率。用 3D 激光扫描仪对模具和构件扫描后，形成空间点云模型，分别与其标准模型对比，得出模具变形位置和大小，以及构件尺寸偏差。运用分析结果，指导日常生产活动中模具的养护和更换，以及预制构件的抽查。

以预制构件为研究对象，在构件生产厂内，对预制梁、预制叠合板、预制墙板的模具和构件进行抽样扫描。通过对扫描结果的分析，研究 3D 激光扫描技术在预制构件质量控制中的适用性，并对预制构件生产进行指导。根据研究内容，确定实施流程包括外业扫描和内业数据处理两部分。外业扫描是指用 3D 激光扫描仪分别对模具和构件进行扫描，获取数据。根据模具使用次数和构件产出数量，确定外业扫描的频率为两周一次。内业数据处理是指经过三维建模、点云建模、点云比对分析和制图等过程，得出模具变形情况，以及构件尺寸偏差。

1）模具扫描

现场踏勘及确定扫描方式：针对模具不同的形状和使用需求，确定扫描需要的站数，以扫描站数少为宜。现场观察模具和构件摆放，确定扫描方式和是否需要标靶球。现场梁模具（图 4.7）摆放在厂房平整地面上，叠合板和预制墙板的模具（图 4.8、图 4.9）摆放在模台上。预制好的梁构件和叠合板分层码放，预制墙板竖直放置。

图 4.7　梁模具

图 4.8　叠合板模具

图 4.9　预制墙板模具

设置标靶及整平测量：采用标靶球为标靶，两站之间设置 3～4 个标靶球，如图 4.10 所示。布置好标靶球，架设 3D 激光扫描仪，调平，设置参数，进行外业扫描。

（a）梁模具

（b）板模具

图 4.10　设置标靶球

对于梁模具，数据收集目标为模具的内侧，扫描数量为两套，共需扫描 4 站，如图 4.11（a）所示；对于预制墙板模具，数据收集目标为模具的内侧，扫描数量为两套，每套需扫描 1 站，如图 4.11（b）所示；对于叠合板模具，数据收集目标为模具的内侧，扫描数量为两套，每套扫描两站，如图 4.12 所示。

（a）梁模具

（b）预制墙板模具

图 4.11　梁模具、预制墙板模具 3D 激光扫描

（a）调整3D激光扫描仪

（b）叠合板模具对角处站点扫描

图 4.12　叠合板模具 3D 激光扫描

2）构件扫描

构件的外业扫描方式与模具扫描作业方式相同。对于梁，每套模具生产的梁为分离的两部分，分别对其进行扫描，共需扫描 4 站，如图 4.13 所示；对于叠合板，由于放置原因，数据采集区域为叠合板的侧面，采集同一套模具生产出的叠合板，共采集 3～4 块，每块需扫描两站，如图 4.14 所示；对于预制墙板，由于存放时为竖向放置，数据采集区域为墙板的内外两侧，采集同一套模具生产出的墙板，共采集 3～4 面墙板，每面墙板需扫描两站，如图 4.15 所示。

图 4.13　梁构件 3D 激光扫描

图 4.14　叠合板构件 3D 激光扫描

图 4.15　预制墙板构件 3D 激光扫描

3）数据处理和分析

数据处理和分析的基本流程包括：数据复制—数据降噪—数据拼接—数据导出—对导出的点云模型进行处理—导入设计模型—点云模型与设计模型叠加对比—提取对比数据。以下分别对梁、叠合板、内墙板模具，以及梁、叠合板、内墙板构件，选取有代表性的几组数据进行分析。

导出点云模型。根据梁模具的标准尺寸建立初始梁模具模型，如图 4.16 所示。对外业扫描数据导出整理，生成梁模具点云模型，如图 4.17 所示。将两个模型进行叠加对比分析，即可得出实测模具的变形情况。内墙板构件变形分析需根据内墙板构件变形云图，通过模型叠加对比分析，即可得出内墙板构件变形云图，如图 4.18 所示。

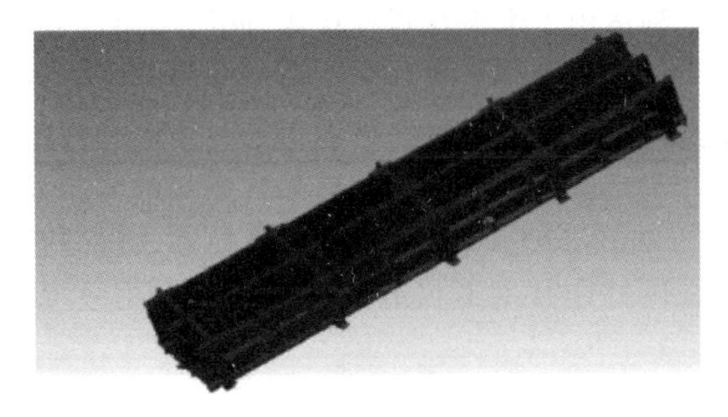

图 4.16　初始梁模具模型

图 4.17　梁模具点云模型

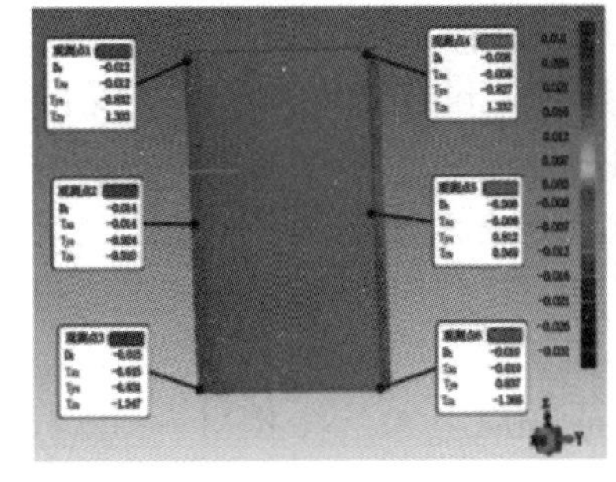

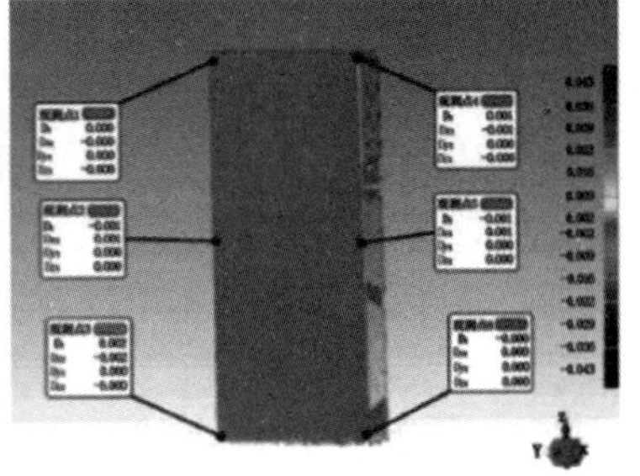

图 4.18　内墙板构件变形云图

4.3.2　加工对象成型技术

加工对象数字化之后，需要通过 3D 打印技术等数字化加工技术，将模型制作成物理实体部件。BIM＋数字化加工技术集成意味着将 BIM 模型中的数据转换成数字化加工所需的数字模型，使设备根据该模型进行数字化加工。为此，一般需要通过特定的步骤，从 BIM 模型中提取加工作业所需要的尺寸、数量等参数，并转换成规定的格式后直接传输到加工设备。当加工设备接收到相关数据后，会按照设定的工序和工步组合和排序，自动选择材料、模具、配件和用料数量，计算每个工序的机动时间和辅助时间，形成加工计划，并按计划进行加工。

1. BIM 3D 打印技术

1）BIM 3D 打印技术概述

将 BIM 技术与 3D 打印技术相结合，可以用 BIM 技术负责建筑项目的设计阶段管理，在施工阶段与3D打印技术相结合，直接打印出所需建筑构件或成型建筑，再进行组装或“打磨修理”。在此阶段，BIM技术为3D打印技术提供建筑模型，经过数据处理系统生成3D打印路径与步骤，3D打印设备按照此路径进行相应的打印，最后进行项目的运维阶段管理。将BIM技术与3D打印技术相结合，不仅能很好发挥出各自技术的优势，而且能保证建筑建造过程的低能耗和高效率，能够实现绿色环保并获得高收益。

2）BIM 3D打印技术的特点与分类

BIM 3D打印技术是为建筑行业适应未来发展而提出的新方法，具有自己的优势与特点，BIM 3D打印技术克服了建筑行业现有的不足与缺失，充分利用信息技术的优势，形成特有的理论和方法，是先进理论和先进技术的集成。

建筑3D打印起源于Joseph Pegna提出的一种适用于水泥材料逐层累加并选择性凝固的自由形态构件的建造方法。3D打印技术是一种基于三维模型数据，采用分层制造、逐层叠加的方式形成三维实体的技术，即增材制造技术。根据材料和打印工艺也可划分成以下3类：基于混凝土分层喷挤叠加的增材建造方法、基于砂石粉末分层黏合叠加的增材建造方法和大型机械臂驱动的材料三维构造建造方法。3D打印技术涉及信息技术、材料技术和精密机械等多个方面，与传统行业相比，3D打印技术不仅能提高材料的利用效率，还能用更短的时间打印出比较复杂的产品。

3）3D打印混凝土集成建筑技术

3D打印建筑利用经过特殊玻璃纤维强化处理过的混凝土材料进行作业，这种材料强度和使用年限大大高于普通钢筋混凝土，并且可以随意填充保温材料，任意设计墙体结构，一次性解决墙体的承重结构问题，造价便宜，建造速度快，对环境污染小，节省材料，还可以重复搬运使用；而集成建筑是以专业化大工厂和社会化协作的生产方式，将建筑部件加以装配集成，为市场提供终极完善产品的全新建筑体系，集成建筑中水电管线和装饰装修也可以预先在工厂裁剪成通用配件。将3D打印技术与集成建筑相结合，能够缩短产品制造周期，降低成本。

实现3D打印混凝土装配式建筑的核心就是BIM技术。在BIM与3D打印技术的融合创新中，需要先用BIM软件建立模型，然后转化成STL文件并对相关数据进行分析后，用3D打印机按照相应路径进行打印，这中间一旦路径规划完成，相应的三维模型也会在BIM软件中直观显示，便于进一步对打印过程进行监控和完善。而在3D打印的运行流程中，首先通过机械臂将放有混凝土拌合物的装置按照打印代码运行，将BIM模型图逐层打印直接生成建筑实物；同时，打印过程中的实时数据也会传输到BIM管理平台上，实现对3D打印混凝土装配式建筑生产过程中的质量、工期、成本的可视化、动态化的全程管理。

2. 在线3D打印平台

最近几年，3D打印技术发展迅猛，催生了不少相关产业，基于互联网的在线3D打印平台就是其中之一。目前国内在线3D打印平台主要有魔猴网、3D造、3D工场等。

1）魔猴网

魔猴网以3D打印和3D数据处理技术为基础，充分利用互联网和云端资源，通过互联网技术与3D打印技术的结合，让大众享受到3D打印技术革命带来的便利。消费者提出需求后，魔猴网可以通过其平台资源库及专业设计师与用户实现有效对接，并通过其自身的硬件优势快速将创意和想法变为现实。其主要业务包括 3D 扫描、云 3D 打印、3D 设计及 3D 后处理等。它支持 30 余种 3D 打印材料，如 PLA、光敏树脂、金属、ABS、陶瓷等。

2）3D 造

3D 造提供了大量高品质的 3D 数据模型，通过在线 3D 工具，为设计师提供全方位的支持，让 3D 打印充分辅助设计工作。同时，它为大众用户提供技术支持，用户即使不会应用 3D 设计软件，也可以享受到 3D 打印带来的便捷。其设备来自母公司先临三维旗下的多种类型的 3D 打印机，以及德国 EOS（2016 年，全球金属 3D 打印机出货量第一）的 3D 打印机，包含了桌面级 3D 打印机和工业级 3D 打印机。

3）3D 工场

3D 工场提供上传文件打印、智能报价、三维模型库、专业设计师建模等服务。下单流程与其他平台大同小异，都需要用户上传文件、选择材料，然后解析模型并给出报价，下单后服务商打印模型并快递给用户。3D 工场网络平台供应商可以为用户提供 ABS、光敏树脂、陶瓷、尼龙、金属等多种 3D 打印材料，丰富度适中。3D 工场以速度快为特色，网络平台供应商最快可以在 12 小时内为用户完成 3D 打印产品。

目前，主流 BIM 建模平台（如 Revit）都可以支持以上在线 3D 打印平台所需的格式。

3. 数字化管线加工

随着 BIM 技术的发展，精细的管道模型开始应用于工厂化预制，将精准化的模型转换为预制加工模型，运用预制加工软件自动分段设置综合支吊架，导出预制加工数据，生成含二维码的材料清单、导出支吊架放样点、生成三维安装示意图等，将材料清单输入到管道自动化生产线自动化生产，进行二次加工后，即可生产出与 BIM 模型高度契合的管道、管件成品，这就是数字化管线加工。管道、管件成品经质量验收后，粘贴二维码运至施工现场；运输至现场后，扫描验收录入物资管理系统，根据二维码运至模型指定的位置；在施工安装现场，采用测量机器人放样定位，实现高效精准的安装。

管线系统的加工与现场安装工作的分开，意味着更加合理的工作界面划分、人员机具配置，以及更高质量的预制件产品和更大经济效益的安装模式的形成，而这一模式符合当前绿色节能、低碳环保的发展需求，未来也将成为建设行业发展的主要模式。

BIM 技术在管线预制加工中应用的核心在于提取和集成 BIM 数据，形成预制加工全过程的 BIM 数据库，基于该 BIM 数据库实现快速设计与建模，并将深化设计、预制加工、材料管理、物流运输、现场施工等各工作环节有效链接；各参与方在终端进行信息的录入和修改，并在云端进行信息的集成，实现多参与方协同合作。

管线预制加工中 BIM 技术与数字化加工的集成原理主要包括以下三个方面。

（1）BIM 数据提取及集成。通过建立有效的协同平台，规范数据的读取及录入，建立 BIM 数据库。在实施阶段根据需要从 BIM 数据库中提取有用的信息，设计处理完成后将数据再集成到 BIM 数据库，保证数据的一致性，避免了传统模式中的重复性工作及工序间的信息缺失。

（2）BIM 的管道半自动化设计。采用自动建模与手动建模相结合的 BIM 建模方式，通过创建构件部品部件库，梳理优化管道拼装原则，实现模块化 BIM 的自动绘制，在自动建模的基础上也提供用户手动修改的途径，实现高效且灵活的建模。设计完成后，可根据需要自动导出材料表及深化设计后的成套图纸。此种方式跟传统方式相比大大减少了深化设计及出图的工作量，提高了深化设计的效率。

（3）状态可视化标识设计。在工程中，预制管段、支架和管组的设计状态是非常重要的指标，可通过对设计完的管段、支架和管组指定不同颜色来区分，具体做法是：建立构件实体在不同设计状态下的颜色状态标识表，不同阶段的设计操作人员结合颜色状态标识表录入信息，及时将管线所处的设计状态显示在管理平台中。此种做法比传统的管控更加直观快捷，方便全过程的及时管控。

三星CUB管道设备安装项目利用BIM技术进行管道及钢结构的预制加工控制。通过BIM综合文件（图4.19）检查出原设计图纸的问题，进行优化和查漏补缺，并交给施工班组进行预制加工，减少了高空作业量，提高了管道安装质量。利用该技术为项目节约成本6.25％，返修率的降低也保证了施工质量。

图4.19　BIM综合文件

4. 数字化钢结构加工

BIM技术与数字化加工在钢结构数字化加工中的集成应用原理可分为BIM的深化设计、钢结构数字化加工两个层面。

1）BIM的深化设计

（1）标准化的施工数据。确保施工数据的有效性，提供高兼容性的信息载体，是对作为数据链源头的深化设计成果的基本要求，其通过深化设计建模标准化和模型数据导出标准化两个方面的标准化管理实现，从而为下游提供标准化的施工数据。深化设计建模标准化主要体现在钢材牌号、型钢截面、板拼截面、零构件属性（状态）等标识的统一。例如，制定“材料截面类型命名标准化”，便于对零构件进行类型划分；制定“零件前缀属性命名标准化”，便于合理调配相同类型零件的生产资源；制定“构件名称属性命名标准化”，便于对相同类型的构件进行成本归集等。

模型数据导出标准化主要体现在对图纸的表达、输出、整理、存档等方面进行标准化过程管理。

（2）多元化的施工数据。传统的信息交流主要依靠二维平面图纸，图纸表达的准确与否与绘图者有密切的关系，同时绘图者与读图者对于信息的理解也存在差异，信息传递的成本很高。随着信息技术的发展，深化设计也可以为下游提供更为多元化的数据。如

图 4.20所示，基于 BIM 技术的深化设计模型以更为直观的方式展现了零构件的结构；数控文件（NC）模型则直接将深化设计与数字化加工联系起来；CAD 图纸文件将标准化的数据固化在图纸上；材料详细清单文件提供了数字化的施工信息，为下游提供了多种信息查看的方式。

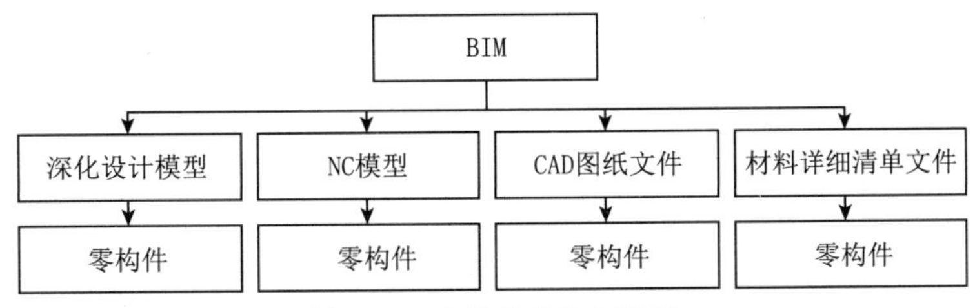

图 4.20 多元化的施工数据

(3) 关联化的施工数据。在深化设计软件中，模型、图纸、清单等是相互关联的，选中模型就可以快速地查看对应的图纸、清单等，这些操作在深化软件中是非常便捷的。但是施工信息在流向下游以后，这种关联性就被人为地降低了，例如，通过手工翻阅、查找，或者从浩繁的数据表格、图纸包中寻找，这种查询方式的效率极低。而通过 BIM 技术与数字化加工的结合，将关联化的数据延续到施工的全过程，在任何阶段都可以通过 BIM 平台关联查看，通过 BIM 的构件号将模型、安装图纸、制造图关联起来。各类数据的有机结合，突破了传统信息交流模式中信息沟通的障碍，以更为直观的方式向施工人员展示了工程信息，为钢结构数字化加工建立了模型基础。

2）钢结构数字化加工

钢结构数字化加工使用的原始数据信息可以直接从 BIM 中提取，这些数据包含：零件的属性信息，如材质、零件号等；零件的可加工信息，如尺寸、开孔情况等。如图 4.21所示，钢结构数字化加工使用的材料信息可以直接从企业的物料数据库中提取，通过二次开发连接企业的物料数据库，调用物料库存信息进行排版套料，对排版后的余料进行退库管理。排版套料结束后，根据实际使用的数控设备选择不同的数控文件格式，对结果进行输出，同时此结果又可以反馈到 BIM 中，对施工信息进行添加和更新操作。

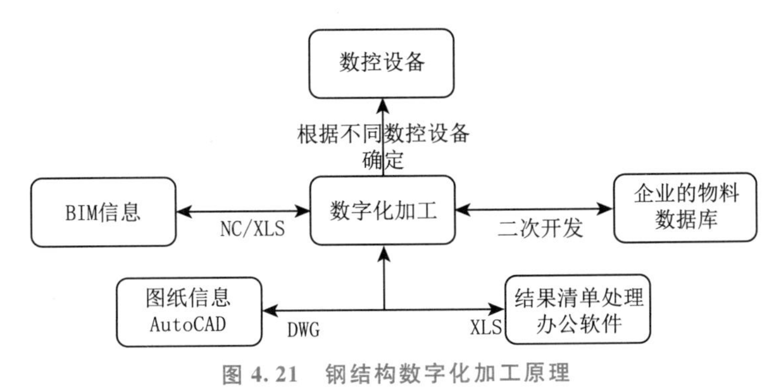

图 4.21 钢结构数字化加工原理

5. BIM 技术的数字化加工管理

1）构件加工详图

通过 BIM 对建筑构件的信息化表达，可在 BIM 上直接生成构件加工详图，不仅能清楚地传达传统图纸的二维关系，而且对于复杂的空间剖面关系也可以清楚表达，同时还能够将离散的二维图纸信息集中到一个模型当中，这样的模型能够实现与预制工厂更加紧密的协同和对接。

BIM 可以完成构件加工、制作图纸的深化设计。如利用 Tekla Structures 等深化设计软件通过真实模拟进行结构深化设计，通过软件自带功能将所有构件加工详图（包括布置图、构件图、零件图等）利用三视图原理进行投影、剖面生成深化图纸，图纸上的所有尺寸，包括杆件长度、断面尺寸、杆件相交角度均是在杆件模型上直接投影产生的。构件加工详图如图 4.22所示。

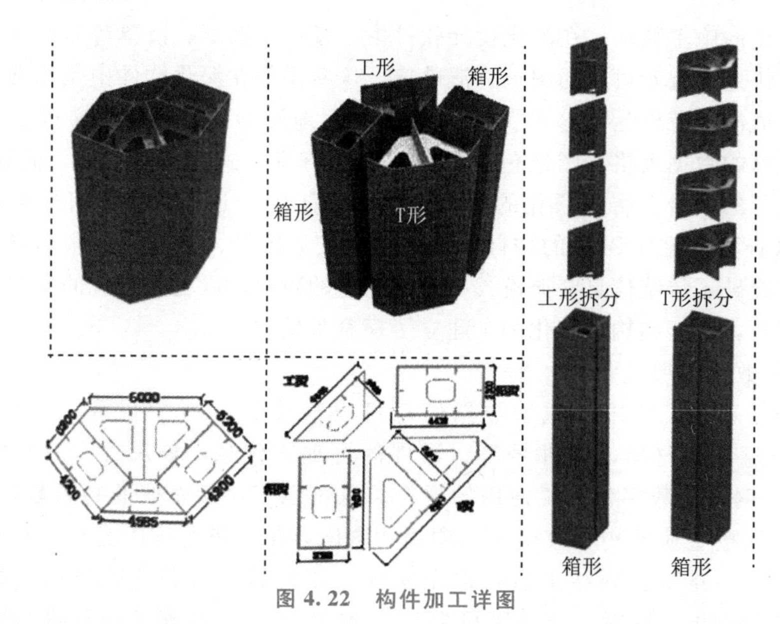

图 4.22 构件加工详图

2）构件生产过程数字可视化

BIM 建模是对建筑的真实反映，在生产加工过程中，BIM 可以直观地表达出配筋的空间关系和各种参数情况，能自动生成构件下料单、派工单、模具规格参数等生产表单，并且能通过可视化的直观表达帮助工人更好地理解设计意图，可以形成基于 BIM 技术的生产模拟动画、流程图、说明图等辅助培训材料，有助于提高工人生产的准确性、质量和效率。

3）预制构件的数字化加工

借助工厂化、机械化的生产方式，采用集中、大型的生产设备，将预制构件的 BIM 数据输入设备，就可以实现预制构件的数字化加工，如图 4.23 所示，这种数字化建造的方式可以大大提高工作效率和生产质量。比如现在已经实现的钢筋网片的商品化生产，符合设计要求的钢筋在工厂自动下料、自动成型、自动焊接（绑扎），形成标准化的钢筋网片。

4）构件信息全过程查询

作为施工过程中的重要信息，检查和验收信息将被完整地保存在 BIM 文件中，相关

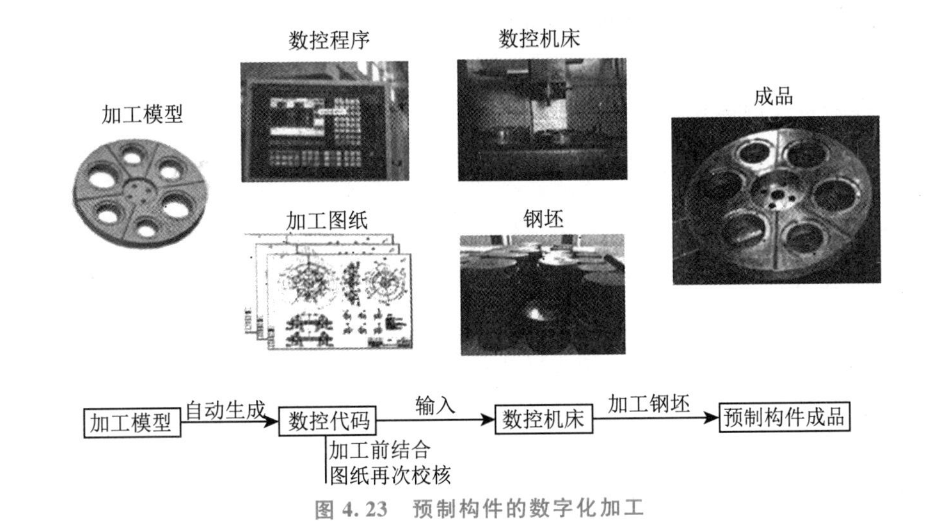

图 4.23 预制构件的数字化加工

单位可快捷地对任意构件进行信息查询和统计分析，在保证施工质量的同时，能使质量信息在运维期有据可循。

4.3.3 加工对象物料管理

物料管理是控制施工成本的重要环节，是保证工程进度和质量的重要前提，高效的建筑工程施工物料数据采集对于项目管理至关重要。随着越来越多的工程建设项目大型化和复杂化，物料管理工作愈加烦琐，难度不断增大。

1. 物料管理概述

物料管理是对企业生产经营活动所需各种物料的采购、验收、供应、保管、发放、合理使用、节约和综合利用等一系列计划、组织、控制等管理活动的总称。物料管理的良好运行能协调企业内部各职能部门之间的关系，从企业整体角度控制物料“流”，做到供应好、周转快、消耗低、费用省，取得好的经济效益，以保证企业生产顺利进行。物料管理主要包括四项基本活动：①预测物料用量，编制物料供应计划；②组织货源，采购或调剂物料；③物料的验收、储备、领用和配送；④物料的统计、核算和盘点。随着制造业和计算机技术的发展，以及定量分析方法的运用，物料管理从专业部门管理发展到全面综合管理，从单纯的物料储备管理发展到物料准时制管理，从手工操作发展到自动化、信息化的 MRP 系统。

物料管理概念的采用起源于第二次世界大战中航空工业出现的难题。生产飞机需要大量单个部件，很多部件都非常复杂，而且必须符合严格的质量标准，这些部件又从地域分布广泛的成千上万家供应商那里采购，很多部件对最终产品的整体功能至关重要。物料管理就是从整个公司的角度来解决物料问题，包括协调不同供应商之间的协作，使不同物料之间的配合性和性能表现符合设计要求；提供不同供应商之间及供应商与公司各部门之间交流的平台；控制物料流动率。计算机被引入企业后，进一步为实行物料管理创造了有利条件，物料管理的作用发挥到了极致。

通常意义上，物料管理部门应保证物料供应适时（Right Time）、适质（Right Quality)、适量（Right Quantity）、适价（Right Price）、适地（Right Place），这就是物料管理的5R原则，是对任何公司均适用且实用的原则，也易于被理解和接受。

物料管理是企业内部物流各个环节的交叉点，衔接采购与生产、生产与销售等重要环节，关乎企业成本与利润的生命线，不仅如此，物料管理还是物资流转的重要枢纽，甚至关系到一个企业的存亡。

2. 物料管理系统架构

物料管理系统基于BIM轻量化，将BIM信息与二维码信息集成共享。该系统数据库采用Node.js领先的服务器端编程环境，MongoDB基于分布式文件存储的数据库，主要特点是高性能、易部署、易使用，存储数据非常方便。采用“云＋端”的模式，BIM的数据、现场采集的数据、协同的数据均存储于系统，各应用端调用数据。PC端作为管理端口进行BIM数据和现场数据的集中展示及分析，移动端口以系统为核心，BIM轻量化集成，以二维码为主体进行材料跟踪、现场表单填写。物料管理系统总体架构如图4.24所示。

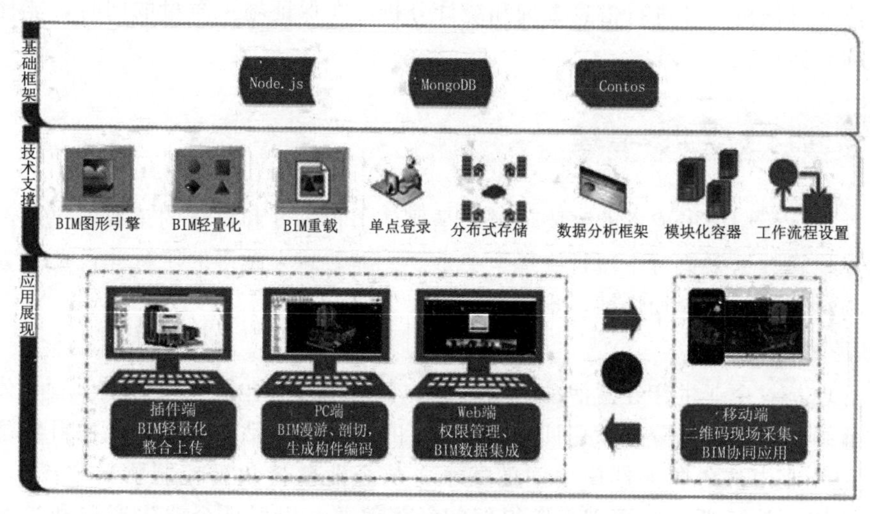

图4.24　物料管理系统总体架构

1）创建物料跟踪二维码

登录Web端可创建新的项目，添加账号进入项目列表的用户，可以共享该项目。鉴于该项目体量巨大，采用了“子模型”形式，即分楼层、分专业上传模型，分专业设置二维码物料跟踪模板，进行账号权限设置，由管理员统一管理。插件端将BIM模型（Revit文件）轻量化处理、整合上传。处理后的模型具有独立性，可以按照区域、专业、楼层等分类进行显示控制。模型的对齐点可按照建模软件设计的绝对坐标点进行整合。通过PC端选择单构件或组构件，根据构件类型及分类编码生成二维码，根据需求添加二维码体现的信息，连接与BIM协同管理系统配套打印机，设置好尺寸，打印成贴纸形式。幕墙、钢结构、设备等未粘贴二维码，不得进场。

2）物料单全过程追踪

追踪从物料管理系统生成所需物料数据，通过接口提取物料数据，由物资部提交物料单即下单；项目总工结合实际施工进度，审核物资部提交的物料单是否合理；物料厂获得通过审核的物料单后，按照时间、规格型号、数量等物料信息，加工生产、扫码出货、上传相应检验批资料等；经物资部扫码入库、扫码出库，工程部扫码确认物料已安装架设后，物料单归档，系统已进行物料 BIM 模型同步更新，展现物料在工程中最后的使用部位。物料单全过程追踪如图 4.25 所示。

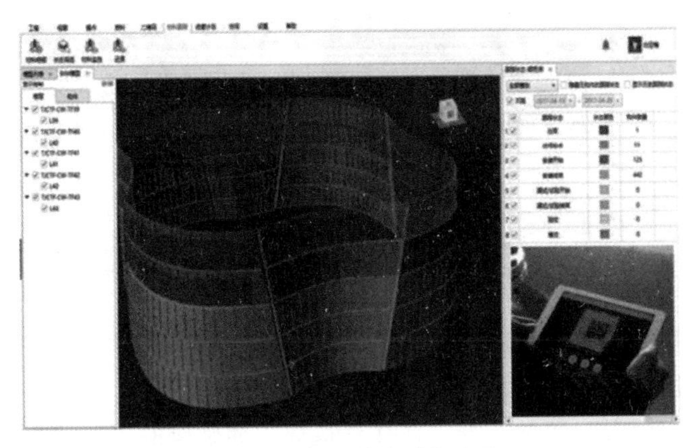

图 4.25　物料单全过程追踪

3）物料出入库管理

以二维码为物料流转信息的载体，给物料粘贴对应的二维码标识，保证物料的有序控制，经系统移动端的 App 扫描后出厂；物资部接收物料时，利用二维码扫描入库，系统信息实时反馈给工程部、构件厂等用户；工程部监控物料的使用状态，合理组织施工。通过二维码管理，物料数据信息不可改动，避免因物料信息传递有误、信息更改等原因造成的损失，降低了物料管理的风险。物料出入库管理如图 4.26 所示。

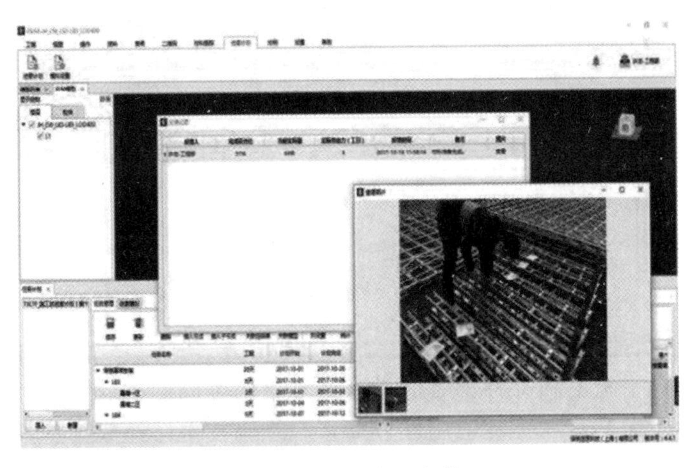

图 4.26　物料出入库管理

4）物料进度管理

表单数据在现场填写，后台按不同颜色展示完成情况，主要分析与展示物料计划入库与实际入库、计划安装与实际安装之间的差别。施工各方通过进度图了解实际进度和预测进度，保证物料及时到位，同时避免占用库存，利于成本控制和场地周转。物料进度管理如图 4.27 所示。

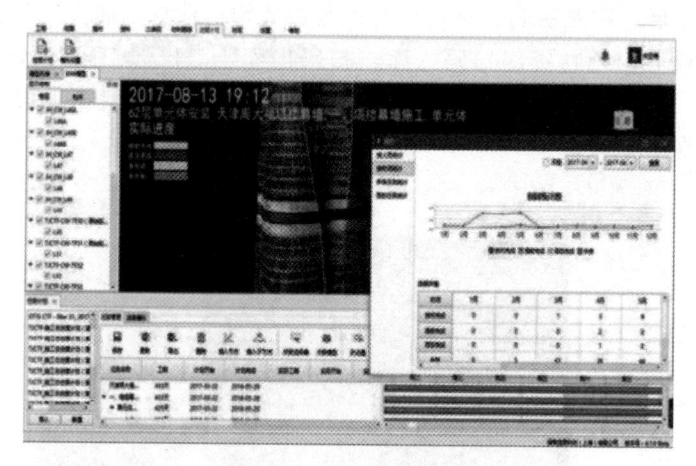

图 4.27　物料进度管理

5）实际施工过程中的误工风险预警

物料的交付时间延误、数量不符，往往是造成工期延误的重要原因。在工程实际应用中，利用误工风险预警可以实时跟踪施工所需各构件的生产、运输、计划入库料单、实际入库料单等，分析得出误工情况，如图 4.28 所示。另外，可通过设定的物料计划进场时间节点，对逾期进场的构件标记警告，及时展示给项目总工，以便构件对应负责人、材料供应商等追踪进展，避免因构件的经常延误使施工进度受到影响。

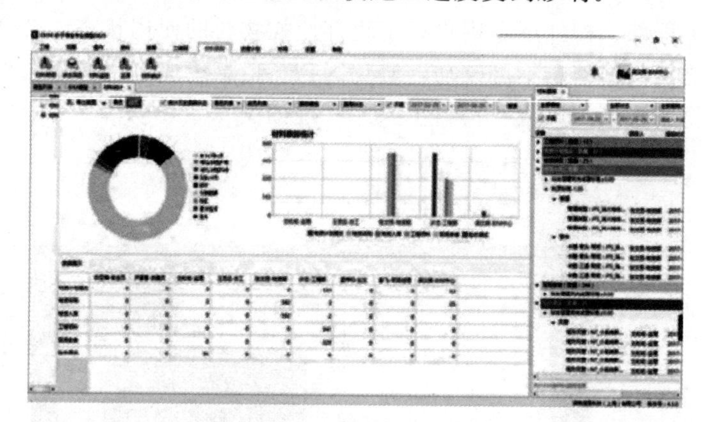

图 4.28　误工风险预警

3. 物料二维码管理技术

随着智能手机、平板电脑等移动智能设备及二维码生成器的广泛应用，二维码的应用领域也在不断扩大。尤其是在经济适用性方面，二维码技术已经成为应用最为广泛的自动识别技术。

不管是物料管理过程中的数据传递，还是现场施工过程中的数据查询采集，BIM 技术结合二维码技术都具有承载信息量大、传递信息速度快、录入信息准确率高等优点。在提升多参与方信息化的协同工作水平、降低信息共享所耗费的时间、提升技术人员的工作效率方面具有显著的技术优势。物料二维码管理技术分为材料跟踪二维码和资料管理二维码两个类别。

（1）材料跟踪二维码是在企业对物料规范化、标准化管理并进行编码的基础上，基于BIM模型的构件ID号自动获取模型信息，快速生成和打印构件的二维码。此类二维码被用于材料跟踪、进度管控、出入库管理等。

（2）资料管理二维码是在构件进场或施工过程中，定位构件在模型中的位置，将工程相关的图片、表单、视频等附件与二维码关联。此类二维码被用于辅助技术管理、质量管理、安全管理等。

4.4 智能生产案例分析

4.4.1 北京燕通

北京燕通自主研发的PCIS预制构件装配式信息管理系统中，钢筋管理板块系统可根据每天的生产任务，自动调出钢筋下料任务单、钢筋领用单，既提高了工作效率，又优化了钢筋的下料方案和下料长度，并通过建立尾料库，实现了钢筋尾料的充分利用。北京燕通PCIS预制构件装配式信息管理系统的特点和优势具体体现在五个方面：实现钢筋任务的自动生成、优化下料方案、优化下料长度、钢筋半成品库管理、尾料库管理。

通过计算机控制的生产管理系统，使用智能化钢筋加工机器可使工人的生产效率平均提高3～5倍，减少钢筋材料的浪费，将错误率降低至零，大大保证了生产质量。作为预制构件厂生产成本最重要的组成部分，钢筋材料费用是企业成本控制的重中之重。如果钢筋材料管理不当，将会造成很大的损失。通过智能化钢筋加工及信息化管理系统，不仅提高了企业的生产效率，降低了钢筋的损耗率，还可达到企业降本增效的目的。

4.4.2 江夏生产基地项目

江夏生产基地是全球智能化程度最高、设备最先进、产能最大的装配式PC生产基地，由美好建筑装配科技有限公司斥资5亿元建设，引进世界最先进的EBAWE全自动叠合板生产线，生产全程使用行业领先的YTWO 5D BIM企业级云平台信息管理系统，真正实现PC产品智能制造。江夏生产基地项目还首创SEPC（红线内工程总承包）服务模式，即Service服务至上，贯穿EPC全产业链，从规划设计、构件生产、物流配送、现场装配、装饰装修、室外工程到向小业主交付使用，终身维保。此服务模式可保证主体建安成本不高于传统模式，且建安速度快，100m高住宅从桩基础到交付不超过18个月（含精装修）。

与普通生产线人工装模不同，EBAWE全自动叠合板生产线采用EBOS中央控制系统，实现全过程生产流程自动化控制。

另外，与普通生产线采用人工绑扎、置筋不同，江夏生产基地项目采用全自动钢筋生产线，钢筋网片制作、桁架制作、弯折和铺设，均可一次性完成，如图4.29所示。

YTWO 5D BIM企业级云平台的运用，是江夏生产基地项目具有行业重大突破性的一

图 4.29 全自动钢筋生产线

大亮点。运用这一平台可以精准预测及规划所需产品的数量、成本、品牌、规格及交付时间，实现全自动化堆场、PC 产品扫码识别、智能龙门行吊、货栏自动识别等功能，8～10min 可发运一车构件。同时，路况信息 GPS 卫星实时导入指引，保证物流路线精准计算。

运用智能生产的新兴生产模式，不仅不会使 PC 住宅建造原本的施工质量高、住宅安全系数大、资源和能源消耗低等优势消失，而且会在此基础上更加凸显这些优势，同时将 PC 住宅建造进一步推向信息化和智能化。

4.4.3 深中通道项目

深中通道项目沉管预制厂地处伶仃洋牛头岛，受 2020 年新型冠状病毒肺炎疫情影响，在人力有限的情况下，深中通道项目沉管预制厂的顺利复工离不开智能建造、产业升级，也就是依托智慧“梦工厂”。

在巨大的沉管底板上，智能浇筑系统精准地对仓隔进行着混凝土浇筑工作。为数不多的工作人员一边盯着“数字化”控制系统，一边不时查看实时记录的统计数据。这一自主研发的智能浇筑系统比传统浇筑的效率高、风险低、稳定性高，更重要的是传统浇筑一条生产线需要 1000 多工人，智能浇筑只需要 300 多工人。

深中通道项目沉管隧道为世界首例双向八车道海底沉管隧道。沉管隧道断面宽度达 46～55.46m，比港珠澳大桥双向六车道钢筋混凝土沉管隧道断面宽 8m 多。单孔跨度超过 18m，沉放最大水深达 40m，沉管结构受力复杂。从结构、工效、技术、工艺、方案等多个方面考虑，传统制造已难以满足项目要求。

深中通道项目对沉管预制厂进行了智能建造和产业升级，生产线改造、核心装备研发等均实现了传统工厂向信息化智慧工厂的巨大跨越，完成了移动终端信息化集成、智能浇筑检测、施工监控监测、信息管理等系统的建设，筑就了沉管预制“梦工厂”。

本章小结

随着建筑行业的快速发展，新型建造方式将引领行业变革。在建筑数字化的进程中，智能生产将发挥重要作用。本章介绍了智能生产的特征，阐述了智能工厂概念和框架结构，引入智能生产流程及其先进技术，从3D激光扫描技术、3D打印技术、数字化管线和钢结构加工、物料管理等方面具体展开，并结合实际案例和管理平台，总结了目前的智能生产应用新技术。借鉴制造业智能生产的成熟技术与经验，建造构件、部品部件的智能生产是推动智能建造发展的重要内容。

复习思考题

1. 简要介绍智能工厂关键技术及其特点。
2. 简述智能生产流程，并举例说明。
3. 结合实际工程案例简述3D激光扫描流程。
4. 简述基于BIM技术的物料管理系统实现方法。
5. 简述数字化钢结构加工原理。

第 5 章 智能施工

思维导图

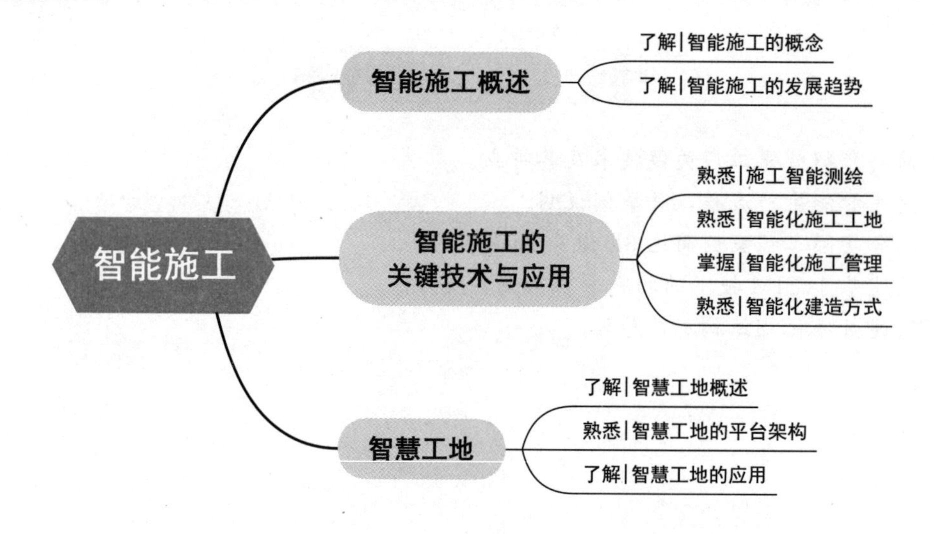

5.1 智能施工概述

5.1.1 智能施工的概念

建筑业具有建设周期长，资金投入大，项目地点分散、专业多、参与方多、流动性强等特点。这种“分散的市场、分散的生产、分散的管理”的产业特点，大大增加了运营和管理的难度，也使建筑业很难像制造业一样实现“流水线大规模生产”。建筑业在快速发展的同时，仍然存在着生产方式粗放、生产效率较低、科技创新不足等问题。建筑业高速发展的现状与相对落后的管理和生产水平之间的矛盾日益突出。长期以来，我国建筑业仍然存在“大而不强”、监管体制和机制不健全、工程建设组织方式落后、建筑设计水平有待提高、质量安全事故时有发生、市场违法违规行为较多、企业核心竞争力不强、工人技能素质偏低等问题。具体到施工阶段来讲，主要问题包括：资源浪费（支模架、模板材料投入量大，周转利用率低，劳动力投入量大）；环境污染严重（现场产生大量扬尘、噪声、污水、建筑残余垃圾）；安全保障差（没有健全的安全管理制度和监督，现场存在安全隐患，事故多发）；工作效率低（机械化、自动化程度低，施工中使用人工量大，相对工效不高）。

近年来，以装配式建筑为代表，建筑向工业化、精细化方向转型已成为建筑业发展的大势所趋。在新时代科技进步的引领下，建筑业开始以新型建筑工业化为核心，以信息化手段为有效支撑，通过绿色化、工业化与信息化的“三化”深度融合，对建筑业全产业链进行更新、改造和升级，通过技术创新与管理创新，带动企业与人员能力的提升，推动建筑全过程、全要素、全参与方的升级，将建筑业提升至现代工业化水平。具体到施工阶段，智能化设备的大量应用、虚拟化的全过程建造仿真模拟、精细化的全要素管理等为传统施工向智能施工的转变提供了合理路径。

1. 数字施工

数字施工是智能施工的基础，数字施工是指利用 BIM 技术、云计算、大数据、物联网、人工智能、5G 技术、移动技术、AR/VR、区块链等新型技术，围绕施工全过程、全要素、全参与方进行数字化而形成的建造模式。

数字孪生技术是充分利用物理模型、传感器更新、运行历史等数据，集成多学科、多物理量、多尺度、多概率的仿真过程，在虚拟空间中完成映射，从而反映相对应的实体的全生命周期过程。

在施工领域，虽然数字孪生技术不够完善，尚处在早期探索阶段，但是发展迅速。在当前技术环境下，通过数字技术的融合集成应用，可以构建“人、机、料、法、环”等全面互联的新型数字虚拟建造模式，在数字空间再造一个与之对应的“数字虚体模型”，与实体施工全过程、全要素、全参与方一一对应，通过虚实交互反馈、数据融合分析与决策，实现施工工艺、技法的优化，以及管理、决策能力的提升。虽然当前数字孪生技术还需要进行深入研究，但在行业中已经开始得到了一些基础性应用，并产生了一定的经济和社会效益。

2. 智能施工

智能施工是指在工程建造过程中运用信息化技术方法、手段最大限度地实现项目自动化、智慧化的工程活动。它是一种新兴的工程建造模式，是建立在高度的信息化、工业化和社会化基础上的一种信息融合、全面物联、协同运作的工程建造模式。

智能施工意味着实现高质量施工、安全施工及高效施工。通过先进的科学技术，减少施工现场的施工人员，提高施工质量，减少污染和垃圾排放等，对施工现场的“人、机、料、法、环”五大要素实现智能化管理，如基于 BIM 的虚拟施工、BIM 和室内定位技术的质量管理、“互联网＋”工地管理、基于物联网技术的施工机械及人员管理等。

在实现智能施工的同时，我们要打造智慧工地。智慧工地支持人和物全面感知、施工技术全面智能、工作互通互联、信息协同共享、决策科学分析、风险智慧预控，围绕“人、机、料、法、环”，运用 BIM、物联网、云计算、大数据、移动通信和智能设备等技术，全面提升工地施工的生产效率、管理效率和决策能力。在工程项目的建造阶段，通过 BIM、物联网等新兴信息技术的支撑，实现工程现场施工智能测绘、施工管理智能化及建造方式智能化。

5.1.2 智能施工的发展趋势

智能施工是建筑业发展的必然趋势。面对数字化技术带给行业的变革时机，建筑业通过借鉴工业智能制造的先进技术思路和方法，积极探索实施绿色化、工业化和信息化三位一体协调融合发展数字化之路，必将从根本上加快我国智能施工的快速发展。

1. 虚拟化发展趋势

虚拟建造本身是一门新兴学科，其核心与关键技术包括虚拟现实技术、仿真技术、建模技术和优化技术。在工程施工之前对施工全过程进行仿真模拟，包括结构施工过程力学仿真、施工工艺模拟、虚拟建造系统建设等方面，并在施工过程中采用有效的手段实时监测和评估其安全状况，可以很好地动态分析、优化和控制整个施工过程。与此同时，基于虚拟建造技术，在施工前通过大量的计算机模拟和评估，充分暴露出施工过程可能出现的各种问题，并经过优化有针对性地加以解决，为施工方案的确定和调整提供依据，可以实现施工建造的综合效益最优。

虚拟建造技术在建筑施工中的应用是一个巨大而繁重的系统性工程，局限于虚拟建造技术的发展水平、技术程度和成本问题，以及建筑业发展的限制，虚拟建造技术尚未形成体系。但从长远来看，虚拟化必将是数字建造发展的趋势之一。虚拟建造技术在建筑业的应用与发展将显著提高建筑业生产力水平，从根本上改变现行的施工模式，对建筑业的发展产生深远的影响。

2. 智能化发展趋势

数字施工发展的必然趋势是智能化。充分利用信息化技术，可实现工程建造过程的智能化。例如，在工程施工过程中引进建筑机器人，其工作基本模式是通过与设计信息（特别是 BIM）集成，对接设计几何信息与机器人加工运动方式和轨迹，实现机器人预制加工指令的转译与输出，可以大大提高工效、保证质量和降低成本。再如，施工便携式智能穿戴设备将成为建筑工人的重要装备，其通过借助软件支持及数据交互、云端交互来实现强大的功能，与施工环境紧密结合，给建筑施工方式带来很大变化。除此之外，具有接入互联网能力的智能终端设备，通过搭载各种操作系统应用于施工过程，可根据用户需求定制各种功能，实时查阅图纸、施工方案，三维展示设计模型，VR 交底，辅助安全质量管理，使施工管理水平显著提升。

3. 产业化发展趋势

产业化是智能施工的发展趋势之一，基于数字化与工业化融合发展理念，集成建筑部品部件的设计流程、工艺规划流程、制造流程等，在工厂里实现建筑部品部件的仿真、分析、实验、优化、生产加工、检测等一体化流水制造，并逐步往上下游延伸，构建数字建造产业链，使数字建造的各个环节均达到数字化、精细化、标准化、模块化，可以从整体上很好地解决数字施工过程中的各种问题，实现综合最优。

4. 协同化发展趋势

智能施工涉及结构、环境、机械、电子工程、暖通、给水排水等多个学科领域。从收到客户需求到完成设计方案交底给施工单位进行施工建造，再到项目运行维护管理，业主、设计单位、施工单位、监理单位、供应商等不同单位或部门都不同程度地参与其中，在此过程中，资源整合问题、沟通理解程度、工作协调效率、工作标准问题等在很大程度上影响和制约着工程建造的效率和质量。

可见，智能施工是一门跨专业、跨部门的技术体系，智能施工的发展需要社会各行各业的通力协作，呈现出协同化的发展趋势。在发展模式方面，需要有决策层的重视，通过强化顶层设计、整合与共享各类资源、统一质量标准体系、统一工作流程；在技术创新方面，需要充分发挥和利用信息技术的科学计算优势，从环境适用性、材料性能、结构功能属性出发，面向共性和个性用户需求，对建筑全生命周期的各类信息进行分析、规范、重组、融合。

5.2 智能施工的关键技术与应用

5.2.1 施工智能测绘

工程测绘技术的主要内容是对建筑区域内部及外部进行全方位勘探和调整测量的一种非传统、非接触式建筑技术，包括对建筑内部及建筑上空、地面等地理信息进行数据收集，同时根据各种信息和数据流或者数据库内容绘制出一张全方位的信息数据地形图。工程测绘技术不仅能帮助技术勘探者对整个建筑工地的位置和地理图文信息进行收集和整理，还能帮助建筑工人对建筑内部的各个角落和细节尺寸有一个较为直观的认知和了解，提高技术人员和建筑工人的勘探精确度和施工准确度。

工程测绘技术在建筑工程中应用较早，而随着建筑业的进步和各种精密仪器、勘探仪器的改良和升级，目前工程测绘技术已经进入了全新的技术水平。在工程测绘技术的应用过程中会广泛用到经纬仪、计算机、遥感技术及精密仪器测量技术等。随着人造卫星的使用和无人机等人工智能机器的发明和升级，工程测绘技术开始向智能化方向发展，出现了包括无人机遥感测绘技术、3D激光扫描技术及GPS遥感测距技术等，实现了工程测绘技术的革新，进入了施工智能测绘阶段。

1. 无人机遥感测绘技术

1）发展现状

最初，无人机（图5.1）只是用于军事侦察和作战，现在在测绘领域得到快速发展。一方面，因为无人机的功能在完善，科技成分不断增加；另一方面，无人机在快速获取和处理数据信息方面具有较大优势。与传统地面测绘技术不同，无人机遥感测绘技术成本相对较低、受天气影响相对较小，且随着航空、计算机和微电子等技术的发展完善，无人机遥感测绘技术也得到了进步和应用，对无人机遥感测绘实用化的研究，使无人机在工程测绘中的应用变得广泛。无人机远程制图技术的发展促使其在工程领域快速占有一席之位，尽管无人机的应用时间还很短，但是其显著的优势及快速的开发速度，为测绘图的制作带来极大的便利，对工程测绘提供了良好的技术支持。无人机遥感测绘概念图如图5.2所示。

图5.1　无人机

图5.2　无人机遥感测绘概念图

2）关键技术

(1) 空三加密技术。

空三加密即解析空中三角测量，指的是用摄影测量解析法确定区域内所有影像的外方位元素。空三加密技术的传统做法是利用少量控制点的像方和物方坐标，解求出未知点的坐标，使得每个模型中的已知点都增加四个以上，然后利用这些已知点解求所有影像的外方位元素。

（2）DEM技术。

数字高程模型（Digital Elevation Model），简称DEM，是通过有限的地形高程数据实现对地面地形的数字化模拟。DEM技术是利用对地形的变换数据做出处理及分析，来创建出的一种地貌信息化的模型，这类数据是遵循一定规律来排列的。此种数据处理技术是将空三加密作为根基，对固有影像收集之后，再通过核线影像来做出模型。工作人员可以依据被测位置的真实状况，对软件实行编辑，便可让其自动完成配置并对数据做出处理。

（3）DOM技术。

数字正射影像图（Digital Orthophoto Map，DOM），是对航空（或航天）相片进行数字微分纠正和镶嵌，按一定图幅范围裁剪生成的数字正射影像集。它是同时具有地图几何精度和影像特征的图像。DOM技术是通过对无人机遥感测绘得到的数据做出数字化的调整，同时依照相应的范围对其做出成像的正射影像，这种数据处理技术能够予以相片影像化的特性，另外还有着像地图一样的准确度。DOM技术同样也是依托于空三加密相关技术，对收集到的数据做出分段剪裁及处理，如此保证图像的品质及准确性。如被测绘地含有高架桥及山壁等，则需要工作人员来对其增添特征标注。

（4）空中三角测绘技术。

DEM技术和DOM技术所依托的空三加密技术是空中三角测绘技术的一种。空中三角测绘技术在无人机测绘中有着关键的意义，其能够利用照片与测绘目标组建成空间几何的方位，另外依据照片中的管控要点来运算出其他的方位数据，从而对测绘数据的准确性实行有效地把控，工作人员只需要设定参数后，便可以实现上述内容。在无人机引入到工程测绘的初始阶段，不论是相机画幅还是无人机飞行姿势都会致使数据产生误差，而将GPS空中三角测绘技术运用在其中，便能够有效地查验出相应的误差点。在实际的测绘中，工作人员需要对空三做出加密，继而获取外方位的各项数据，以此来提升测绘的效果。

3）无人机遥感测绘技术优、缺点

无人机遥感测绘技术的发展非常迅速，其准确性和安全性都在不断提升，在我国的发展已经日趋成熟而且达到了相关的标准。无人机遥感测绘技术在工程测绘、地质勘探方面发挥着举足轻重的作用，通过与计算机技术的完美融合，让图像处理和采集工作变得更加顺畅，保证测绘工程的效率和质量。无人机的优势不仅是投入较少、成本较低，而且在测绘过程当中，可以大幅度提升航拍的速度；同时，无人机自身的适应能力和调整能力也相对较强，图像采集功能逐渐完善。无人机遥感测绘技术相比于固有的测绘技术来说，其能够对采集到的数据实行快速的处理，同时回传图像的分辨率也能够满足相关行业的需求，当前无人机遥感测绘所得图像的分辨率已经能够达到各类载客飞机所需要的标准。

无人机遥感测绘技术也存在一些缺点。首先，无人机航空具有不稳定性，机体轻巧灵敏是优势，但同时也容易在高空飞行时受到上空风力作用的影响而使飞行变得不稳定；其次，传感器控制不够完美，受技术限制，普通无人机不能用在高精度的传感器中，即不能获得用于监视动作的高精度信息图像，无法满足大规模映射的要求；最后，无人机对通信系统的依赖较大，因为无人机要由技术人员控制并在传感器下进行传输，因此受到通信系统的限制和影响，只有准确的编码程序才能保证无人机在空中正常、稳定地飞行。

4）无人机遥感测绘技术应用

（1）应用环境。

在一些特殊的复杂条件下，比如云层覆盖率低、着陆条件不理想、高山或者低空飞行时，人工测绘无法取得理想的结果，这时可应用无人机遥感测绘技术，将复杂地形的测绘工作变得简单，同时保证测绘的质量和测绘人员的安全。在具体应用时，应将无人机遥感测绘技术和航空摄影设备结合起来，航空摄影设备的作用是拍摄复杂地形的图像资料，这些资料可以为救援工作提供信息基础。此外，可利用无人机遥感测绘技术合理、有效地进行大型城市规划项目和新农村的建设、各资源开发利用项目和土地资源利用等工作。

（2）精准度分析。

无人机遥感测绘技术主要通过数字摄影的模式来对样本进行拍摄和信息收集，对摄影设备的要求较高，为保证平面拍摄的清晰度，其搭载的摄影设备一般较为先进，因此其收集到的样本可用于精准度分析。数据分析的精确度与拍摄质量息息相关，对于工程测绘的结果有着重要的影响。

（3）测绘数据处理。

利用无人机遥感测绘技术可实现对数据的收集与整理，利用自动化或手动的机制实现系统化设计和处理。利用该技术最大的优势是实现对信息的优化审核，去除不合格的参数和数据，提高测绘数据的有效性和准确性，确保维护设备和技术管理效果的有效性，通过系统的处理机制的建设和应用来促进管控效果与处理水平的升级优化。此外，通过对无人机遥感测绘技术的应用来对项目航线进行准确、有效的整合处理，保证操作流程和控制机制的完整，满足测绘数据获取的需要。

2. 3D激光扫描技术

1）发展现状

3D激光扫描仪是一种新型的测绘仪器，如图5.3所示，在边坡变形监测、立体模型建立等方面均有应用。相对于传统测绘方式，3D激光扫描仪能够在更短的时间内，高精度地测得传统测绘方式难测甚至测不到的复杂建筑及地形表面的几何图形。如果将建筑的沉降数据与3D图形相结合，还能够更加直观地反映出基坑的沉降，便于对基坑沉降进行分析。

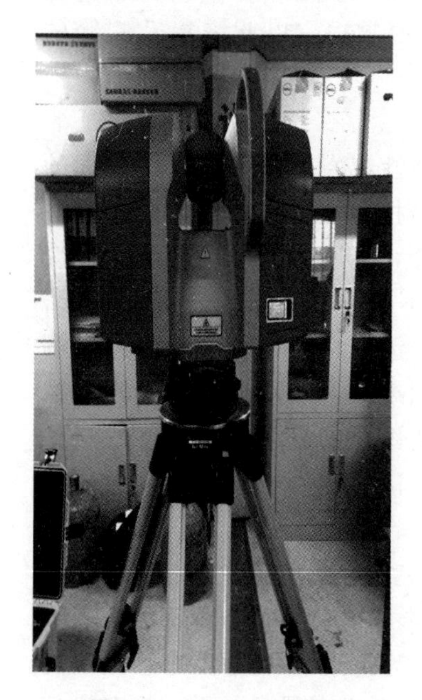

图5.3　3D激光扫描仪

2）技术要点

3D激光扫描技术在实际应用过程中的技术要点主要体现在以下几方面：首先，3D激光扫描技术在对物体测量上，测量时间能够有效缩短，同时对周围环境所造成的影响还能够有效降低；其次，3D激光扫描技术在进行扫描过程中，与人体动作不同，整个扫描工作一般在一秒钟之内完成，同时测量数据精确性并不会受到任何影响；最后，3D激光扫描技术在扫描过程中并不需要光照，即便是在夜晚，也能够对物体进行扫描，而传统测绘方式会受到人为因素的影响，同时限制条件也较多。

（3）工程应用案例。

3D激光扫描技术作为一种新型测量技术，在地质测绘和工程测量上应用的时间较短，但对提高地质测绘质量具有重要意义。有效降低了地质测绘对人力资源的需求，缩短了地质测绘时间，有效提升了地质测绘结果的精确性。

南京禄口国际机场作为大型交通枢纽改扩建项目的代表，是国家重点规划建设的区域性枢纽机场，是长三角世界级机场群的重要枢纽。为提升南京禄口国际机场T1航站楼的安全等级、整体承载力及综合抗震能力，机场进行了改扩建。改扩建工程总建筑面积159447m^2（新建面积45708m^2，改造面积113739m^2），登机桥面积5201m^2。

该工程的改扩建面积很大，约占总面积的2/3。在已有建筑的基础上进行改造，需要全面了解已有建筑的结构、构造、设备等。该机场始建于1997年，由于施工图纸不完全及后期各种原因的改动，导致图纸与现场不符，给改扩建方案的制定带来一定的困难。屋面规模大，钢筋混凝土灌注桩分布多，采用传统的施工方法会存在很多的问题，比如现场勘察工作量巨大、耗时费力，可能存在勘察遗漏、记录失误等情况，通过人工测量进行施工图纸的重绘受限于现场的复杂环境，方案制定时难以考虑周到等。

在这种情况下，3D激光扫描技术在现场数据采集方面体现出优势。该工程使用的是FARO Focus 3D X330地面3D激光扫描仪。现场地面较为平整，方便3D激光扫描仪的架设。根据3D激光扫描仪的参数及其作业方法，对外业扫描做出以下要求：每一站点与待扫描的建筑面保持5～20m距离；设置扫描时间为5min；对扫描现场进行扫描站点的合理划分，确保扫描的区域能够被全部覆盖。在每一站点架设扫描仪进行现场扫描，获取每一站点的扫描点云，如图5.4所示。

图5.4 扫描点云

大型机场航站楼改扩建工程是一个非常复杂的非线性系统工程，建筑形式和造型各异，仅靠二维图纸很难将其表达清楚。3D激光扫描仪扫描的点云模型提供了可视化的思路，具有距离测量的功能，便于设计人员与施工人员互相沟通，确定改造方案。

5.2.2 施工工地智能化

1. 建筑机器人

（1）建筑机器人的发展现状。

目前对建筑机器人的研究主要围绕两个方向展开。在土木工程建造领域，对建筑机器

人的研究主要以“机器”替代“人”为目标，开发适宜的机器人建造装备与工艺来替代传统工人完成重复、危险的建造工作，如机器人幕墙安装、机器人瓷砖铺设等。而在建筑领域，主要利用建筑机器人独特的建造能力实现传统建造工艺难以完成的创新建筑。

建筑机器人作为一个具有极大发展潜力的新兴技术，有望实现“更安全、更高效、更绿色、更智能”的信息化营建，实现整个建筑业的跨越式发展。

（2）预制化中使用的建筑机器人。

使用机器人预制装配式建筑构件有以下几点优势：一是加工高效，现场组装迅速；二是成本较低，以一个建筑面积为 170m^2 的建筑为例，木结构预制装配式比传统建造方式总体成本下降约 1/3；三是保护环境，预制生产建筑构件运输到现场再进行装配式作业，可极大减少扬尘污染，做到“零”建筑垃圾。

① 预制板材生产机器人。

由于制作工序比较简单，施工难度不大，且需求量大，预制板材生产成为机器人进入建筑业的一个重要环节。这种重复的可标准化的工艺主要是应用自动化的建筑机器人替代预制化模台上面的加工中心。普通工人重复劳动时间过长会感到疲惫，会降低板材的生产质量。传统预制化工厂的加工中心一旦被机器人取代，不但可以生产统一的标准构件，还可以定制加工非标准构件，质量有保证，制作好之后还可以直接运到施工现场投入使用，保证了建筑施工环节的准确可靠。

② 预制钢结构加工机器人。

钢结构属于较为重要的建筑结构，其自动化预制过程分为工厂预制与现场预制。工厂预制通常采用大型精密建筑机器人进行下料、切割、焊接、钻孔等批量操作，进行预制拼装后，再运到现场进行组装。工厂预制的优点是精确性高，对施工质量的控制力强。但受到运输距离和运输工具运输能力的限制，不能预制生产特别大型的构件。现场预制灵活性较高，可根据现场情况灵活选择预制和安装顺序，并及时进行调整，同时也减少了运输过程中对钢结构构件的损伤。

③ 预制混凝土加工机器人。

与钢结构相似的是，混凝土结构的自动化预制过程也分为工厂预制与现场预制。预制混凝土加工机器人自动化系统可使用大型精密的混凝土机器人进行混凝土构件甚至是整个墙体的预制化生产。现阶段预制混凝土加工机器人以层积 3D 打印机器人最为常见。

④ 预制木结构加工机器人。

大型木结构建筑构件由于加工难度较大、规范要求严格，通常采用工厂预制的方式进行。现在，预制木结构自动淋胶、数控胶合、多功能加工中心机器人等种类很多，包含了不同的增材与减材制造工艺。木结构机器人加工中心主要包括胶合、切割、铣削、检测、装配等多种类型。斯图加特大学教授阿希姆·门格斯（Achim Menges）的团队近期开发了木缝纫机器人，是一种新型的预制木结构装配机器人，如图 5.5 所示。

（3）建筑机器人应用案例

深圳当代艺术与城市规划展览馆（MOCAPE）是由奥地利建筑师 Wolf D. Prix 设计的深圳新地标，首次利用 BIM+机械完成了建筑建造。MOCAPE 于 2016 年 10 月完工。

位于这栋建筑中央部分的是一个形状奇异的金属构造，不锈钢的材质使其看起来像一朵银色的“云彩”。这个金属构造是整栋建筑的“大脑”，承载了一系列公共功能空间，如

图 5.5 木缝纫机器人

餐厅、书店、博物馆商店，同时也将两个馆区的展览空间用连廊和坡道联系在一起，如图 5.6所示。

完成这朵“云彩”的建造按照传统工艺需要 160 名工人，工期预计 8 个月，使用机器人后仅用了 8 名工人耗时 3 个月就完成了。建筑师结合 BIM 使用机器人，对金属部件进行浇筑、装配、焊接、打磨，高难度、高精确度地完成了这一不规则弯曲的复杂构造，在大大节约时间和人力成本的同时，也为创作更复杂的建筑形态带来了可能性。

上海西岸艺术中心的池社空间是全球首次应用现场砌筑机器人实现的建筑项目，是机器人移动平台及其空间定位技术从实验室走向施工现场的首次尝试。出于时间与成本控制因素的考虑，池社空间的建造采用了全向移动式机器人建造平台结合传统的放线定位技术，如图 5.7 所示，实现了毫米级别的定位精度。机器人移动平台通过激光校准实现水平自调整、人工辅助机器人工具端的测定，整体精度可以控制在 0.1mm 级别，满足非线性砖墙的建造要求。

图 5.6 金属“云彩”

图 5.7 机器人现场定位与建造

2. 集成化施工平台

(1) 空中造楼机。

空中造楼机是一种套在建筑物外围、可自动升降的大型钢结构框架，高度集成了具备各种起重、运输、安装功能的机械部件及多道施工作业平台，通过格构式钢管升降柱与多道桁架式水平附墙稳定支撑，组合成为一台模拟“移动式造楼工厂”的大型特种机械装备。其依靠设置在地下室的液压顶升＋机械丝杆双保险传动机组强大的液压驱动能力，以及沿建筑主体结构剪力墙敷设的型钢轨道，强制造楼机升降柱标准节自主升降，构建自动化升降现浇标准作业工序，运用人工智能和5G工业互联网技术，实现远程控制下的自动化的绿色建造。

空中造楼机的优点：①高空、高危、重体力人工作业工序基本上被机械作业取代，运行安全、工程质量、建造周期、建安成本依靠人为控制的方式被自动化程序控制方式取代，彻底转变了高层建筑的建造方式；②与传统建造方式定额用工相比较，用工量减少80%以上由需要大量人力转换为只需少量产业技术工人；③无须配套建设占用大量耕地的大型预制构件厂，建造过程配套产业链均为标准化、轻量化桁架钢筋网，物流环节相对高效与节能；④建筑垃圾、粉尘排放量大大减少，装备运行环境噪声小于45dB。

(2) 电动式集成化模架。

电动式集成化模架包括模板系统、承重系统、爬升系统、模板开合牵引系统和智能控制系统。模板系统包括模板和脚手架，承重系统包括附墙支座和支撑框架及水平桁架组成的工作平台，爬升系统包括附墙支座和导轨及动力设备，模板开合牵引系统包括滑轨、滑轮、上下微调装置和牵引动力设备，智能控制系统包括重力传感器、同步控制器和遥控安全装置等。

电动式集成化模架作为超高层核心筒结构施工的一种机具设备，把普通的钢管、扣件、脚手板、密目网及模板支撑体系等很好地结合起来，形成了独立的、标准的整体化单元结构，保证施工安全，节省材料和人工，缩短工期。

电动式集成化模架的优点：①构造简单，适用性强，适用于不同楼层的高度变化，单次爬升行程3～5.5m；②产品承受荷载大，单个机位的承载力为50～75kN；③智能电动操控，同步性能好，提升系统实现了重力测控和整体或多个机位的同步控制；④机械化自动防坠落设置和智能电控有机结合，安全性能好；⑤主要构件标准化设计，安拆方便，设备重复使用率高；⑥外墙模架平台的架体单元工厂预制化生产，产品标准化，可实现工具化安拆；⑦管理简单，不再需要钢管扣件，在节约材料租赁费的同时使设备、材料现场管理变得简单。

(3) 应用案例。

北京中信大厦项目使用的是中建三局自主研发的具有承载力高、适应性强、集成度高、智能综合监控四大特点的空中造楼机——“超高层建筑智能化施工装备集成平台”，如图5.8所示。

这个平台长43m、宽43m、高38m，面积为1800m²。工作时，分布在大楼核心筒外侧墙体的12个液压油缸合力将平台顶推上升，平台顶推力达4800t，可顶起3200辆小型汽车，同时可抵御14级大风。它集成了大型塔式起重机、施工电梯、布料机、模板、堆场等设备设施，随主体结构一同攀升。它是建设者的“保护神”，整个平台四周全封闭，如同“移动的制造工厂”，工人置身其中如履平地，可同时进行4层核心筒立体施工，显著提升了超高层建

图 5.8　北京中信大厦项目使用的空中造楼机

筑建造过程的工业化及绿色施工水平，主体结构施工速度最快 3 天一层楼，可节约工期 56 天。

该平台是世界房建施工领域最重、面积最大、承载力最高、世界首次与大型塔式起重机一体化结合的钢平台。所在项目“超高层建筑智能化施工装备集成平台系统研究与应用”的研究成果通过专家鉴定，整体达到国际领先水平。该平台是中国建筑业里程碑式的成果，经济效益和社会效益不可估量。

5.2.3　智能化施工管理

1. 施工机械智能化管理

1）塔式起重机吊装盲区可视化系统

在施工现场，塔式起重机具有可垂直吊装、效率高、吊装几乎无死角、安装顶升技术成熟等优点，在现代建筑行业得到了广泛的应用。同时，塔式起重机也是施工现场的重大危险源，是建筑安全防护方面多年来需要重点关注的问题。

塔式起重机在作业过程中，尤其在高层作业过程中，司机需要借助一种视频设备观察上百米范围内的实际环境情况。同时，在建造过程中，由于楼体等的遮挡会自然形成视觉盲区，在高层作业中这一情况尤为严重，因此，更需要借助视频设备观察到盲区的视频图像以便做到吊装全过程可视，这样司机能够做到心中有数，从而降低事故发生的概率。塔式起重机吊装盲区可视化系统包括移动端（摄像机端）、主机端和高度监测端三部分，如图 5.9所示。

2）塔式起重机监测系统

塔式起重机监测系统利用了日渐成熟的物联传感技术、无线通信技术、大数据云储存技术，组合了塔式起重机安全监控管理系统（俗称“黑匣子”）、施工升降机人机一体化安全监控管理系统，实时采集当前塔式起重机运行的载重、角度、高度、风速等安全指标数据，传输至平台并存储在云数据库中。这样，犹如在工地的塔式起重机和人货电梯上安装了一对“眼睛”，只要有网络覆盖的地方，就可以知道每台塔式起重机现在是哪个司机在工作，还能知道每一次起吊的质量、塔式起重机大臂摆动的角度、小车走的位置及升降机操作具体人员、维保具体人员，提前控防“人的不安全行为”和“物的不安全状态”。

3）卸料平台超重报警系统

卸料平台超重报警系统是将质量传感器固定在卸料平台的钢丝绳上，通过质量传感器

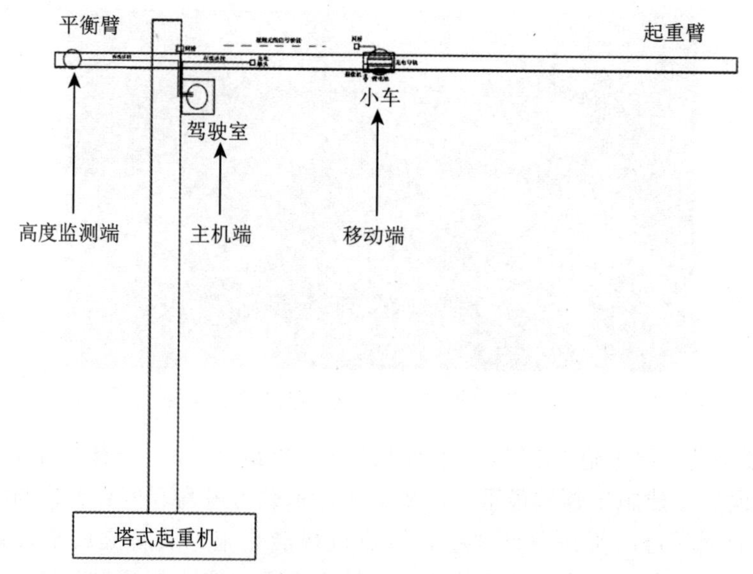

图 5.9 塔式起重机吊装盲区可视化系统组成示意图

实时采集卸料平台的载重数据并在屏幕上进行实时显示，当出现超载时现场进行声光报警。设备支持通过 GPRS 模块进行数据的上传，管理人员可通过系统实时查看卸料平台的实时数据、历史数据及报警数据，从而便于监管。

该系统由主控单元、显示器、声光报警器和质量传感器等组成。可实现以下功能：①实时采集载重数据，通过实时采集质量传感器，显示数据到显示屏上，并将数据上传到平台；②超载声光报警，在设备上可设置报警值，当载重超过报警值时卸料平台现场会进行声光报警，从而提醒操作人员减少卸料平台负重；③数据远程传输，设备内置 GPRS 模块，可将所采集的监测数据通过无线方式上传到云端，管理人员可通过系统进行远程查看及分析。

4）施工升降机安全监控管理系统

施工升降机安全监控管理系统是一款全新智能化、可视化施工电梯/升降机/物料提升机安全监测、数据记录、预警及智能控制系统。该系统能够全方位实时监测施工升降机的运行工况，并在有危险源时及时发出警报和输出控制信号，全程记录升降机的运行数据，同时将工况数据传输到远程监控中心。

该系统是集精密测量、自动控制、无线网络传输等多种高新技术于一体的电子监测系统，包含载重监测、轿厢内拍照、速度监测、倾斜度监测、高度限位监测、防冲顶监测、门锁状态监测、驾驶员身份识别等功能，是现代建筑起重机械领域最新型、最全面、最可靠的安全防护辅助设备。

JL-0201 型施工升降机安全监测仪由主机及各种传感器组成，其安装在升降机吊笼内，可实时监测升降机的载重、人数（选配）、驾驶员身份（人脸、指纹双识别＋应急钥匙）、起升高度、运行速度、门锁状态、倾斜度等，并对轿厢内部进行图像抓拍，同时仪器通过 GPRS 模块实时将监测数据上传到远程监控中心，实现远程监管，如图 5.10 所示。

施工升降机安全监控管理系统可实现以下功能：①实时载重监测及超载报警；②门锁等开关状态监测；③驾驶员身份识别及后台信息推送（包含驾驶员的姓名、身份证号），

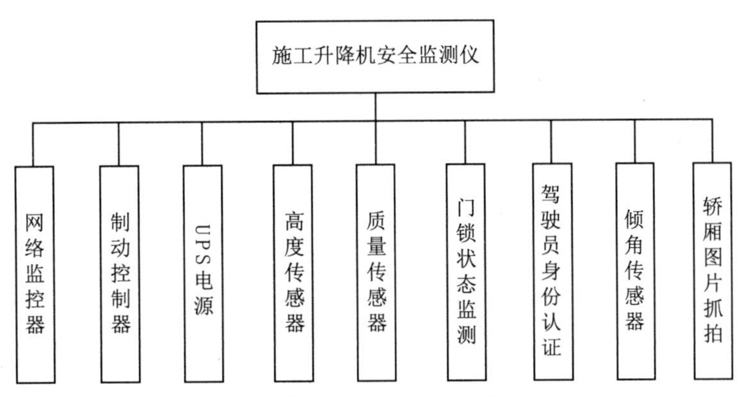

图 5.10 施工升降机安全监测仪配置

并且对每次认证识别后，可以设置所能使用的有效时间；④倾斜度、高度实时监测；⑤制动输出；⑥预留轿厢拍照功能，当超载时，拍照传输到后台系统。

5）出入口管理系统

工地环境复杂，进入工地进行作业的部门又很多，很多时候无法对进入工地进行作业的工程车辆进行仔细检查，导致以次充好、以旧换新的情况屡屡发生。工程车辆的作业顺利程度，关系着工地施工进度。

传统工地车辆出入存在进出场效率低、管理难、管理成本高等诸多问题，通过设置出入口管理系统（图 5.11），可以对工程车辆进出工地进行科学、高效的管理，对提高工程车辆有序进出场将起至关重要的作用。

出入口管理系统具备对工程车辆进行权限放行和对其他车辆进行认证管理的功能。整套系统由以下组件构成：①车牌识别相机，实现视频监控、车辆图片抓拍、车牌识别等前端数据采集功能；②道闸，从物理上阻拦车辆，控制车辆进出；③车辆检测器，接收地感线圈反馈信号，检测有无车辆，并反馈输出检测信息，实现车辆触发抓拍及防砸功能；④信息显示屏，发布及语音播报信息；⑤管理平台，实现系统设备统一管理控制，以及提供业务应用服务。

出入口管理系统中主体采用 TCP/IP 的组网结构，在保障数据传输速度和安全性的基础上，极大地方便了设备安装布线。同时各部件均为模块化设计，某一设备的变动不会影响到其他设备的正常工作。这种组网结构在后期产品部署位置发生变动的时候，可以体现出巨大的优势，只需要将部署到新位置的产品接入到已部署好的网络内即可实现正常工作，方便快捷。

2. 施工人员智能化管理

1）智能安全帽系统

智能安全帽系统主要由手持终端、智能安全帽、“工地宝”接收器和 App 组成。手持终端进行实名登记，可实现施工人员进出场管理；智能安全帽集成多种传感器，用于施工人员身份识别及作业的信息收集；“工地宝”接收器用于工人作业时的数据分析、回传与分享，可实现智能语音播报；App 用于管理者实时信息查看，进行移动管理，可实现远程语音遥控。手持终端、智能安全帽、“工地宝”接收器与 App 通过广联云完成数据远程传递。智能安全帽可实现以下施工管理功能。

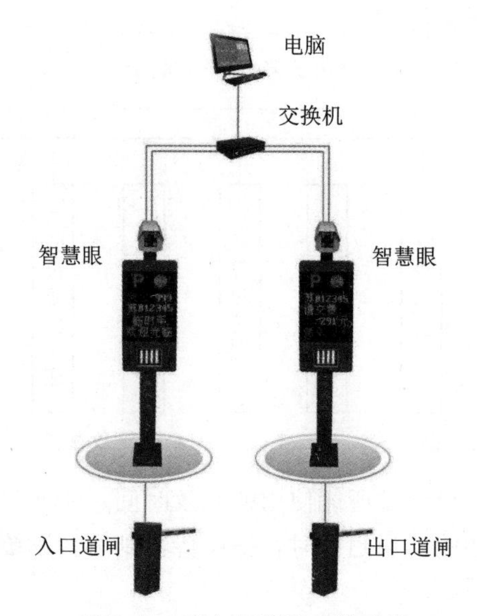

图 5.11　出入口管理系统架构

(1) 落实劳务实名制。进行安全教育的同时，采用专用手持设备，进行身份证扫描，简选施工人员工种、队伍等信息，同时进行证书扫描或人员拍照留存等；发放安全帽的同时，关联人员 ID 和安全帽芯片，真正实现人、证、图像、安全帽统一。

(2) 无感考勤。施工人员进入施工现场，通过考勤点设置的“工地宝”，主动感应安全帽芯片发出的信号，记录时间；通过网络上传到云端，再经过云端服务器按设定规则计算，得出施工人员的出勤信息，生成个人考勤表。

(3) 施工人员定位、轨迹和分布。进入施工现场，通过考勤点或关键进出通道口设置的“工地宝”，主动感应安全帽芯片发出的信号，记录时间和位置；通过网络上传云端，经过云端服务器处理，得出施工人员的位置和分布区域信息，绘制全天移动轨迹。

(4) 智能语音安全预警。施工人员进入施工现场，通过考勤点设置的“工地宝”，主动感应安全帽芯片发出的信号，区分队伍和个人，进行预警信息播报；预警信息预置可通过使用手机端自助录入。

(5) 人员异动信息自动推送。智能安全帽系统提供施工人员出勤异常数据，区分队伍和工种，可监测施工人员出勤情况，辅助项目进行人员调配；提供施工人员进入工地现场长时间没有出来的异常滞留提醒，辅助项目进行人员安全监测。

智能安全帽系统的应用，不仅能为施工人员提供劳动防护，也可以通过与新兴技术的结合进行项目管理和安全防护管理。智慧工地中集成监管层的数据来自现场采集设备，智能安全帽与监控平台进行数据交互，即可完成以下管理工作：①成本监控，智能安全帽可为监控平台提供施工人员上下班的时间数据，平台对施工人员的工作时长进行计算核查，以便降低因虚报工作时长而产生的成本支出；②进度监控，智能安全帽安装定位传感器可为监控平台提供施工人员的位置信息，通过模拟施工人员的位置分布图，可以查看施工人员分布的密集区域，从而绘制项目的形象进度，作为项目进度监控的支撑手段；③安全监控，智能安全帽安装有毒有害气体传感器，可向监控平台推送现场危险气体的浓度，通过监控平台设定的预警值，对现场建筑工作进行安全预警，避免发生安全生产事件；④质量监控，智能安全帽安装视频监控设备，可向监控平台推送实时图像信息，在运用监控平台端的 AI 算法对图像进行分析处理，及时发现工程质量问题，从而做好快速的整改工作，保障工程项目的整体质量。

智能安全帽适用于各类施工现场，因此市场上有很多针对不同场景的产品，大部分产品是以施工人员实名制为基础，以物联网＋智能硬件为手段，通过建筑工人佩戴搭载智能控制模块的智能安全帽，实现数据自动收集和上传等功能，也有高端产品可以进行图像或语音收集上传，甚至通过图像识别算法进行施工现场管控。智能安全帽可分为成本型智能安全帽和功能型智能安全帽。

其中，功能型智能安全帽的主要特点是应用了较多新兴技术（如图像识别)，多方面提升了智能安全帽的功能，进一步拓宽了产品的适用范围，获得更多市场客户的关注。以深圳某科技公司研发的 4G 智能安全帽为例，产品功能包括：①4G 图传功能，安装工业摄像头，可实现施工全过程的录像和录音，并通过 4G 网络对视频数据进行实时上传；②语音对讲功能，安装双降噪麦克风和环绕立体声喇叭，通过平台广播系统，可实现单项对讲和集群对讲；③LED 照明功能，智能安全帽有安装 LED 灯，用于在夜间和密闭空间作业时为施工人员提供充足光度；④定位功能，通过 GPS＋北斗双定位，实现对施工人员的实时定位和轨迹编制，同时与电子围栏联动，实现施工场地的围蔽管理。

智能安全帽是智慧工地中进行施工人员管理的核心智能设备，智能安全帽的数据可以帮助提升施工人员的管理工作，也可以将数据进行深度分析处理以支撑工程项目的进度和成本管理，智能安全帽的数据与其他数据进行综合分析即可产生更多的预测性决策参考，在智慧工地中具有重要的意义。

2） 人脸识别系统

建筑业是劳动密集型产业，工地现场施工人员众多，造成了许多管理上的困难。首先是工地出入管理困难。人员进出施工现场方面缺乏管理容易造成工地现场混乱，工地周围环境复杂，外来人员可能会进入施工现场，造成安全隐患。其次，施工人员考勤管理困难。常规的考勤管理较多为手工签到或者刷卡签到，易造成施工人员互相帮忙签到和卡识别错误等问题，给考勤统计带来困难。最后，施工人员稳定性低、流动性大，给工地管理人员带来诸多问题。人脸识别技术因具有快捷高效、安全无感知等特点，获得越来越多领域的认可，应用也越来越广泛。

人脸识别系统主要由两部分构成，即人脸识别设备和工地监督平台。人脸识别设备主要用于识别人脸、采集数据。通过网络把数据传输到平台，此时平台的人脸识别库把获取的数据与库中预先初始化的人员信息进行匹配，并与应用相关联（匹配安全帽、开关闸机、统计考勤和识别特种设备等）。通过人脸识别系统，可以规范施工人员管理秩序，提高安全操作等级，提升管理效率。人脸识别系统可以实现以下功能。

（1） 人员配置。

人脸识别系统提供人员信息录入界面，包括身份证读卡器录入及照片上传功能。人脸识别系统支持根据不同工种、岗位、班组等配置人员的角色及权限，支持同一人员配置不同的角色，保证所有施工人员进入系统。人脸识别系统还支持输出报表功能，便于工地统计与管理。

（2） 人帽合一管理。

初始化施工人员的身份证、对应的照片及安全帽相应编号等数据后存入系统，配合

RFID 电子标签，实现具体施工人员与其身份证、安全帽的一一对应，实现人帽合一。人脸识别系统提供人员与安全帽之间的绑定、解绑功能，并且支持查询历史数据，可追溯验证人帽合一的具体人员与时间。

（3）闸机管理。

人脸识别设备安装在闸机上，调节设备角度、识别频率等相关参数后，可对施工人员进出场进行人脸识别，同时与闸机开关做联动，实现施工人员进出场管理，并通过接口将相关数据传输至数字工地智慧安监平台。系统为每个闸机标识唯一编号，可记录每个闸机开启的时间，并提供历史数据查询功能，亦可按不同时间段查询每个闸机的进出量。

（4）考勤管理。

系统支持按照人员查询具体进出场时间和工作作业时长，提供报表查询与导出功能，可按照日、月、季度和年输出抓取施工人员进出场的考勤数据，亦可实时查看当前工地在场人数，便于管理人员统计与监督。

（5）塔式起重机、升降机操作人员身份认证。

塔式起重机、升降机是建筑工地生产过程中必备的机具，这两类机具比较容易发生危险事故，所以需要严格管理塔式起重机和升降机的操作人员。操作人员进入操作室开启设备前，安装在操作室内的人脸识别设备会对其进行身份验证，验证成功后设备方可开启，验证结果会通过接口传输至数字工地监督平台。系统为每个塔式起重机和升降机标识唯一编号，可提供塔式起重机臂长、吊重、力矩和位置等信息查询功能，并记录具体操作人员身份证验证、机具开启及离开机具的时间，支持历史数据查询，实现历史事件可追溯。

3. 物料智能化管理

物料智能化管理可以实现数据的收集和辅助管理。它是一种有别于传统的人工物料管理方式，通过信息化手段实现公司对项目在“收料—发料—核算”环节的实时管控，整合内部各项数据并对其进行分析优化，减轻人员工作量，简化复杂琐碎的流程，大幅提高企业的工作效率，降低错误发生率，督促项目定期按时核算，以实现对工程项目所涉物资进行规范化、统一化管理。

智能物料管理系统可以实现物资进出场全方位精益管理，运用物联网技术，通过地磅周边硬件智能监控作弊行为，自动采集精准数据；运用数据集成和云计算技术，及时掌握一手数据，有效积累、保值、增值物料数据资产；运用互联网和大数据技术，进行多项目数据监测和全维度智能分析；运用移动互联技术，随时随地掌控现场、识别风险，零距离集约管控、可视化决策。智能物料管理系统应用场景如图 5.12 所示。

1）作业精细

地磅对接，避免手工失误；实称实入库，保证材料真实到场。红外对射监测回皮车辆是否完全上磅，并提示预警，避免车身皮重变轻，净重增加。摄像头全方位监控，过磅监控车前/后/斗、磅房，卸料时监控料场，并抓拍图片，如图 5.13 所示，发现问题及时制止，惩罚和追溯有依据。

智能物料管理系统可以自动识别、填写车牌，留存车牌照片，提升过磅效率，实现可视化监管。此外，该系统还可以自动换算单位、自动计算偏差，不需查表，不用计算器。

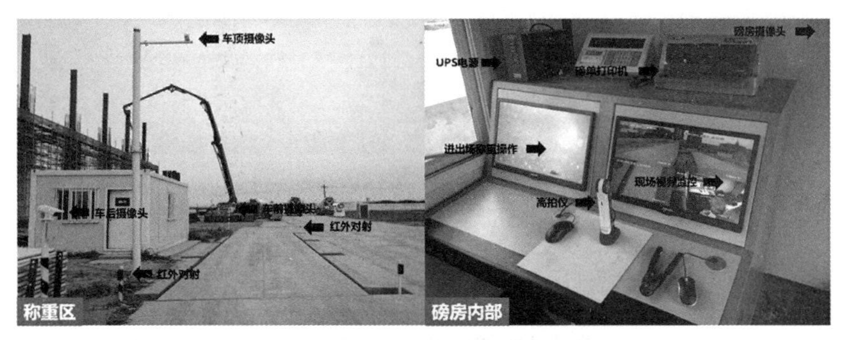

图 5.12 智能物料管理系统应用场景

图 5.13 称重时抓拍

2）统一管控

智能物料管理系统可以进行收发料汇总分析，即时更新动态，真实准确地反映收发料情况，支持实际采购、实际到货、实际发料分析，确保工程采购计划、用料安排、工程进度。在管理的同时，该系统还可以对物料供应商进行分析，多维分析供货偏差，核查各厂家真实供货信誉，识别优质厂商和劣质厂商，提高供货保障。根据硬件采集数据，系统出账，不受人为干预，保证数据准确；追溯原始信息核查问题单据，防止查无实据；扫描枪对账，排除无效单据，避免多算、错算。此外，智能物料管理系统还可以进行视频监控管理，远程视频直播过磅收料卸料情况，全方位监控摄像覆盖范围，督促规范管理；过往视频回放，动态影像便于核查，如图 5.14所示。

3）智能化决策

通过材料总量对比、偏差情况、环比走势、扣量走势等，监控变化趋势、识别管理重点、分析问题原因，辅助材料计划决策、资金计划决策。通过供应商负差排名、扣量排名、供货排名等，识别供应商真实供货信誉、供货质量、供货实力，辅助供应商招采决策、评估决策。通过作业人员收发料排名、识别超负差次数/超负差率排名，提供绩效考核依据、工作效益评估标准，辅助人员评价决策、选拔决策。

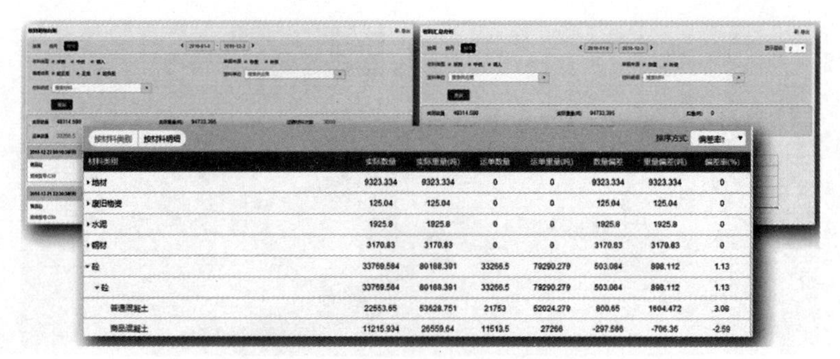

图 5.14　智能物料管理系统界面

4. 现场安全智能化管理

1）基于 BIM 技术的安全管理

BIM 技术是应用于建筑全生命周期的 3D 数字化技术，基于 BIM 技术的安全管理体系如图 5.15 所示，其应用于建筑施工安全管理主要有以下几个方面。

（1）施工方案优化设计。BIM 技术通过建立模型，在三维虚拟空间中提前对方案进行安全风险分析，论证施工各类假设情境的优劣，对方案优化调整发挥重要作用。

（2）危险源前置管理。BIM 技术可将危险源置身于虚拟场景中分析，进行危险源自动搜索、识别，极大方便了危险源前置管理。

（3）可视化培训。BIM 模型可以形象地展示施工场景的安全风险，可视化的安全要求和标准生动有趣，易于被理解和接受，能够让施工作业人员亲身感受，从而达成安全共识，培养良好的安全意识，指导现场作业行为。

（4）清单精细化管理。BIM 技术强大的模型数据统计，可快速导出安全设备设施的清单，对于物料计划提请和安措费计算十分便利。

2）基于智慧工地＋物联网的智能化安全管理

智能识别终端技术的发展使得物联网技术得以在工程安全管理工作中应用实施，以此减少劳动力，提高安全风险辨识度，有效减少安全事故的发生。物联网技术主要有自动识别技术、定位跟踪技术、图像采集技术、传感器与传感网络技术等，将以上技术应用于施工现场来实时监控各对象的安全状态，可有效预防安全事故发生。

（1）人机料定位。

施工人员定位可监控人员工作位置，是否进入危险区域或禁入区域，一旦进入可启动报警装置；施工车辆定位可帮助完成车辆运营调度，防止车辆进入危险区域和禁止通行区域，也可实时跟踪垃圾车的驾驶路线，对垃圾的卸载倒放进行监控；施工机械定位可掌握施工机械的位置及运动轨迹，优化资源调配，场地布置，防止机械碰撞；物料定位可监控物料堆放点是否合理，也可实时跟踪物料运送途中的位置。

（2）人员权限识别。

在施工现场及生活区应用生物识别对进入人员进行权限识别，记录人员进出情况，防止非工作人员的进入扰乱工作秩序，也可保证工地财产及物资的安全；在危险大型机械或重要作业区应用生物识别对人员身份进行验证，可防止无证上岗，减少事故发生的人为因素，且可用于事故发生后的责任追溯。

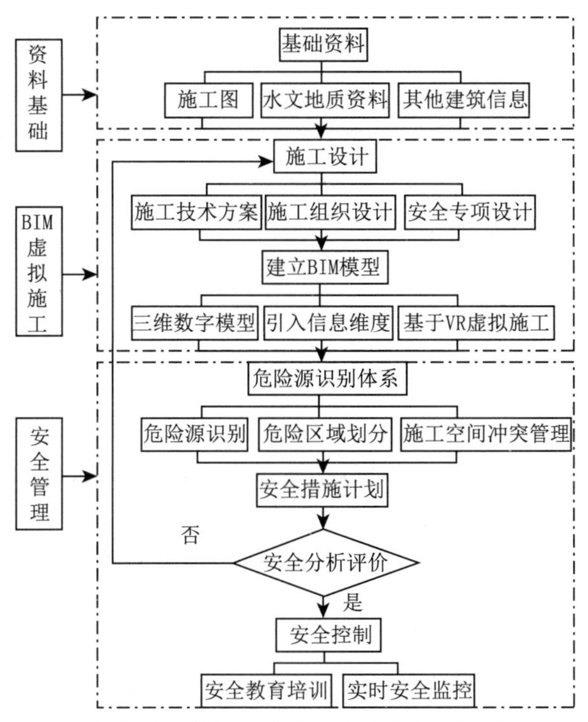

图 5.15 基于 BIM 技术的安全管理体系

（3）结构、危险源变形监测系统。

通过激光测距原理，应用 3D 激光扫描技术，对建（构）筑物的空间外形、结构进行扫描形成空间点云数据，以此建立三维数字模型并与 BIM 进行比较，实现高精度质量检测和变形监测；通过位移传感器等，监测结构或基坑的位移变形，通过数据超标预警预防安全事故的发生。

（4）机械设备运行参数监测。

通过对塔式起重机、升降机、工人电梯、卸料平台等危险系数较高的大型施工机械隐患点安装传感器，实时监控机械的应力、高度和位移等数据，并将监测数据通过图表和模型进行可视化展示，实时监测运行状态，数据超标时可及时预警。

（5）工地可视化视频监控。

通过计算机视觉高效辨别作业人员位置并追踪人员工作状态，对违规行为自动识别报警，如在危险工作区域吸烟、未戴安全帽、未系安全带等；通过计算机视觉自动识别场地内塔式起重机、挖掘机等重大机械及危险源，对其位置、变形等要素进行可视化监控，自动辨识异常状态；通过视频监控记录工地出入口、料厂和仓库的人员及车辆进出，以便在出现生产安全及财产安全问题时追溯责任。

（6）环境危险源控制。

通过传感器对工地风速、湿度、温度等小气象进行感知和监控，以保障施工作业环境的适宜性；通过对烟雾、有害气体、水阀、电缆末端的监测，减少工地作业环境的安全隐患，如火灾等；通过对扬尘、噪声的监控，利用超限报警和喷淋设备联动来降低环境危险源对作业人员健康的损害。

(7) 高支模监控系统。

高支模监控系统借助先进监测设备对模板沉降、立杆变形、立杆位移、立杆倾角、支架整体水平位移和立杆轴力数据加以采集，所用的仪器设备具有较高的精度，当监测数据在设定值以上时，施工现场响起尖锐的警报声，通知所有现场工作人员迅速撤离，将高支模安全事故所引发的损失控制在最小范围内。

(8) 特种作业人员管理系统。

特种作业人员管理系统将特种作业人员的信息录入系统，详细记录他们在建筑施工中的参与情况和具体表现，迟到、早退和违规操作等行为都将予以扣分；同时，在系统中还能查到特种作业人员的从业资质，不具备相应资格证书的人员不能从事特种作业，建筑施工中无证上岗的情况得以避免。

5. 施工现场空间环境数字化控制

随着我国工程建设的发展，工程结构和建设环境日益复杂，各类新型问题层出不穷，现阶段需要充分利用物联网、互联网及云处理等高新科技成果，结合具体工程建设背景及项目特点开发适用于新形势下的施工现场空间环境数字化控制方法。

数字化控制不仅可以帮助施工管理者解决项目实施中可能出现的问题，还可以将数字化技术的信息作为数字化培训的资料。施工人员可以在三种模拟环境中认识、学习、掌握特种工序施工及大型机械使用方法等，实现不同于传统培训方式的数字化培训。如利用平台的课程系统教授施工人员基本的安全知识，补充体系构架；利用数字化技术进行项目交底，更明确地对细部危险源防护措施进行 3D 查看，减少因处理未知情况而造成的危险。数字化培训可以提高培训效率、增强培训效果、缩短培训时间、降低培训成本。

1) 施工现场临时设施的数字化布置

施工现场临时设施通常包括办公室、会议室、食堂、宿舍、材料堆场、标养室、施工道路设施等，按功能一般可分为管理区域、生活区域、生产区域和其他区域。施工现场临时设施的布置与优化对项目顺利施工具有很大影响，合理有效的场地布置方案在提高场地及设备利用率、提高办公效率、方便起居生活、降低生产成本等方面有着重要的意义。随着项目施工标准化水平的不断提高和文明工地建设的推进，临时设施也逐步成为展示建筑企业 CI 形象的重要载体。传统的施工场地布置因没有具体的三维模型信息，通常都是技术负责人凭自身经验结合现场平面图进行大致布置，一般难以及时发现场地布置中存在的弊端，更无法合理优化场地布置方案。现场施工阶段可分为地基基础施工、主体施工、二次结构施工和装饰装修，未经过合理优化的场地布置方案，为了在不同施工阶段适应施工需求，需对方案根据施工阶段进行重新调节布置，利用数字化施工控制技术进行施工现场临时设施的管控具有重要意义。

临时设施的数字化布置是指运用 BIM 技术以工程建设项目的各项相关信息数据建立三维建筑模型，在三维建筑模型中模拟现场平面的布置。其具有信息完备性、关联性、一致性、可视化等特点，可实现各项目参与方在同一平台上共享同一建筑信息模型。

临时设施的数字化布置主要流程是运用建模软件对整个施工现场的所有临时设施按照 1∶1 的比例进行建模；根据现场施工场地情况结合现场施工手册，对现场临建、施工道路、材料加工区、机械设备等进行场地布置；运用整合软件对整个场地生成漫游动画。通过漫游可以直观地发现临建的排布、施工道路的宽度、塔臂是否覆盖材料加工区、塔式起重机附墙的设置、塔臂间是否存在打架等现象、塔式起重机覆盖范围内是否有超过起吊质量的构件（如钢结构、机电设备、预制构件）等。临时设施的布置原则是在满足施工要求下，以便于工人生产和生活为目标，保证场地内道路通畅，次搬运少、运输方便，布置紧凑、充分利用场地，同时符合安全、消防、环保要求。北京大兴国际机场项目临时设施布置模拟如图 5.16 所示。

图 5.16 北京大兴国际机场项目临时设施布置模拟

2）施工现场场地的数字化布置

通过数字化布置建立带有场地布置的 BIM 还可以模拟现场施工工况，找到可能产生冲突的关键位置，针对关键位置进行关键设施的冲突检测，快速得到不同施工阶段下场地布置方案产生的空间安全冲突指标值，有助于全面、准确、高效地确定方案。北京大兴国际机场项目现场虚拟布置如图 5.17 所示。

图 5.17 北京大兴国际机场项目现场虚拟布置

随着文明工地的建设越来越受到地方政府部门和施工企业的重视，施工企业与地方政府部门就共建文明工地的沟通、交流、展示也越来越频繁。运用 BIM 技术的可视化场地布置图可以非常直观地展示工地建设效果，并可以进行三维交互式建设施工全过程模拟。同时，依托 BIM 系统中临时设施 CI 标准化库的建设、完善，可以实现标准化建设临时设施，在满足施工生产需求的同时更好地展示了企业 CI 形象。

3）施工现场材料及设备的数字化物流管理

工程施工现场材料及设备的物流管理是施工现场物流管理中的关键，但是由于建筑现场环境复杂、作业空间受限等因素，其往往也是施工现场物流管理中较为薄弱的一环。传统建筑施工现场材料及设备主要依赖于人工进行各阶段管理的方式必然导致了建筑现场材料及设备的管理流程烦琐、管理手段极不规范、管理效率低、管理时效性及动态性较差、管理成本居高不下等难题。

对此，基于现代化物流管理理念，利用物联网、BIM等数字化技术手段，通过将施工现场的主要原材料（如各类钢材、成型钢筋、混凝土、模板等）、小型机械、大型装备等物料的存储、供应、加工、借还及调度等现场物流的关键环节进行数字化控制，明确施工现场物流流程中的各区域资源需求情况，降低现场库存压力，优化现场物流运输路线，降低因物流不规范造成的施工现场建筑材料剩余，可有效提高施工现场材料及设备的数字化物流管理水平。

（1）施工现场原材料的数字化物流管理。

施工现场的原材料主要包括各类成型钢材、钢筋、商品混凝土、木材、砌块、水泥、砂石、焊条、装饰材料、玻璃及其他施工所用到的高分子材料等，涉及的材料种类多达上百种，如果进一步考虑钢材强度及相关组分的不同，钢筋的种类又将成指数倍增加。传统施工企业对于施工现场原材料的管理不够重视，主要依靠人工手动记账来完成原材料的入库、出库及库存信息的管理等工作，浪费人工，且出错较多，一旦发生错误无法进行问题溯源，后期调查及处理难度大。

因此，应根据施工现场原材料及其使用特点，建立基于现代化物流管理理念的施工现场原材料数字化物流管理平台，实现原材料入库、出库信息的快速、准确录入，同时结合先进的物联网自动识别技术，实现施工现场原材料的运输定位、部位识别、责任人交接等功能，并通过与材料供应商等上游平台的信息交换与共享，进一步为项目采购提供决策基础，实现建造成本的最优化。

（2）施工现场建筑构件的数字化物流管理。

施工现场建筑构件主要包括各类型钢构件、钢筋混凝土构件等，以及可在现场通过一定的连接方式直接进行组装的成品构件。传统施工现场建筑构件物流管理因构件供应商与施工企业各自管理，而无法形成共享信息流，即所谓的物流管理并不完整。随着物联网自动识别技术的发展，二维码技术和RFID技术在建筑业物流管理中的应用越来越普遍，并通过与BIM技术的融合，大幅提升了施工现场建筑构件物流管理的数字化水平。数字化的预制构件吊装现场如图5.18所示。

图5.18　数字化的预制构件吊装现场

5.2.4 智能化建造方式

1. 预制构件数字化拼装

建筑构件数字化拼装是实现数字化施工的关键之一。基于数字化模型，采用自动化生产加工装置、装备对建筑构件进行加工与拼装，可大幅提高生产和施工的效率与质量。首先，精密的加工装备可对所需生产的建筑构件进行自动控制，使得制造误差相对较小，提高了生产效率；其次，对于建筑中所需的预制混凝土及钢结构构件，均可实现异地加工，而后运输至工地现场进行拼装，大大缩短了建造工期，建造品质可控。

1）数字化拼装关键技术

数字化拼装通常需应用BIM技术、RFID技术、ERP系统及MES系统这4种信息化技术，基于BIM的准确性，通过ERP系统实现预制构件生产信息的集成，通过MES系统实现向上对接工厂生产车间，同时利用芯片共享信息的优势，将信息化管理向施工现场延伸，甚至实现全生命周期的信息化管理，可有效提升工程建设工业化建造及管理水平。

（1）BIM技术。

在预制构件厂进行预制构件加工制作时，利用BIM技术对构件所具有的真实信息进行虚拟仿真三维可视化设计，对各类构件进行三维建模、翻样、碰撞检查等工作。

在构件深化设计时，运用BIM技术进行构件编号、节点细化、信息模型制作、钢筋翻样、加工图、信息表达等工作。由于BIM具有关联实时更新性，当对模型之中的数据进行修改时，整体建筑预制关联的其他信息都会同步更改，这样可避免传统手工制图时因修改出现错误、遗漏的问题。当BIM建成后，操作人员根据实际需要导出构件剖面图、深化详图及各类统计报表等，使用方便。

在构件模具设计时，运用BIM技术进行钢模模型制作、钢模编号、加工图信息表达等工作。三维可视化的BIM能够显示预制构件模具设计所需要的三维几何数据及相关辅助数据，为模具的自动化设计提供便利；此外，基于预制构件的自动化生产线还能实现自动化拼模。

当进行预制构件下料加工时，运用BIM技术把三维数字化语音转换成加工机器语言文件进行数字化生产，可实现构件无纸化制造。将BIM中的构件信息导入服务器，生成自动化生产线能识别的文件格式进行生产，并利用模型信息，可实现拼模的自动化。此外，在构件深化设计中，还可利用BIM对构件进行配筋碰撞、预埋件碰撞等检查。通过BIM技术，不同专业的设计模型在同平台上交互，实现不同专业、不同参与方的协同，大大提高了预制构件加工效率。

（2）RFID技术。

射频识别技术也称为RFID（Radio Frequency Identification）技术，这是一种无线电波通信技术，其特点为通过无线电波不需要识别系统与特定目标之间建立接触就可以识别特定目标并显示相关信息。

传统形式的RFID芯片如图5.19所示，其需要预埋基座，后插入芯片封装，因此价格较高，安装也比较麻烦。常用的信息卡式RFID芯片类似于“身份证”，如图5.20所示，是一种比较实用的RFID芯片形式。信息卡式RFID芯片在构件加工任务单形成时即可制作打印，并在构件制作时埋入，卡面包含构件加工单位、加工类型、时间及所在项目等信息，便于工人操作，价格低廉。

图5.19　传统形式的RFID芯片

图5.20　常用的信息卡式RFID芯片

预制构件生产企业生产的每一片预制构件，都可通过RFID芯片追溯其生产时间、生产单位、库存管理、质量控制等信息。另外，还可把在RFID芯片中记录的信息同步到BIM模型中，以方便操作者通过手机等设备实现预制构件生产各环节的数据采集与传输。

(3) ERP系统。

企业资源计划也称为ERP系统（Enterprise Resource Planning），指基于信息技术基础，通过BIM、计划管理系统及芯片内集成数据的结合，实现混凝土预制构件生产企业整条生产链（包括项目信息、生产管理、库存管理、供货管理、运维管理）的预制构件信息化集成管理。

(4) MES系统。

制造执行系统也称为MES系统（Manufacturing Execution System），该系统面向制造企业车间执行层。利用RFID技术，混凝土构件生产企业可以把MES系统与ERP系统连接，记录每一块预制混凝土构件基本信息，并在平台上实现信息查询与质量追溯，提高平台自身在预制混凝土产业的权威性和专业性，为政府监管单位提供实际抓手，如图5.21所示。

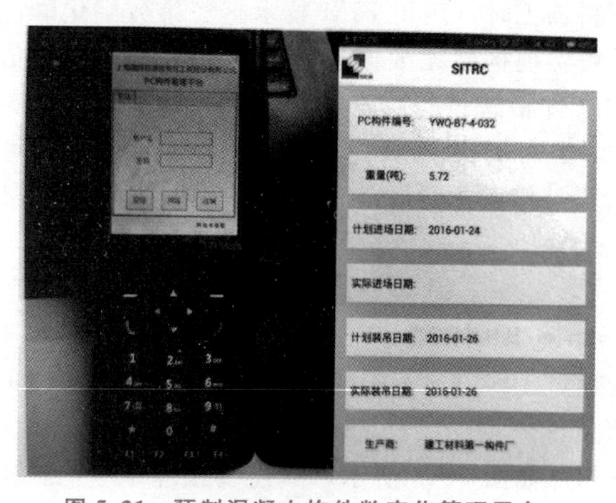

图5.21　预制混凝土构件数字化管理平台

工厂利用 MES 系统按照公司 ERP 系统反馈的生产计划，完成每日生产计划安排，包括每日从系统内调取当日生产计划，打印对应编号的 RFID 芯片，准备生产备料。在预制构件加工过程中，通过登录 MES 系统进行各生产环节的信息记录，并与 ERP 系统进行联动，实现数据信息共享。在预制构件存储管理过程中，按照 ERP 系统制定的库存管理信息进行构件堆放，出库时扫描芯片，并将信息同步录入两个系统中。

2）数字化拼装工艺流程

（1）预制构件生产阶段。

在预制构件生产阶段，将 RFID 芯片安置于构件上。具体步骤为先将 RFID 芯片用耐腐蚀的塑料盒包裹好，再将其绑扎于构件保护层钢筋之上，最后随混凝土的浇筑永久埋设于预制构件产品内，其埋设深度即为混凝土保护层厚度。生产日期、生产厂家和记录产品检查记录等基本信息录入 RFID 芯片中。在芯片信息录入时，根据预制构件生产过程分阶段（混凝土浇筑前、检验阶段、成品检查阶段、出货阶段）导入芯片信息，然后上传到服务器，完成录入。

（2）预制构件运输阶段。

预制构件运输阶段是工厂生产的构件运送到施工现场进行装配的阶段。管理人员利用装有 RFID 读写器和 WLAN 接收器的 PDA 终端，读取 RFID 芯片中预制构件基本出厂信息，以便核实配送单与构件是否一致，编写运输信息，生成运输线路，并连同安装 GPS 接收器和 RFID 阅读器的运输车辆信息并上传至数据库中，以便构件与运输车辆相对应，通过 GPS 网络定位车辆，便可同时获得构件的即时位置信息。

（3）预制构件进场堆放阶段。

在堆场中设置 RFID 固定阅读器，当构件卸放至堆场后，读取每个构件信息，将构件与 GPS 坐标相对应。在规划阅读器安装位置时，应考虑阅读器的读取半径，以保证堆场内没有信号盲区，实现构件位置的可视化管理。

（4）预制构件安装阶段。

在预制构件安装时，因每个构件都同时携带与其对应的技术信息和 RFID 芯片，安装工程师可依据技术信息和 RFID 芯片信息，将构件与安装施工图一一对应。在每道工序结点完成后，通过读写器将安装进度和安装质量信息写入 RFID 芯片，并通过网络上传至数据库中。

质量检查人员和安装工程师也可利用 PDA 及时掌握 RFID 芯片中的安装进度和安装质量信息，当工人完成构件安装后，安装工程师将构件的实际安装情况与技术图纸相对比，重点确认构件的浇筑情况、临时支撑情况、连接节点处情况等，以便对构件安装进度、安装质量进行评估。

构件管理方面则结合 BIM 技术和物流管理理念，针对现场施工进度情况，对预制构件的信息化管理进行探索，搭建一条看不见的生产线。

2. 基于 BIM 技术的虚拟建造模式

BIM 技术能够支撑建筑全生命周期各参与方之间的信息共享，支持对工程环境、能耗、经济、质量、安全等方面的分析、检查和模拟，可实现工程项目的虚拟建造，为建筑业的提质增效和产业升级提供技术保障。

作为建筑信息的载体，数字化模型中融入了建筑物的功能和构造信息，可用于后续的建筑建造和构件组装，实现精细化管理。综合考虑时间、经济、环境等附加维度属性，关键维度数字化模型分析方法可实现结构空间设计、功能提升增值、成本控制等方面的仿真模拟。基于BIM技术的虚拟建造模式不仅使建造全过程状态直观明了，而且可优化建筑施工工艺，提高施工效率，保障项目顺利完成。

1）BIM技术的应用范围

BIM技术广泛应用在建筑施工和虚拟建造的各个方面。

（1）施工图纸的审查。

在一个施工设计方案正式实施之前，需要对施工图纸进行审查。传统的图纸审查方式是设计人员对其设计理念和想法进行详细的叙述，施工人员了解设计人员的设计理念后，对不清楚的问题和设计人员进行沟通。这种传统的图纸审查方式虽然能起到一定的审查作用，但还是不够全面和细致。依赖于BIM技术，可以通过模拟施工的方式对施工设计图纸的可行性和合理性进行检验，通过模拟施工，可以提前发现实际施工中存在的问题和设计缺陷，及时做出整改，保证施工设计方案的准确性和合理性，保障施工进程的顺利进行。

（2）施工组织。

在实际的建筑施工过程中，施工的作业面积是非常大的，并且非常复杂。有序的资源摆放和作业环境有助于施工的组织，相反，无序的、杂乱的施工环境会阻碍施工组织。利用BIM技术，可以对施工现场的整体布置情况进行模拟，合理规划施工材料、施工机械设备放置位置，不同的施工区域和不同的施工机械设备用不同的颜色区分，节约施工材料的运输距离和施工机械行驶距离，并且能够模拟施工人员在现场的施工行驶路径，合理避让，创造安全高效的作业环境。利用BIM技术，还可以将施工现场与周围环境和条件联系起来，提前预测施工隐患，提前制定应急方案，可以随时变化施工现场的布置情况，为施工组织的正常进行打下基础。

（3）规划施工进度。

在建筑施工过程中，合理规划施工进度是非常重要的，施工进度不仅影响施工质量，还会影响施工造价。BIM技术可以利用一系列的软件对建筑施工过程进行实时的全程监控，及时发现理想施工进度和实际施工进度之间的偏差，并及时进行修正，对影响施工进度的因素进行有效控制。在施工管理中，施工材料、施工机械设备、施工技术和天气都会影响施工进度，在实际施工过程中，BIM技术会在初期建模过程中，把图纸、施工技术标准和现实情况相结合，使与工程相关的各项属性信息更加完整，将所有影响施工进度的因素全部考虑在内，提前制订施工进度计划，有效地加快施工进度。

通过BIM技术，还可以根据施工计划计算出施工人员的每日工作量，以便施工管理人员可以更加合理的分派任务，加快施工进度，缩短工期。

（4）控制施工成本。

对于庞大的建筑施工工程，施工成本包括很多方面，比如施工材料成本、机械设备成本、施工用电用水成本、施工人员工资等。在控制成本方面，BIM技术通过应用软件建立各项成本数据库，在数据库中录入各项成本清单，每产生一项费用，数据库可以做到实时更新，分析工程进程的成本。在每月结算或季度结算时，可以明确知道工程进行到现在所耗费的成本。还可以根据施工组织情况合理编制每月成本支出，如果超出，可以及时分析超出成本原因，不至于扩大超出成本范围，影响施工进度。还可以根据施工计划，合理编制施工材料、施工设备采购计划，减少不必要的采购和盲目采购，节约施工成本。

2）BIM+VR/AR/MR 技术的应用

在施工过程中加入虚拟技术的支持尤为重要。BIM 技术与 VR/AR/MR 技术相互结合，运用到建筑业中，不仅是信息技术载体和应用工具的升级，而且使整个施工过程随着技术的深入发展而发生实质性的变化。VR/AR/MR 技术的有效运用，可以将 BIM 信息与真实的施工环境进行直观交互。设计人员依据 BIM 数据，结合相关的信息，通过 AR 技术提供指导，以确保施工设计与实际施工平稳对接，实现 BIM 技术在施工质量控制中的最大价值。

3）应用案例

北京大兴国际机场项目概况：北京大兴国际机场航站区工程，是以航站楼为核心，由多个配套项目共同组成的大型建筑综合体。总建筑面积约 143 万 m^2。设计目标为大型国际航空枢纽，2025 年旅客吞吐量达到 7200 万人次、货邮吞吐量 200 万 t、飞机起降量 62 万架次。北京大兴国际机场是国际一流、世界领先，代表新世纪、新水平的标志性工程，如图 5.22 所示。该项目工程施工难点多，结构超长超大，施工段多。

图 5.22　北京大兴国际机场项目

（1）技术质量管理。

通过 BIM 软件，模拟施工临时运料大型钢栈桥安装方案，明确施工工艺流程，并对方案关键技术点进行数据验算。通过 BIM 5D 管理平台实现三维空间的质量安全管理，发现的问题实时反馈跟踪，问题责任单位和整改期限清晰明确，保证了质量安全管理的实时高效，所图 5.23 所示。通过建立 BIM，对复杂工艺节点进行模拟，如图 5.24 所示，增强技术交底的可视性和准确性，提高现场施工人员对复杂节点施工工艺的理解程度。利用 BIM 技术对大型型钢网架生根点的安装形式进行模拟，利用专业力学软件进行了受力分析计算，如图 5.25 所示。

（2）商务管理。

项目部商务部门根据工程实际需要，明确各专业需要由 BIM 导出的工程量清单项目表。协同广联达公司的研发部门，研究符合商务要求的施工模型。实现了将 Revit 模型直

图 5.23　BIM 5D 管理平台

图 5.24　底板侧模方案模拟

图 5.25　型钢网架生根点 BIM

接转换为 GCL 算量模型，如图 5.26 所示。商务部门根据算量规则，对技术部门提交的模型进行审核，并出具模型审核报告。通过应用 BIM 5D 管理平台，如图 5.27 所示，商务部门对总计划、月计划、产值统计、领料计划进行实时跟踪，掌握材料、资金、人工等变化情况，并按需求做出相应的调整。通过基于 BIM 的流水段管理，对现场施工进度、各类构件完成情况进行精确管理。

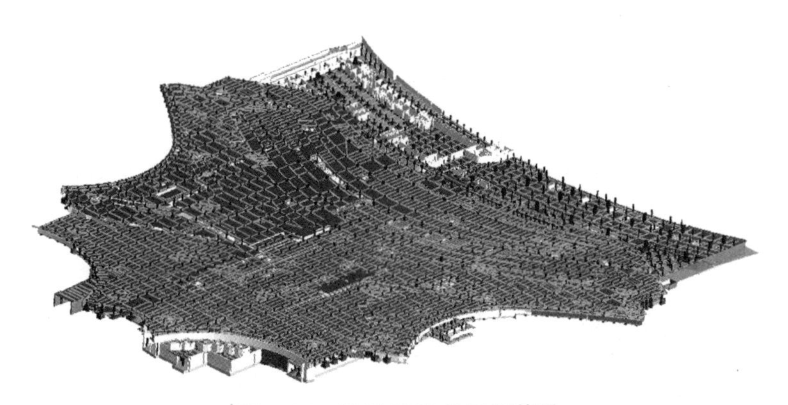

图 5.26　基于 BIM 的工程算量

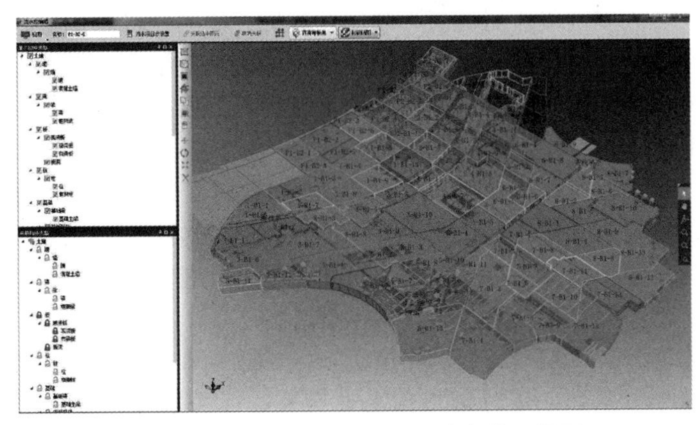

图 5.27　BIM 5D 管理平台流水段管理界面

3. 整体提升同步施工技术

随着社会经济的不断发展，大跨度的钢结构越来越多地应用在大型公共建筑项目上。由于此类工程一般具有跨度大、截面高、质量大等特点，若采用高空散装，需增加临时支撑，且桁架截面高，侧向稳定性差，易失稳，增加高空作业安全风险。因此，在大跨度钢结构施工中可以选择“地面原位拼装、整体提升、局部补缺”的安装思路，即采用整体提升同步施工技术。

1）技术特点

（1）高效提升。整体提升效率高，相比传统的吊装方案，可大大缩短施工周期。

（2）减少交叉。避免了传统吊装方案所需的大量临时支撑措施的搭设和拆除，可以在主体结构施工完成之后进行，最大限度地减少对其他专业施工的影响。

（3）质量保证。大屋盖主要在地面完成整体结构的拼装和焊接工作，相比高空原位拼装，焊接质量能够得到极大的保障。

(4) 安全可控。施工前，采用 BIM＋有限元软件，对待提升结构进行分析，模拟施工过程中的各种关键要素，保证施工安全；在地面完成拼装之后，再进行整体提升，仅需对周边进行对接作业，最大限度地减少了高空作业量，使安全性得到提升。

(5) 节约成本。节省了大量的临时支撑措施费用，避免了对其他专业施工流水的影响，对项目整体成本的控制发挥了积极作用。

2) 关键技术

(1) 利用 BIM 技术创建精确的三维模型，直接导入有限元分析软件。在提高了模型精度的同时，也解决了有限元分析软件建模效率低的问题。

(2) 在对提升全过程进行施工模拟的过程中，创新采用 BIM 和有限元分析模型的交互反馈机制，对方案不断优化，达到正向出图的条件，实现了设计和施工的融合，最大限度地减少了设计变更。

(3) 采用计算机统一控制集群液压提升设备，利用液压提升设备无级调速的特点，使各提升点均能同步、稳定工作。

(4) 在卸载阶段，采用计算机控制集群液压提升设备进行分级卸载，逐步对在高空完成的连接节点施加荷载，使结构有充足的时间进行应力释放，从而确保结构变形更均匀，施工过程更安全。

(5) 采用系统＋人工两级监测机制，利用计算机系统的行程及位移传感监测，辅以人工利用全站仪、应变片等器材进行监测，达到系统反馈＋人工反馈、微观监测＋宏观监测的目的，实现提升过程的实时控制，保证整个提升过程的同步性。

3) 应用案例

国家图书馆二期工程概况：该工程 3 层以上为钢结构（质量为 12300t），以下为钢筋混凝土结构，钢筋混凝土结构外形尺寸为 120m×90m，钢结构尺寸为 106m×116m，且单根构件质量大，按正常方法施工难度极大。因此使用了万吨钢结构整体提升施工技术。

该工程采用了巨型钢桁架体系，钢结构体型巨大，单个杆件质量大，空中组拼难度较大。经多种施工方案分析比较，工程总体施工方案选用逆作法施工（图 5.28），即先施工临时支撑桩及拼装平台基础，进行钢结构地面拼装，待 4 层至顶层钢结构地面拼装完成后，再进行土方开挖，施工底下 3 层结构。

图 5.28　逆作法施工

钢结构采用了“地面拼装，整体提升”的施工方案，利用结构体系中的 6 个钢筋混凝土核芯筒作为主要提升承力结构。为缓解施工进度压力，钢结构的10榀桁架及主悬臂梁、主连系梁等主要构件，在地面拼装完成以后再进行整体提升；次梁及第5层结构在整体提升完毕以后、混凝土结构施工期间在空中穿插散拼。最终确定整体提升质量约为10388t。整体提升后安装、焊接劲性柱和Y形支撑，再整体下降与Y形支撑对接卸载，形成主体结构。

国家图书馆二期工程钢结构整体提升距离为15.65m，超过设计标高600mm，以便安装Y形支撑。钢结构整体提升施工共分为5个过程：试提升、正式提升、空中悬停、整体下降、钢结构卸载。

(1) 提升应力监测。

在试提升和正式提升过程中，应对钢结构应力进行实时监测。共布置36个应变测试点，其中，钢桁架上布置24点，提升吊耳上布置12点。通过对钢结构提升受力时的应力与理论分析计算比较，调整提升施工控制，使提升过程中结构受力始终在允许范围内。另外，应力监测对试提升逐级加载也起到指导作用，每级加载通过应力反映稳定后才进行下级加载，使提升加载过程安全可靠。

(2) 试提升。

试提升包括提升试验和下降试验两部分，是对整个提升施工系统实际工作质量状态、理论计算分析准确性的最终检验。试提升采用逐步加载过程，也是对系统内难以检查的结构部分（包括钢结构主体、提升吊耳、提升塔架、提升平台等）的测试，它的成功与否直接关系到提升施工是否安全顺利，所以试提升阶段的检查工作非常重要，是整个提升施工的关键工序。

(3) 正式提升。

正式提升时，由一台计算机控制全部提升设备动作，通过动作同步和位置与载荷同步两个控制回路共同作用，满足提升施工质量要求，如图5.29所示。

图5.29　正式提升

(4) 空中悬停。

提升到位后锁紧油缸下锚，将载荷转移到下锚，使油缸下部结构受力，液压系统不再受力，上锚再次锁紧为安全提供二次保障。钢结构与6个核芯筒间在上下弦杆位置利用木楔楔紧，对钢结构做水平固定，使其保持在原轴线位置，如图5.30所示。

(5) 整体下降。

Y形支撑安装完成后，开始下降结构。将结构整体下降至设计标高，与Y形支撑上口对接，如图5.31所示。

(6) 钢结构卸载。

钢结构卸载过程是指由提升系统受力向整体钢结构自身受力逐渐转化的过程，卸载实

图 5.30　空中悬停

图 5.31　整体下降

施的成败直接关系到整体钢结构的安全，这是整个工程施工质量的最终检验。Y形支撑上口焊接完成后，进行下口焊接和提升系统逐级卸载，如图 5.32 所示。

图 5.32　提升设备逐级卸载

4. BIM 与精益建造的协同应用

1）精益建造的概念

20 世纪日本丰田汽车公司在汽车业取得了巨大成功，Womack 等人研究了丰田生产系统（Toyota Production System）后提出，这是继手工业生产和大工业生产后的第 3 种生产方式——精益生产（Lean Production）。这种生产方式旨在以最低成本最大限度满足顾客需求，并能对市场做出迅速反应。此后，精益生产在汽车及其他制造业中广泛传播，已被实践证明是一种能有效提高产品质量及行业生产率的先进生产方式。相比制造业，建筑业产品质量和生产率均很低，Lauris Koskela 在 1992 年提出要将制造业的生产原则包括精益生产等应用到建筑业，并于 1993 年在 IGLC（International Group of Lean Construc-

tion）大会上首次提出“精益建造”（Lean Construction）概念。随后世界上许多学者、机构和建筑公司纷纷投入这一领域的研究，其中IGLC和LCI（Lean Construction Institute）两大组织已成为精益建造研究的重要推行者和研究基地。

国际上对精益建造尚无一个确切的定义。CII（Construction Industry Institute）在最近的一份研究报告中认为：精益建造是一个在项目执行中满足或超越所有顾客的需求，消除浪费，以价值流为中心追求完美的连续过程。同济大学的黄如宝教授对精益建造的定义如下：精益建造是一种基于生产管理理论，在建设项目交付过程中以价值流为中心，运用专业的技术和方法，实现顾客价值最大化、浪费最小化的建筑生产管理模式。

建筑项目充满复杂性和不确定性，所以精益建造并不是简单地将精益生产的概念应用到建造系统中去，而是根据精益生产的思想，结合建筑项目的特点，对建造过程进行改造，形成功能完整的建造系统。精益建造相对于传统的建造模式具有更高的可持续性和发展潜力，因此得到了国内外研究者和实践者的广泛关注，迅速发展成为建造领域中一个重要的研究方向。

然而，在实践应用方面，精益建造仍有较大局限。比如精益生产要求采用拉动式生产方式，所需的材料应在准确的时间由供应商供应到现场。但在施工现场，准时供应就显得极为困难。即使企业明知降低库存的重要性，但是由于建筑材料的价格波动大，为了规避短期的风险，企业会在其认为价格波谷的情况下提前大批量采购。另外，精益生产追求标准化，细到规定每个工人的操作时间和工序。只有形成了标准化，才有可能发挥工人的能动性和创造性去进一步改进现有标准，并形成新标准，达到一个动态的完善过程。虽然很多公司都已经设置并推行标准化管理体系，但建设项目的独特性往往让标准化成为施工现场的一种理想。工人每天的工作内容及工作标准不同，且工人的素质普遍偏低都是精益建造的阻碍。在施工现场，只有为数不多的有经验的班组长才会花心思去思考如何对工作所出现的问题进行改进。在工程项目中实施精益建造的前提是项目成员能够全面、有效、及时、准确地了解项目有关信息，对项目信息的掌控力成为了精益建造在建筑业中应用的巨大障碍，也影响了项目管理的发展。

2）BIM与精益建造的协同原理

随着建设工程领域的不断发展，新的理念和技术正在给整个建筑业带来一场本质上的变革。BIM的信息集中化存取方式，有效地解决了项目各参建方在处理、储存和分享信息中遇到的问题，为精益建造提供了必要的技术保障和支持。BIM作为一个改善工作流程的技术平台，它的应用需要项目的参与者改变传统的建造方式，而精益建造正是一种不同于传统建造的方式，它从组织结构、建造体系、质量管理、项目整体组织等各方面都体现出了有别于传统建造的特点和优势。因此，BIM技术与精益建造的协同应用，已经逐渐成为建筑行业改革的必然趋势。

（1）关联性。

近年来，国内外的学者和专家对精益建造和BIM技术展开了广泛的研究，并对BIM技术和精益建造的关联性进行了阐述。他们认为：这两者是相互独立的理论体系，任一理论都可以不依赖于另一理论而正常运作；但两者若能通过适当的方式在适当的环节进行有效的协同，BIM技术将有助于精益建造在工程中的应用，即产生1+1＞2的良好效应。

BIM 技术的引进与应用，与精益建造理论形成了一种相辅相成的促进协作关系。BIM 技术是精益建造理论应用于管理实践的有效工具；精益建造理论又反过来推动 BIM 平台更加完善，推动 BIM 平台的界面更加友好，以适用于建筑项目的管理应用。将精益建造目标与 BIM 技术实现的目标对比，两者有高度契合性。

（2）相互作用。

通过了解 BIM 技术和精益建造的典型功能特性，可以找到它们之间的关系大致包括以下 6 个交互点。

① BIM 技术的可视化功能可减少设计过程中的更改错误，避免屏幕设计错误，使设计趋于简便易懂，这样客户才能更加直观地了解和接受设计产品的设计理念。

② BIM 技术提供了一个知识共享平台，可以帮助各个行业的员工相互支持，避免重复工作，并且可以自动地进行成本计算和施工时间计算，这些遵循严格的工程原理。

③ 使用 BIM 技术集成来自不同专业模型的数据，避免重新制作后续项目，自动创建工作计划，有效规避人为原因导致的错误，达到合作共赢的目的。

④ 借助 BIM 技术，一线员工可以直观地学习模拟设计、了解位置、准备资源，及时更新信息和进行沟通，确保材料和设备满足建设要求，提高项目质量，加快项目进度，实时进行优化改进。

⑤ BIM 技术通过获取实时更新的数据信息，对施工做出判断，及时调整方案，与精益建造的过程稳定性原则相一致。

⑥ BIM 技术通过可视化设计状态并立即传递信息来确保工作流程的顺利实施，可视化管理的本质是精益生产中的推动式生产原理。

3）BIM 与精益建造的协同应用模式

BIM 与精益建造的协同应用存在一定的契合性。首先，BIM 技术可以推动精益建造的实现。BIM 技术为精益建造的应用提供信息支持，其重要功能是集中化存储信息及共享各类型文件，这恰恰响应了精益建造对处理海量信息的需求。BIM 技术核心是建立一个集中数据库，以数字、4D 图像的形式尽可能详细地展现项目的物理几何特征，并进行数据和信息的搜集、存储、交换和共享，从而有效掌控精益建造过程中的项目信息，保障精益建造体系下各参建方可以在项目全生命周期的任一阶段获取所需信息。其次，精益建造可有效改善 BIM 技术的应用环境。精益建造有别于传统建造方式，其紧紧围绕市场需求，将推动式生产转变为拉动式生产，浪费较少，并在整个流程中改变质量观和业务控制观，强调合作共赢。精益建造视信息为最核心资源，在实施过程中保障信息流高效畅通地传递。精益建造的成功实施为 BIM 技术提供了一个更为优越和先进的应用环境，改善 BIM 技术的作用效果，推动 BIM 技术为建筑业带来更大的改革浪潮。BIM 与精益建造的协同应用模式如图 5.33 所示。

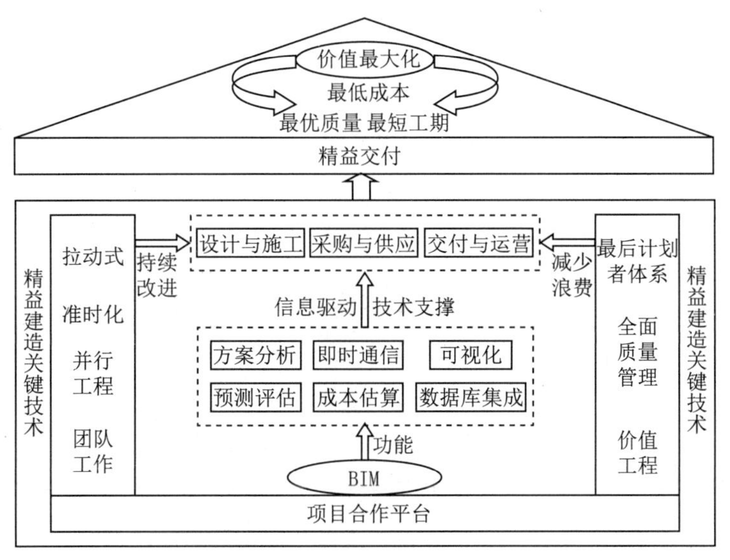

图 5.33 BIM与精益建造的协同应用模式

5.3 智慧工地

5.3.1 智慧工地概述

1. 智慧工地的概念

智慧工地是指在工地施工过程中，综合运用信息技术，建立施工场地的立体化模型，在施工监管全过程中形成一个互相连接的数据链条，并结合智能信息采集、数据模型分析、管理高效协同及过程智慧预测等措施，提高工地现场的生产效率、管理效率和决策能力等，提升工程管理信息化水平，实现绿色建造、生态建造和智能建造。

可见，智慧工地是建立在高度信息化基础上的一种信息感知、互联互通、全面智能和协同共享的新型信息化手段，也是BIM技术、物联网等信息技术与先进的建造技术的深度融合的产物，更会催生出创新的工程现场管理模式。

智慧工地必须应用最新的信息技术，以一种“更智慧”的方法来改进工程各干系组织和岗位人员相互交互的方式，以便提高交互的明确性、灵活性、响应速度和效率。信息技术应用的重点包括：一是要采用物联网技术，将感应器植入建筑、机械、人员穿戴设施、场地进出关口等各类物体中，并且被普遍互联，形成“物联网”，再与“互联网”整合在一切；二是通过移动技术，结合移动终端的使用，直接在现场工作，实现工程管理关系人与工程施工现场的整合，保证实施协同工作；三是集成化的需求和应用，企业和项目部都有对工地现场进行统一管理和监控的需求，因此，在规范不同系统的标准数据接口的基础上，还应建立集成化的平台，实现智慧工地监管系统，系统还要保证与现有的管理体系、管理系统等实现无缝整合。

2. BIM＋智慧工地平台

BIM＋智慧工地平台将现场系统和硬件设备集成到一个统一的平台，将产生的数据汇总和建模形成数据中心，基于平台将各子应用系统的数据统一呈现，形成互联，项目关键指标通过直观的图表形式呈现，智能识别项目风险并预警，问题追根溯源，帮助项目实现数字化、系统化、智能化，为项目经理和管理团队打造出一个智能化“战地指挥中心”。BIM＋智慧工地平台如图 5.34 所示。

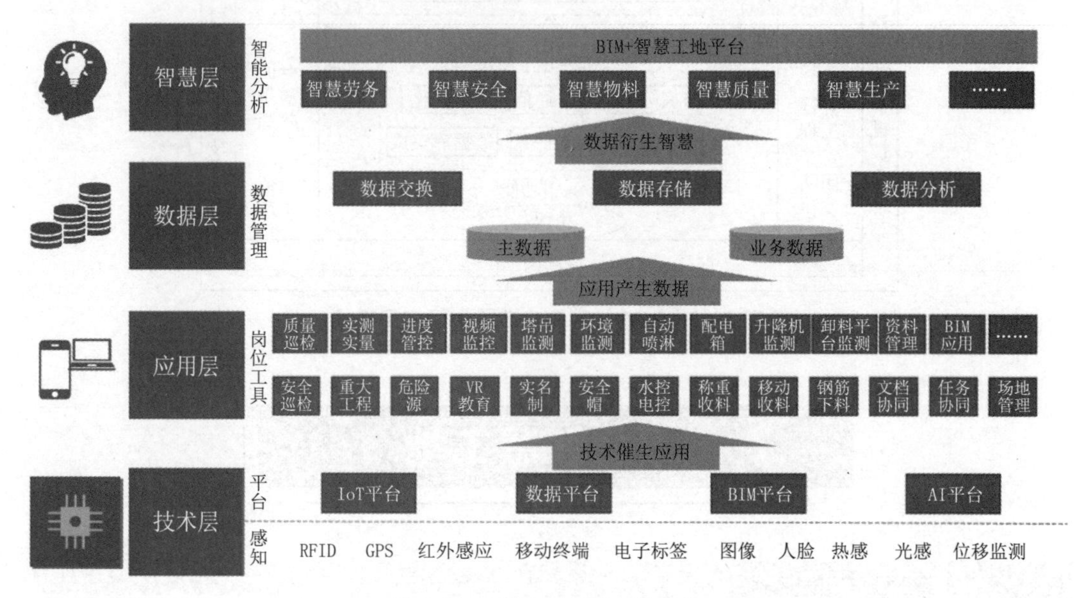

图 5.34　BIM＋智慧工地平台

3. 智慧工地平台特点

(1) 集成平台、统一入口：提供数据可视化看板，整体呈现工地各要素的状态和关键数据。看板具备分析能力，能够对劳务、进度、质量、安全相关数据进行多维度的分析，指标数据支持逐级下钻至原始数据。

(2) 应用系统集成：通过建立工地现场的数据标准、数据通信协议标准、各应用间认证和数据交换标准，支持多个应用间的数据共享和数据交换。智慧工地平台已集成各应用子系统所产生的数据，包括但不限于进度管理系统、劳务管理系统、安全管理系统、质量管理系统、成本管理系统。

(3) 智能硬件接入：智慧工地平台使用工业级物联网平台，对连接的硬件设备进行统一连接认证、建模和管理，保障接入设备数据传输的可靠性和稳定性。基于场地布置平面图提供动态可视化的图形看板，图形看板中按实际位置呈现环境检测设备、摄像头、塔式起重机等硬件设备，并对运行状态进行动态显示。已接入现场设备类型包括视频监控、环境监测、自动喷淋控制、塔式起重机监控、升降机监控、卸料平台监控、高支模监测、智能基坑监测、智能变电箱、智能水表、大体积混凝土测温、智能烟感监测、天气预报等十余类近百家品牌，且提供开放接口，可以快速接入任意厂商的硬件设备。

5.3.2 智慧工地的平台架构

智慧工地的平台架构如图 5.35 所示，主要内容包括视频监控、环境监测、机械设备监测、智能基坑监测、进度管理、质量管理等，有些还包括 3D 扫描技术和无人机等。

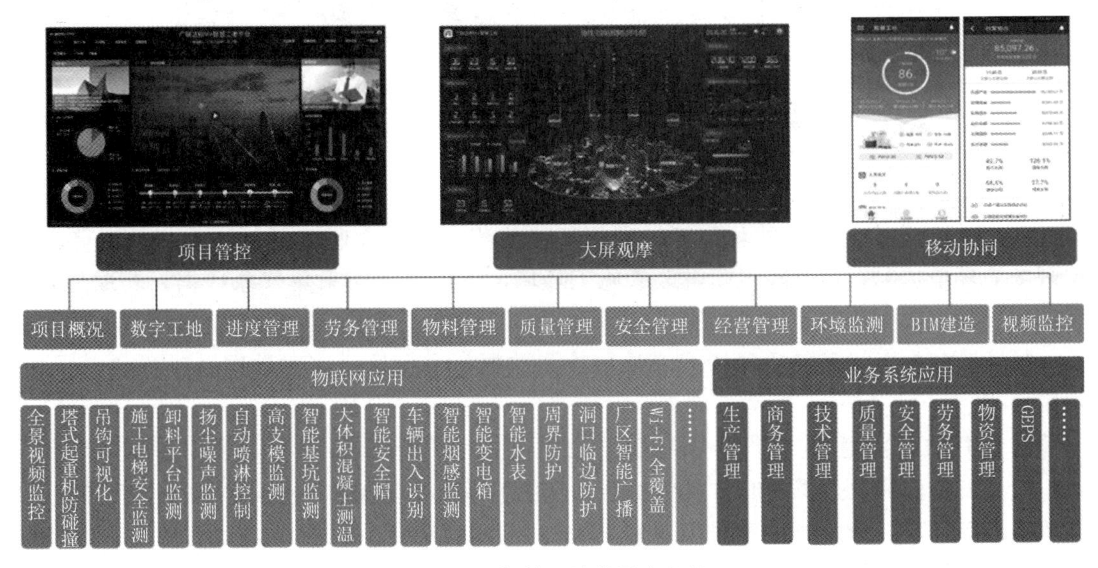

图 5.35 智慧工地的平台架构

1. 视频监控

在工地分布广泛、现场环境和人员复杂的建筑行业，确保规范施工，保证工程质量及工地的建筑材料、设备等财产安全是施工单位管理者关心的头等大事。考虑到工程监督、项目进度、设备及人员的安全，一套有效的远程视频监控系统对于管理者来说是非常有必要的。通过远程视频监控系统，管理者可以了解到现场的施工进度，可以远程监控现场的生产操作过程和现场材料的安全，识别现场的危险源、人的不安全行为、物的不安全状态。例如，临边洞口未防护，工人未佩戴防护用品、不按规章操作或者佩戴和操作不符合规范，作业工具有缺陷、设备带故障等，结合轻量化 BIM 模型，通过模型的报警，可以清楚了解隐患的具体位置。

AI 视频监控系统如图 5.36 所示。它是在工地现场安装摄像机和视频服务器，摄像机采用 4G、5G、Wi-Fi 等无线接入方式，在监控管理平台实现视频的调取、录像、存储、用户管理等功能。通过远程访问，监管部门、建筑企业等授权用户均可用计算机、手机通过互联网查看监控视频。

利用 AI 视频监控系统可以实时监测施工现场安全生产措施的落实情况，对施工操作工作面上的各安全要素（如塔式起重机、施工电梯、中小型施工机械、安全网、外脚手架、临时用电线路架设、基坑防护、边坡支护等）实施有效监控，随时将上述各类信息提供给相关单位监督管理，及时消除施工安全隐患。

2. 环境监测

环境监测是通过传感器对现场的风速、噪声、PM2.5 浓度等环境数值进行监测，通

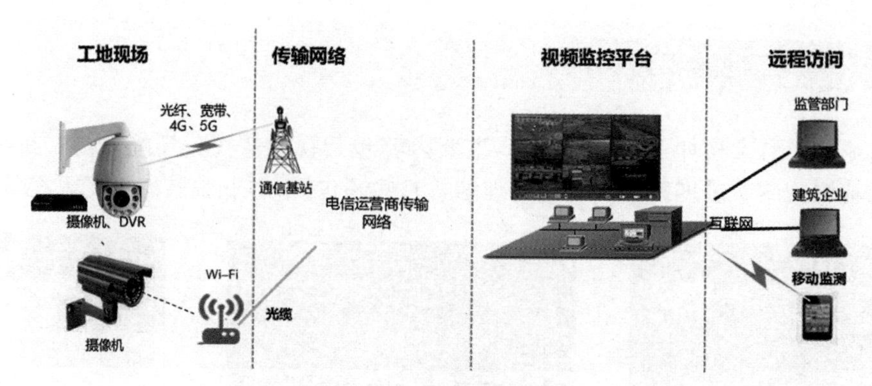

图 5.36　AI 视频监控系统

过 BIM 进行信息分析，查找污染源。利用环境监测系统可以监测项目施工现场环境，根据现场的环境情况，通过降尘喷淋改善施工环境，还可以实时采集气象数据，获取最近 3 天的天气预报数据，便于更好的安排工。

环境监测系统特点包括现场大屏显示检测数据、平台显示实时数据及手机 App 同步报警提醒。

3. 机械设备监测

机械设备监测通过塔式起重机传感器、施工电梯安装防碰撞传感器、高清摄像头、超载传感器等实现，传感器将数据传递到 BIM 上，可以实时反映现场大型机械设备的运行状态、在模型上的具体位置，提前预判存在的问题，避免隐患发生。

4. 智能基坑监测

在基坑支护和开挖阶段，在指定位置点位，安装压力位移传感器、水位传感器，联动 BIM，实时预警基坑支护的位移情况及地下水位情况。

5. 进度管理

进度管理关键数据一目了然，可追根溯源，对项目进行动态控制和调整，使项目进度更加可控。通过数据对比分析，监控报警，及时了解进度问题，保证工程项目如期交付。

6. 质量管理

将质量管理 App 与 BIM 关联，将质量验收和实体质量信息关联到空间模型上，可实现质量信息的自动记录、统计、分析及预警管理。

7. 3D 扫描技术

3D 扫描技术可以应用在装修设计方面。通过 3D 扫描模型，进行实际净高分析、误差分析，将 3D 扫描模型和设计模型做对比，复核装修设计准确性。通过 3D 扫描模型，进行现场洞口尺寸、结构误差分析，为幕墙深化设计提供准确数据，利用 BIM 和 3D 扫描模型验证深化设计的准确性。

8. 无人机

用无人机辅助现场管理，设置固定拍摄航线；无人机扫描施工现场，获得每天现场的施工进度；将无人机扫描模型与 BIM 进行对比，分析进度、场布等的偏差，实时掌控施工情况，并最终保留项目的影像资料。

5.3.3 智慧工地的应用

1. 应用范围

1）施工策划应用

在施工策划应用方面，大部分企业应用了基于BIM的施工方案及工艺模拟、进度计划编制与模拟、场地布置，还有企业应用了基于BIM的资源计划和可视化施工组织设计交底等。这些智慧应用可以有效降低企业成本、控制风险、优化方案，帮助施工人员更高效地进行施工策划，为施工企业带来更多直接效益。

2）进度管理应用

智慧工地中进度管理应用大部分是基于智能化的计划分级管理和动态监控、计划管理数据分析及基于信息化的智能计划管理和基于工序标准化的施工组织。

3）人员管理应用

智慧工地人员管理应用主要包括基于一卡通的人员管理、基于互联网的人员培训和用工管理、基于物联网的人员现场综合管理（智能安全帽）。应用最多的是现场劳务实名制管理，调查显示多达57.38%的企业进行此项智慧应用，还有接近20%的企业应用了农民工的电子支付体系建设和生物识别等。可见，建筑施工企业对于施工现场人员管理进行了大量智慧应用探索，企业开始重视信息技术在劳务管理方面的应用和投入，这也是基于施工现场管理的需求所在。随着移动应用技术的飞速发展，企业在人员培训和用工管理方面利用移动应用替代传统的作业方式，这意味着建筑业从业人员管理正在向信息化管理方向发展。但综合管理、现场考勤和电子支付等以物联网为核心的智能化应用，施工企业目前还鲜有尝试。

4）机械设备管理应用

大多数企业都在进行智能化的机械设备日常管理，有的企业还进行了钢筋翻样加工一体化生产管理、基于GIS平台的机械进出场和调度管理及基于互联网的设备租赁。这表明，企业更多地对常规化机械设备管理进行智慧应用，对于专业性、集成性机械设备管理的智慧应用仍处于探索阶段。

5）物料管理应用

近一半的企业应用了物料进出场检查验收系统和互联网采购，还有企业应用了基于BIM的材料管理、现场钢筋精细化管理和二维码物料跟踪管理。企业在物料管理方面的智慧应用范围较广，基于互联网的采购管理、基于BIM的材料管理、基于物联网的物料进出场验收和基于二维码的物料跟踪管理等一系列智慧应用将会进一步降低物料管理的复杂性，简化管理操作。

6）成本管理应用

55%的企业应用了基于大数据的项目成本分析与控制技术，还有近一半的企业应用了基于BIM的工程造价形成、基于大数据的材价信息和基于BIM 5D的成本管理。企业通过综合运用BIM技术、大数据等信息技术手段，聚焦成本管理，建立了信息智能采集、数据科学分析的信息网络，从而帮助企业从多个角度进行成本管控。

7）质量管理应用

大部分的企业已经应用了检查记录监测、基于BIM的质量管理、混凝土温度监测和二维码质量跟踪，近三成的企业应用了基于物联网的基坑变形监测。施工现场质量安全管理逐渐由人工方式转变为信息化、智能化管理，但物联网、移动应用等新技术在质量管理方面的应用并不多。

8）安全管理应用

一半以上的企业智慧工地安全管理应用了劳务人员、机械设备的管理，还有企业进行了危险源、临边防护等的安全管理和基于BIM的可视化安全管理。企业在安全管理方面已经广泛进行了智慧应用，通过集成多种信息技术，辅助施工安全管理，以减少施工现场安全事故的发生。

9）绿色施工应用

大部分企业进行了现场环境管理与控制，其中许多企业在现场进行节水、节电、节材、节地的应用，而建筑垃圾管理与控制的应用则占比较小，另外还有很多企业在绿色施工方面进行了其他智慧应用。企业在绿色施工方面的智慧应用主要集中在现场环境和节水、节电、节材、节地等基本环节，单点的智慧应用较多，绿色施工的集成化智慧应用还有待探索。

2. 应用案例

雄安高铁站工程概况：雄安高铁站位于雄县城区东北部，距雄安新区起步区20km，京港高速、京雄城际、津雄城际等铁路线路汇聚于此。周边环境为自然村落和农田绿地，西南方向为白洋淀湖区，自然环境优美宜人。雄安高铁站房屋总建筑面积47.52万m^2，平面尺寸为南北向长606m、东西向宽355.5m，建筑高度47.2m。建筑主体共5层，其中地上3层，地下2层，地面候车厅两侧利用地面层和站台层之间的高大空间做成地面夹层，包含铁路站房、市政配套、轨道交通、地下开发空间等区域。站房首层候车大厅和南北两侧城市通廊为清水混凝土结构，造型复杂，钢筋、模板、混凝土施工质量控制难度大。工程规模大、施工作业面广、大型设备多、交叉施工频繁，安全控制难度大；机电管线错综复杂、车场管线外露、结构装修及机电安装工程复杂、工程体量大、专业系统多，达到规整有序施工控制难度大；涉及的专业分包多，人员高峰期可达5000余人，人员管理及现场协调难度大。

整个项目的信息化建设以“智慧工地大数据中心”为数据集成枢纽，通过数据集成、信息交互等，实现施工环境安全有序、建筑质量优质可靠、图纸文档协同管理、施工进度协同管理、质量安全协同管理，实现工程项目施工的智能化、信息化管理。综合运用BIM、物联网、大数据、人工智能、移动通信、云计算及虚拟现实等先进技术，实现建筑施工全过程的数据采集、智能分析、智能预警、数据共享和信息协同，通过人机交互、感知、决策、执行和反馈，将信息技术、人工智能技术与工程施工技术深度融合与集成，实现建造过程的环境透明、数据透明、行为透明三个透明。

1）BIM+GIS技术

雄安高铁站周边铁路、市政及地方配套建设项目多，各项目之间施工交叉干扰多。利用BIM+GIS技术，在GIS软件中规划好路线，采用无人机每个月对项目周边进行一次航拍扫描，建成三维实景模型。在三维实景模型中可多角度、快速、直观地查看施工现场及周边情况，还可量取地表及空间距离、面积、高度等实际尺寸数据，高效辅助现场施工组织规划，如图5.37所示。

2）BIM 5D智慧建造管理系统

BIM 5D智慧建造管理是通过BIM技术，将项目在整个施工周期内不同阶段的工程信

图 5.37 雄安高铁站周边三维实景模型

息、过程管控和资源统筹集成，并通过三维技术，为工程施工提供可视化、协调性、优化性等信息模型，使该模型达到设计、施工一体化，促进各专业相互协同工作，从而达到节约施工成本的目的。此外，BIM 5D 智慧建造管理系统还可实现 BIM 在线预览，联合生产、技术、质量、安全等关键数据，通过 BIM 模型展示进度、工艺、工法，将 BIM 技术应用的关键成果集中呈现，为施工奠定良好基础。

（1）工程量统计。

在 BIM 创建完成后，通过对模型的解读，能够分析出各施工流水段各材料的工程量，如混凝土工程量，如图 5.38 所示。在钢结构中，通过对模型的分解，可以直接根据模型对钢结构构件进行加工。

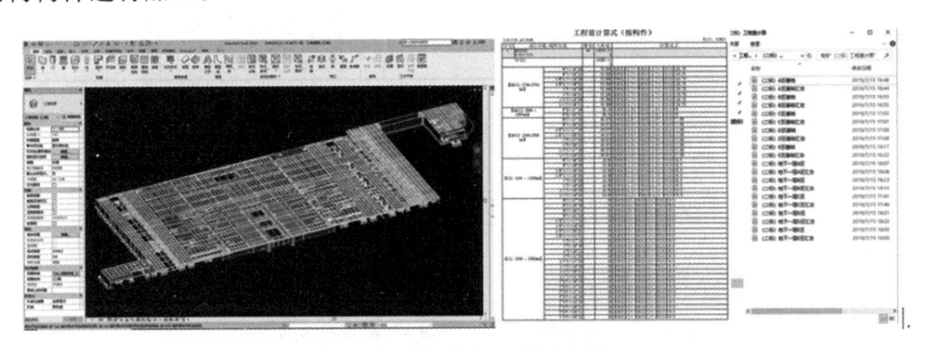

图 5.38 混凝土工程量统计

（2）施工模拟。

在制订完成施工进度计划后，通过软件把施工进度计划与 BIM 相关联，对施工过程进行模拟，如图 5.39 所示。将实际工程进度与模拟进度进行对比，可直观地看出工程是否滞后，分析滞后的原因，以确保工程按计划完成。

（3）可视化交底。

通过 BIM 可视化特点，对施工方案进行模拟，对施工人员进行可视化交底，如图 5.40所示。

（4）节点分析。

通过对设计图纸的解读，对复杂节点进行 BIM 建模，通过模型对复杂节点进行分析，

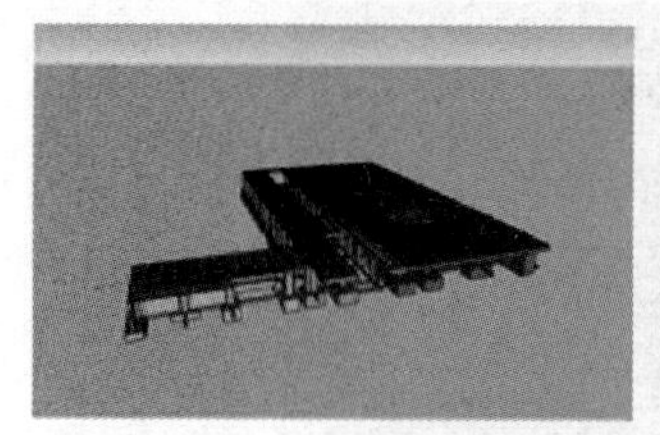
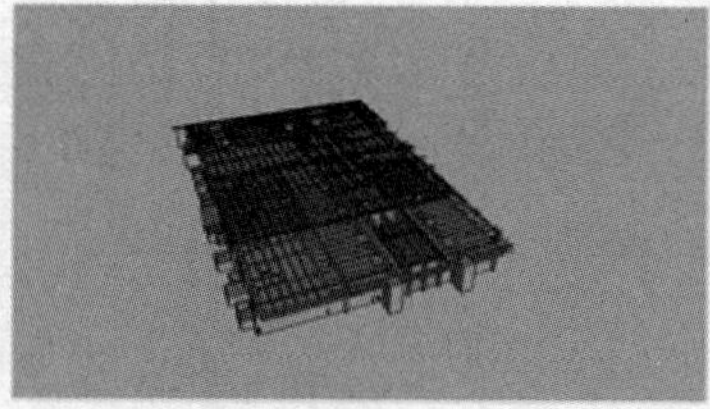
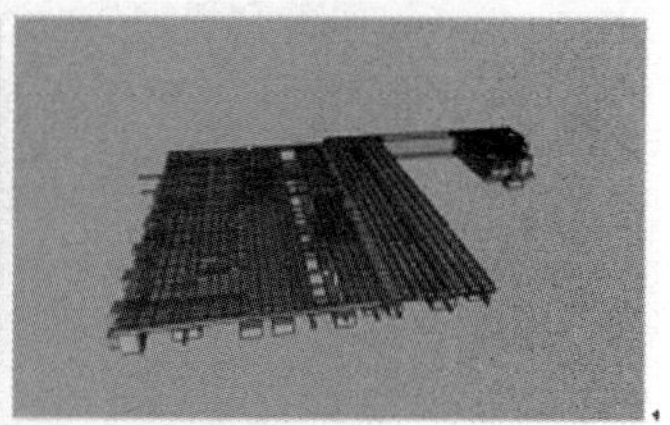

图 5.39　施工模拟

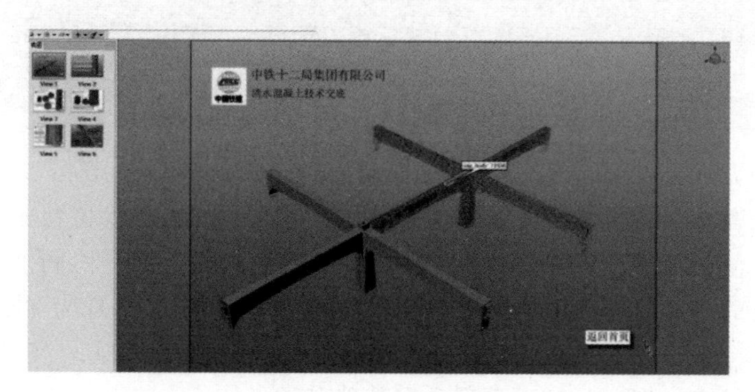

图 5.40　可视化交底

如图 5.41 所示。比如复杂的钢筋节点，在模型建立后对模型进行观察，找到钢筋的碰撞点，对钢筋的布置进行优化；也可以模拟模板支撑体系的受力情况，以确保模板支撑体系的施工安全。

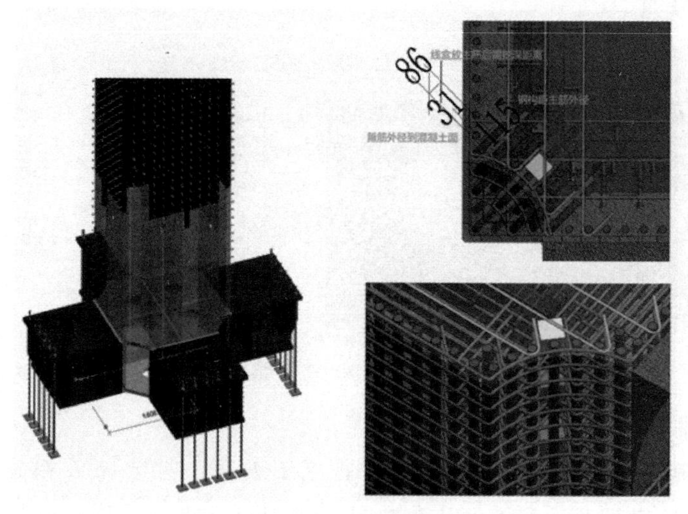

图 5.41　节点分析

(5) 综合管线碰撞检测。

在设计图纸下发后，根据设计图纸，对建筑物进行综合建模，在三维模型中直观地显示出各个位置的预留洞口，避免遗忘。在结构、建筑、机电、设备模型都创建完成后进行合模，分析出各碰撞点，与设计师进行沟通，对设计图纸进行修改。在工程前期解决综合管线碰撞问题，节约工期，确保施工的顺利进行。

3）BIM＋VR技术应用

通过搭建模型，在虚拟环境中建立周围场景、结构构件及机械设备等的虚拟模型，形成基于计算机的具有一定功能的仿真系统，使系统中的模型具有动态性能，并对系统中的模型进行虚拟装配，根据虚拟装配结果在人机交互的可视化环境中对施工方案进行修改，如图5.42所示。同时，利用VR技术可以在短时间内对不同方案做大量分析，保证施工方案最优化，还可以把不能预演的施工过程和方法表现出来，节省了时间和建设投资。

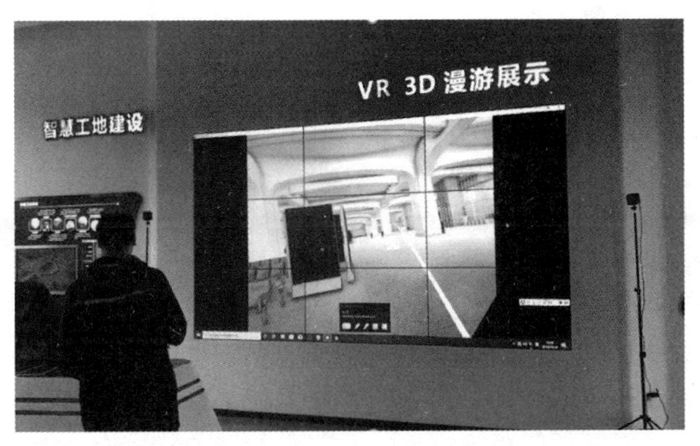

图5.42　BIM＋VR技术应用

4）生产管理系统

雄安高铁站是雄安新区首个开工的重大交通建设项目，为确保2020年年底通车，项目部制订了每周施工进度计划，区域各工种施工人员对照周进度计划，每天上传完成工作量的情况并拍照留存，填报施工日志，系统与总进度计划自动分析形成对比，如图5.43和图5.44所示，针对进度滞后的采取增加人员或延长工作时间进行弥补。

图5.43　施工日志填报

5）技术管理系统

雄安高铁站工程由于配套功能改变多，结构复杂且施工图设计时间短，造成整个工程变更极度频繁。项目采用了BIM＋技术管理系统，如图5.45所示。项目工程部部长收集所有变更方案及危大工程的三维交底文件，上传至数字平台并发出通知，所有管理人员、班组长通过手机App就能及时收到通知，通过与原图的链接查找到变更的具体位置与变更内容。根据三维交底和施工方案指导现场施工，加快信息传递，避免施工遗漏造成返工。

图 5.44　生产管理系统

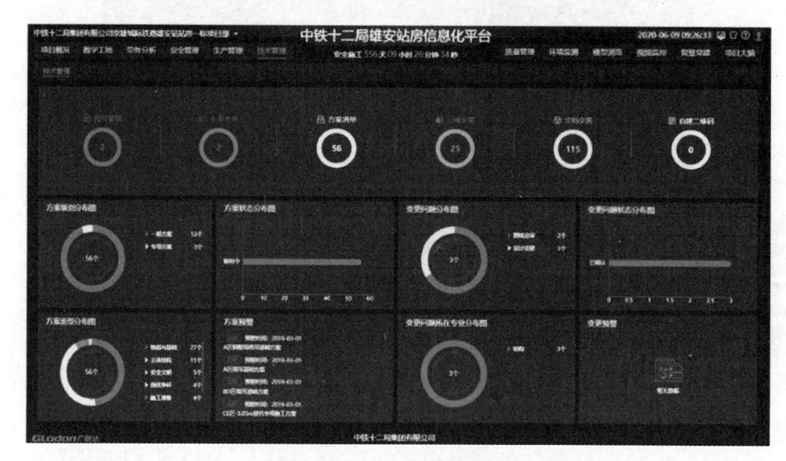

图 5.45　技术管理系统

6）劳务实名制系统

项目严格推行了劳务实名制管理，集成了各类智能终端设备形成劳务实名制系统（图 5.46），对建设项目现场劳务人员实现高效管理。对各劳务人员建立个人档案，通过劳务实名制的云端产品形式，使用闸机（图 5.47）硬件与管理软件结合的物联网技术，实时、准确收集人员的信息进行劳务管理。劳务实名制系统可实时统计在场人员数量，并可按照劳务队伍和不同工种的实际用工数据进行统计，为项目提供各项生产要素的用工分析。另外，还可分析项目所有作业人员的信息，如进出场人数、个人信息、地域分布和工种情况等，为项目决策层提供数据参考。

7）安全、质量管理系统

安全、质量管理系统，采用“云端＋手机 App”的方式（图 5.48），对施工现场实时监控、信息采集，系统自动进行归集整理和分类，根据隐患类别及紧急程度，对相关责任单位、责任人进行预警。同时针对安全、质量问题，形成了从问题发起–整改–复查–关闭问题一套整改流程，完善了 PDCA 循环，有效解决了现场执行情况不清晰、落实不清楚、责任不清晰的问题。通过该系统的应用，规范了工作流程，相关责任人、整改期限明确清晰；工作成效全面提高，质量安全检查与治理周期大幅缩短，现场质量、安全管理体系增强，解决了从办公室到现场的管理问题，使得管理更简单、便捷、直观。

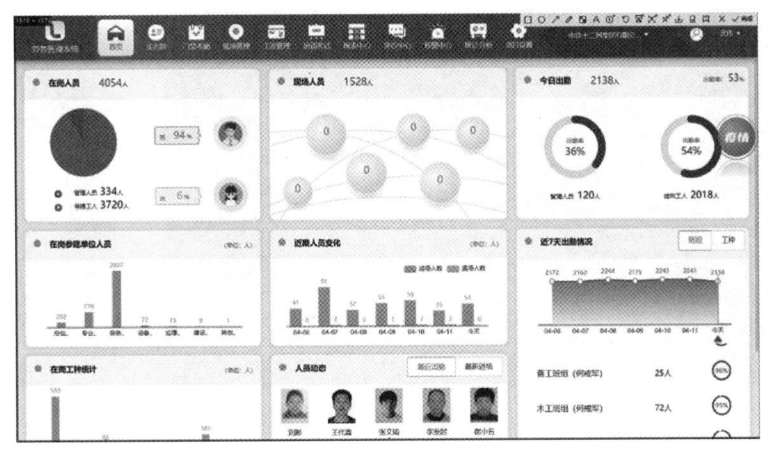

图 5.46　劳务实名制系统

图 5.47　闸机

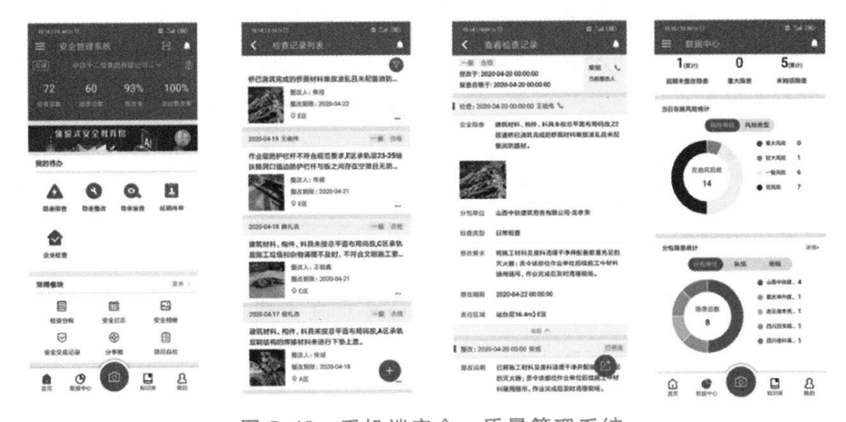

图 5.48　手机端安全、质量管理系统

8）智能安全体验中心

中铁十二局集团有限公司的雄安高铁站项目智能安全体验馆如图 5.49 所示。体验馆总共有四大区域，分别为前厅、智能安全体验区、实体安全体验区、“互联网＋”安全培

图 5.49　雄安高铁站项目智能安全体验馆

训教室，总面积约 300m²。体验馆将积极有效地推动员工的安全教育培训工作，提高员工安全意识，增加员工的综合能力，减少项目安全事故。体验馆设计运用 VR、物联网、互联网、云计算等多种高科技手段，以满足视觉、听觉、触觉需求，调动人们多种感官体验，展现科技性、实用性、体验性、趣味性。“互联网＋”安全培训使员工不仅可以在计算机培训教室学习，也可在手机 App 移动学习，实现“随时随地”的学习，支持功能有在线或离线学习已选择课程（视频类）、选课、学习专题、问答、调查中心、考试中心、资料中心、消息中心和寻求帮助等。

9）塔式起重机防碰撞系统

本项目塔式起重机共计安装 12 台，因体量庞大，碰撞关系复杂，每台塔式起重机最少有三台发生碰撞关系。为保证 12 台塔式起重机同时运转下不发生安全事故，项目部采用了塔式起重机防碰撞系统。

塔式起重机防碰撞系统可实时监控塔式起重机工作吊重、变幅、起重力矩、吊钩位置、工作转角、作业风速，以及对塔式起重机自身限位、禁行区域等进行全面监控，实现建筑塔式起重机单机运行和群塔干涉作业防碰撞的实时安全监控与声光预警报警，为操作人员及时采取正确的处理措施提供依据。同时移动端和平台端会实时显示塔式起重机的运行数据。主体结构施工阶段每天会为塔式起重机操作人员提供数百次的报警提醒，有效地防范和减少了塔式起重机安全生产事故。此外，塔式起重机防碰撞系统还可直观查看塔式起重机的吊装数量，进行塔式起重机功效实时分析，工作结果透明化，以数据为支撑对塔式起重机操作人员工作状况进行客观评价，督促提升本项目塔式起重机操作人员整体工作效率。塔式起重机运行数据实时动态图如图 5.50 所示。

10）高支模监测

本工程 A 区承轨层施工为高大模板施工，通过对高大模板支撑系统的模板沉降、支架变形和立杆轴力的实时监测，实现了高支模实时监测、超限预警、危险报警的监测目标，如图 5.51 所示。通过在高支模架体上布设柔性二元体变形监控装置，利用高精度倾角传感器实时采集沉降、倾角、横向位移、空间曲线等各项参数，监控数据实时传输，及时对安全问题进行预警。现场设有监测警报系统，当监测值超过预警值时，施工人员在作业时能从机器上读取预警信号。

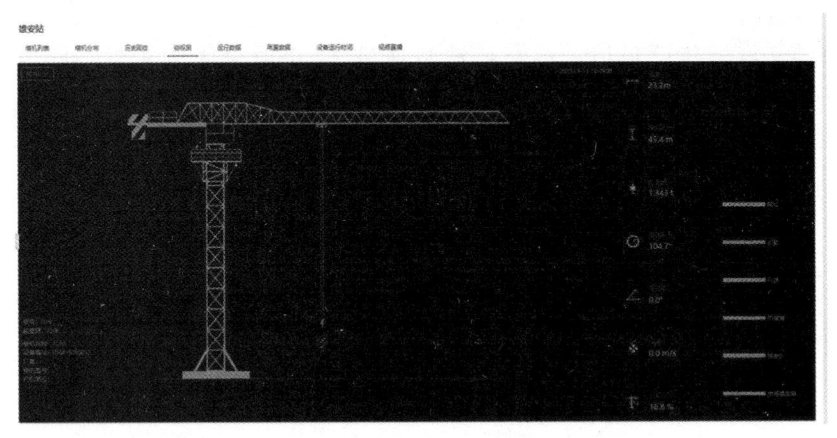

图 5.50　塔式起重机运行数据实时动态图

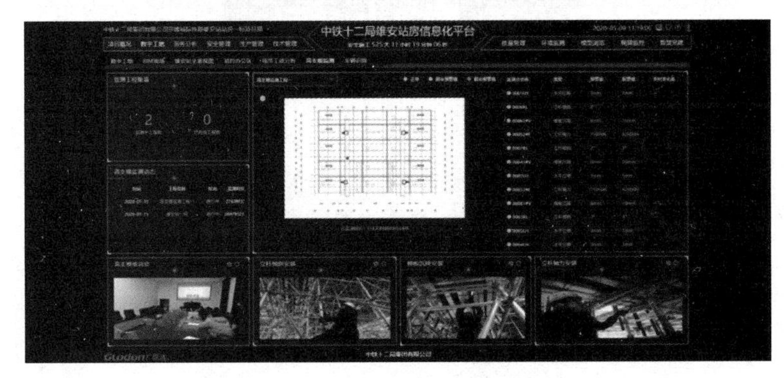

图 5.51　高支模监测系统图

11）视频监控

雄安高铁站项目还应用5G技术与AI技术进行远程视频监控，施工场区共布设约20台摄像机，监控范围全面覆盖施工区、加工区、现场出入口等重点部位，如图5.52所示，支持24小时实时监控、手机查看、云台操作功能。

图 5.52　视频监控系统

12）环境监测

为保障雄安整体建设环境，雄安高铁站项目 24 小时全天候实时在线监测 PM2.5、PM10、噪声、温度、湿度、风速、风向等，设定报警值，超限后及时报警，与雾炮喷淋、围挡喷淋装置实现联动，达到自动进行扬尘治理的目的，如图 5.53 所示。

图 5.53　环境监测与雾炮联动进行扬尘治理

本章小结

本章主要介绍了智能化施工的发展趋势、智能施工的关键技术与应用及智慧工地平台的架构和应用。智能施工意味着实现高质量施工、安全施工及高效施工。运用先进的科学技术，减少施工现场的施工人员，提高施工质量，减少污染和垃圾排放等，对施工现场的“人、机、料、法、环”五大要素实现智能化管理，如基于 BIM 的虚拟施工、BIM 和室内定位技术的质量管理、“互联网＋”工地管理、基于物联网技术的施工机械及人员管理等。智能施工是建筑业发展的必然趋势。面对数字化技术带给行业的变革时机，建筑业通过借鉴工业智能制造的先进技术思路和方法，积极探索实施绿色化、工业化和信息化三位一体协调融合发展数字化之路，必将从根本上加快我国智能施工的快速发展。

施工工地智能化是智能施工发展的必要趋势，其中包括施工机械的智能化管理、施工人员智能化管理、物料智能化管理、现场安全智能化管理及施工现场空间环境数字化控制。对于建造方式，虚拟化模拟是未来的主要发展方向，即通过 BIM 对施工全周期进行模拟。此外，还有针对特殊结构的整体提升同步施工技术和预制构件数字化拼装技术，对于管理模式提出了 BIM 与精益建造的协同应用。

对于施工管理平台，就是将工地的各个智能化控制设备集成在一个平台上，让各个环节都在控制之中。智慧工地是建立在高度信息化基础上的一种信息感知、互联互通、全面智能和协同共享的新型信息化手段，也是 BIM 技术、物联网等信息技术与先进的建造技术深度融合的产物，更会催生出创新的工程现场管理模式。通过智慧工地，我们可以实时地观看工地每个地方正在进行的工作。

复习思考题

1. 简述智能施工的优势和发展趋势，思考为什么会出现这种趋势。
2. 施工智能测绘有哪几种类型？其优缺点分别是什么？
3. 建筑机器人的研究方向有哪些？

4. 相比以人工为主的现场施工，建筑机器人的施工优势有哪些？

5. 塔式起重机吊装盲区可视化系统、塔式起重机检测系统、卸料平台超重报警系统等对施工现场的安全生产有何意义？

6. 智能化施工管理相比传统施工管理更注重从源头解决问题，其是如何实现的？

7. BIM 技术可以从哪些方面改善建筑施工管理的效率？你认为在哪个方面的应用最有价值。

第 6 章 智能运维

思维导图

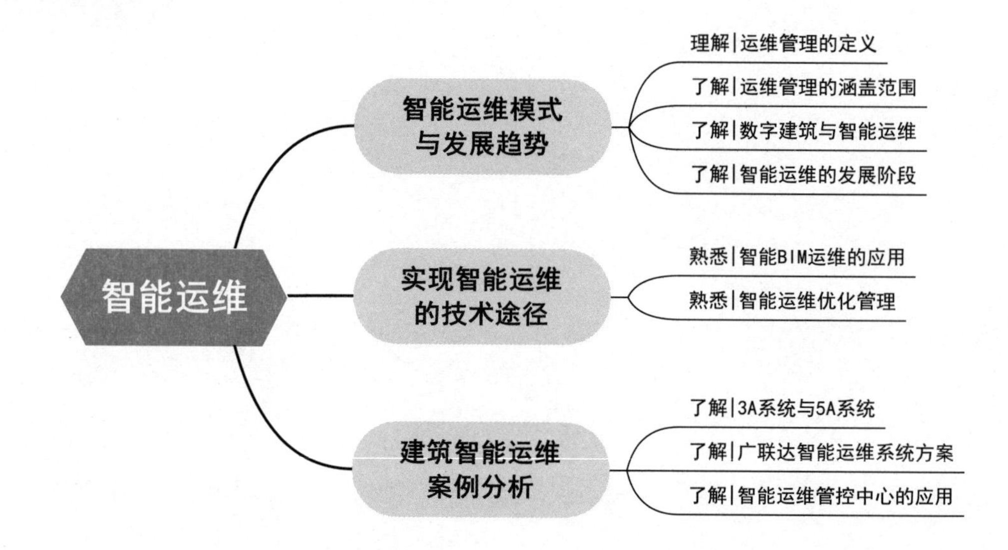

6.1 智能运维模式与发展趋势

6.1.1 运维管理的定义

运维管理（IT Operations Management）是一门新兴的交叉学科。运维管理也可以叫做设施管理（Facility Management）。在土木工程中，其本质就是对建筑内的设备进行管理。运维管理是一门不断发展的学科，随着各类新技术的不断发展，运维管理技术也在逐渐发展完善。因为运维管理的定义就是“以保持业务空间高品质的生活和提高投资效益为目的，以新技术对人类的生活环境进行有效规划、整备和维护管理的工作”。这句话也可以作为运维管理的目标，它可以被概括为：①将物质的工作场所与人和机构的工作任务结合起来；②综合了工商管理、建筑、行为科学和工程技术的基本原理。

在建筑中，需要进行运维管理的设备有很多。比如国际设施管理协会（IFMA）最初定义的运维管理的对象包括八类：不动产、规划、预算、空间管理、室内规划、室内安装、建筑工程服务及建筑物的维护和运作。后来将这八类优化为五类：不动产、长期规划、建筑项目、建筑物管理和办公室维护。

此外，英国设施管理协会（BIFM）认为，运维管理是通过整合组织流程来支持和发展其协议服务来支持组织和提高其基本活动的有效性。澳大利亚设施管理协会（FMA）认为，运维管理是一种商业实践，它通过优化人的资产和工作环境来实现企业的商业目标。

传统的运维管理就是我们常说的“物业管理”。在物联网通信等新技术发展起来之后，运维管理逐渐带有智能化的色彩，也就是“数字化运维”，即智能运维。

但不论技术的发展程度以及各类协会对运维管理的定义如何，运维管理的本质都是对各类建筑以及其中各类设备的全生命周期管理。

6.1.2 运维管理的涵盖范围

运维管理主要聚焦于四个方面，即设备维护管理，空间和客户管理，能源和环境管理，安全、消防和应急管理。

1. 设备维护管理

设备维护管理（Facility Maintenance Management）主要负责建筑的维护、检测、检验。一般需要专业人员制订设备的维护、管理和检查计划，目的是保证设备的安全并有效地在建筑内操作设备，延长设备使用生命周期，减少故障风险。在计算机诞生并大规模普及之后，计算机和其他辅助设施被应用于建筑中来进行运维管理规划，例如预订会议室或者停车场管理。除此之外，还可以用电子邮件和电话辅助管理。

2. 空间和客户管理

在建筑中，空间是建筑的基本单位，合理布局和安排建筑空间是每个设备能够正常运作的前提。在这个先决条件下，管理者可以提高空间利用效率，缩短工作流程，快速处理数据，提供良好的工作环境，创造人与自然和谐相处的环境。

3. 能源和环境管理

节能环保是当今世界各界所探索的一个课题，建筑业自然也不例外。在一些项目中，建筑可以通过一些特殊的构造以及材料的选择进行节能。在运维管理的领域中，可以管理的模式去控制并实现建筑节能的重要内容。

4. 安全、消防和应急管理

在物业管理中，安全始终是一个不可避免的课题。在技术不断创新的今天，物业管理其中包括安全、消防、应急管理三个目标，所有这些目标都是维护公共安全。为达成这些目标，需要综合运用现代科学技术，以应对各种危及人民生命财产的突发事件。在发生事故的情况下，操作维护管理系统需采用相应的技术保障体系。

6.1.3 数字建筑与智能运维

随着《国务院办公厅关于促进建筑业持续健康发展的意见》（国办发［2017］19号）《建筑业发展“十三五”规划》《住房城乡建设科技创新“十三五”专项规划》等政策的不断发布与推进，建筑业被染上了更加浓重的数字化色彩。作为推进中国数字化城市建设的根本，数字建筑旨在为人们提供个性化定制、工业级品质、绿色健康建筑产品，从而构建全面的数字经济场景，实现建筑业的数字化变革。

数字建筑是建筑业的全新体系。数字建筑是数字化运维的载体，它具有以下的优点：①有利于提供高品质产品，创新可持续运营与服务的能力；②将助力施工企业实现集约经营和精益管理，驱动企业决策智能化；③将促进政府部门的行业监管与服务水平的提升。

凭借以上优点，数字建筑的发展则是必然，它是建筑业转型升级的引擎。在数字建筑驱动建筑产品升级、产业变革与创新发展的过程中，其中重要的一项就是新运维，即智能运维，也就是上文提到的数字化运维。它的含义是，借助数字建筑的平台，把建筑升级为可感知、可分析、自动控制，乃至自适应的智慧化系统和生命体这样的一种运维管理模式。

智能运维的定义有很多，比如美国智能维护系统（Intelligent Maintenance Systems, IMS）中心在2000年率先提出了智能运维系统的概念：利用传感器对终端设备进行数据采集，然后对以Agent作为驱动内核为核心的本地智能分析软件进行驱动，同时获取当前设备在使用过程中积累的大量数据，可以将深基坑开挖后形成的经验知识作为优化设计的基础，从而形成设备闭环的全生命周期信息管理。

以上的定义也涉及设备零故障运行维护以及生命周期信息管理等概念，但并不贴近建筑业。可见，在土木工程中的智能运维，一定要依托智能建筑的平台与框架，最终的目的是要实现建筑生命周期内的智慧化管理，两者相辅相成，缺一不可。

智能建筑的运维是一个独特的任务，如在设计和施工阶段工作量大，建筑的运维往往需要几十年甚至几百年。长期以来，传统的管理模式可能会导致不同专业之间缺乏有效的合作及一些关键数据丢失。因此，如果有一个很好的管理、运行、维护、协调这些数据的平台，可以有效地解决这些问题，也可以利用这些数据进行数据挖掘、分析和决策。

在数字建筑的大环境下，从建筑的设计、施工、交付到运维阶段，建筑的全生命周期都需要运用先进的数字化技术。广义的智能运维，通过实时感知建筑运行状态，并借助大数据驱动下的人工智能，把建筑升级为可感知、可分析、自动控制乃至自适应的智慧化系统和生命体，实现运维过程的自我优化、自我管理、自我维修，并能提供满足个性化需求的舒适健康服务。当智能运维成为现实时，建筑空间甚至可以和单车一样实现共享，如会议室、办公设备、停车位等，将闲置资源充分利用，并连接起社会生态。

狭义的智能运维，通俗理解为运用 BIM 等信息技术与运营维护管理系统相结合，对建筑的空间、设备资产等进行科学管理，对可能发生的灾害进行预防，降低运营维护成本。具体实施中通常将物联网、云计算技术等与 BIM、运维管理系统和移动终端等结合起来应用，最终实现建筑的信息管理，如设备运行管理、能源管理、安保系统管理、租户管理等。

从某种意义上来说，智能运维所达到的目的与 BIM 技术应用的目标颇为相似。事实上，BIM 技术等数字建筑的技术在国内的兴起是从设计行业开始，逐渐扩展到施工阶段的。究其原因，无非是设计领域离 BIM 的源头，即模型最近，BIM 建模软件比较容易上手，过程也相对简单。BIM 技术的应用也是为了达到在设计阶段协同各方面的目的，同时也是达到智能运维的一种手段。

但这一手段在目前来说还存在一定的问题。当到了施工阶段 BIM 技术应用起来会很难，主要由于 BIM 涉及领域更广，协同配合难度更大。进一步延伸到运维管理的层面，BIM 技术应用就体现得更明显，实施困难也更大，因为运维阶段往往周期很长，涉及参与方较多且杂。市场不成熟也是 BIM 技术应用出现困难的重要原因之一。因此，研究和推行数字化技术在运维阶段的应用是关键。

6.1.4 智能运维的发展阶段

从最开始的缺少运维管理，到建筑采用传统的运维模式，再到逐步发展出智能建筑的数字化运维模式，运维从诞生到结合新技术、新理念逐步发展，主要经历了三个阶段，分别为纸质化的传统运维、基于信息系统的信息化运维、三维可视化的智能运维。

（1）纸质化的传统运维。采用人工操作，利用手工记录各个阶段，比如设备和机房的各类配置信息。运维信息使用大量的表格、文档进行记录，自动化程度低，建筑管理需要大量的人力，且依赖人工的专业技能、责任心和工程管理经验。传统的运维模式，在现代逐步增加的设备数量面前暴露出问题。当发生工程人员流动，以及设备老化等运维管理过程中必然出现的情况时，就会导致大多数建筑存在运行品质难以维持、安全隐患难以发现、设备资产价值流失严重等问题。

（2）信息化运维管理。依托信息化设备平台，设备管理人员建立统一的资源、配置和监控平台进行管理，大大减少表格和文档的数量，同时远程操作技术手段被引入，比如集中管理、带外管理等，目前大多数成熟的建筑运维管理都处于该阶段。相对于第一阶段，该阶段大大提高了管理效率，同时也提高了建筑工程资料和信息的管理能力，是实现数字化运维的基础。但其仍然存在问题，需依赖人员技术能力和经验，故难以达到标准化、规模化和精细化的管理效果。

（3）三维可视化的智能运维。将主流的新技术，如人工智能、物联网和机器人等，应用于设备和机房的智能运维管理，针对具体的运维场景，通过技术或者算法与行业特性的结合，形成具体的智能运维方案，大大降低人力成本，实现了精细化运维的目标。

三个运维管理的发展阶段，从人员全手工操作的第一阶段，到集中进行平台信息化管理的第二阶段，可以看作是纸质的文档信息化，操作放置到统一平台，例如网络等进行管理，其本质并未改变太大。而从第二阶段到智能化的第三阶段，通过各种新技术，原先在第二阶段的数据到了第三阶段会变成可视化的三维模型，需要人工预测的情况在第三阶段通过大数据等技术的分析可以进行智能预测，并给出合理的解决方案。可见，在三个阶段变化的现象中，如果从表象进行观察，无非就是新技术的采用与人员操作的减少。而在本质上，则是运维管理的立体化，由传统模式真正的演变为智能化，设施与设备、设备与人之间真正的信息化。

6.2 实现智能运维的技术途径

在工程项目中，运维阶段是现代工程项目管理最为重要的阶段。在互联网领域，运维管理涉及诸多的现代全新技术，如物联网、大数据、人工智能、BIM 等，其中 BIM 技术应用最广。BIM 技术不仅贯穿整个土木工程智能运维过程，而且在指导建筑设计、施工以及协调各方之中起关键作用，在建筑全生命周期的运维管理中，运用 BIM 技术，可以实现运维期的高效管理。

6.2.1 智能 BIM 运维的应用

1. 空间管理

空间管理是指在设施管理中，通过合理安排，整合人力、资源、技术、进程等使空间达到最优的利用效率。

建筑空间管理一般先将 BIM 收集并凝练的信息分为三类，分别为现状信息、计划信息、监测与干预信息。

现状信息，顾名思义，就是对实体建筑的现状进行描述从而反映到 BIM 中的信息，这种信息包含了一个实体建筑现阶段的基本信息。

对于未来的发展，这种信息是不能被记录的。因为未来发展的情况，一定是不可知晓的。不过即便如此运维系统可以通过自己的一套原则对未来的信息给出一个合理的预判与规划，这一种预测未来事件发生的信息，就叫做计划信息。

在收集凝练现状、过去和未来等信息之后，就可以进行空间管理的下一步规划。通过现状、过去和未来三个时段的信息，一般可以得出它们各自的比对结果，得到建筑设备演化的各个阶段。但是，设备的状态与演化是有好有坏的，好的发展目标可以继续进行维持，坏的一些状况我们要进行避免。为此，系统会给出一种用于以上目的的信息。这种涵盖了对建筑常态及受干预状态进行实时跟踪、监测和记录的信息就是监测与干预信息。

为了让这样的目标完美进行，完成空间管理的目标，运维管理平台会借助 BIM，建立一个专门用于协同、检索和展示的平台。

2. 运维管理

智能运维中的“运维”一般指广义的运维，像空间、消防、安保都可以算入其中。而本部分的“运维”是指狭义的运维，可以理解为运维计划及管理模式的制定。也可以看作是整个智能运维任务开始后的计划制定和方针确定，类似于计算机编程中的底层程序设计。运维过程可分为两个阶段，分别为“运营管理”与“维护管理”。

（1）运营管理。

运营管理指对运营过程的计划、组织、实施和控制，是与产品生产和服务创造密切相关的各项管理工作的总称。运营管理是现代企业管理科学中最活跃的一个分支，也是新思想、新理论大量涌现的一个分支。

运营管理的核心，与空间管理一样，也是基于信息的一种管理模式，一切以信息为核心。与空间管理的三种信息分类不同，运营管理依托的信息被称为“信息源”。信息源的信息可能会与空间管理的信息有所重叠，但是运营管理信息源可以被看作是一种逐渐积累起来的信息库。这个积累的过程从建筑的设计规划、施工建造的时候便已经开始。因此，信息源所积累的时间越长，积累的信息越多，在智能运维管理的作用就越大。

在运营管理中，收集集成的信息作为信息源。信息源不仅保证建筑中设备的良好合理地运行。同时也负责为设施创造一个更便捷的环境，方便管理者调用、修改、增补建筑信息模型中的实体构件并记录下实施过程的关联数据。

数字建筑自从诞生之日起，它的覆盖范围就逐渐在建筑领域逐渐扩大。随着建筑数字化与智能化的日益普及与深化，建立运维管理的标准也是在逐步进行的。建筑智能运维的信息源建设，基本是基于国际上提出的 IFC 标准。

IFC 标准是由国际协同工作联盟（International Alliance for Interoperability，IAI）为建筑行业发布的建筑产品数据表达标准，本质上是建筑物和建筑工程数据的定义，反映现实世界中的对象。它是开放型 BIM 的一个基础平台，它采用了一种面向对象的、规范化的数据描述语言 EXPRESS 语言作为数据描述语言，定义所有用到的数据。

基于 IFC 标准信息模型所建立的智能楼宇管理系统，将帮助楼宇运营者完成系统管理、日常维护、服务管理等运营过程，系统也将更好地结合智能化设备信息及建筑信息模型中对应的空间、设施信息实现设备管理及维护、设备数据实时显示、设备控制策略配置、设备任务管理、设备监控报警、日志管理、历史数据记录、设备故障预警预报等更为具体的运营管理工作。

（2）维护管理。

维护管理的难点在于对 BIM 的海量数据的实时调用，并通过数据进行统计分析。对于维护管理的设计者来说，解决该问题的方法是将信息源的信息与工程实体建立十分紧密的相关性，这是在空间管理部分的要求。可见，只要是应用了智能运维管理技术，不仅要在开发过程中对 BIM 进行精细设计，同时要做好它与工程实体之间的紧密联系。

6.2.2 智能运维优化管理

1. 节能优化运营

节能优化，首先需要明晰建筑内的能耗的具体情况。在智能运维中，采用模拟软件对建筑内的能耗进行测定，这样的模拟软件需要具有以下四个功能。

（1）负荷模拟。模拟计算建筑在一定时间段中的冷热负荷，反映建筑围护结构和外部环境、内部使用状况之间在能量方面的相互影响。

（2）系统模拟。模拟空调系统的空气输送设备、风机盘管及控制装置等功能设备。

（3）设备模拟。模拟为系统提供能源的锅炉、制冷机、发电设备等。

（4）经济模拟。评估建筑在一定时间段中为满足建筑负荷所需要的能源费用。

以上四个功能是为了在建筑的耗能过程中寻找主要的耗能点，以得到建筑节能优化的依据。节能优化的采集标准采用 IFC 标准。这项标准提供了一个描述建筑各方面信息的完整体系，它可以全面地描述建筑的组成和层次，建筑构件间的拓扑关系，构件的几何形状、类型定义、材料属性等全方位的信息。

2. 优化安全模式运营

安全模式运营也是一个可以优化的方向，优化的结果可以增加运营环节的便捷性和易用性，减少各种意外因素的发生。其优化方案基本通过 BIM，这对操作模式效果的提升是显著的。在构建信息模型过程的各个阶段，我们可以直接比较不同的程序以及方法的每一步效果。此外，通过 BIM 更容易检测出实际过程中的环节与虚拟过程中的不同，这有助于及时指出不合理的步骤并可以调整安全运营模式，拥有传统运维无可比拟的时效性。

BIM 技术虽然有无可比拟的优点，但依然有自身的局限性，其主要取决于决策者的实践经验和知识水平，而且 BIM 运维没有固定的模板，因此，运维的过程是具有差异性的。判断该过程是否合理、合适，主要是看该方案是否可以直观、科学地反映各种操作方法和组织措施对建筑安全运营的影响，以及该模型是否可以兼顾模拟新技术、新材料、新工艺在使用中的影响，是否可以对安全管理过程中的隐患有效地进行预防，从而提高工程质量。具体表现在以下五个方面：①评价运营安全情况；②各种运营过程中设施的操作训练；③进行事故过程模拟；④模拟紧急逃生演练；⑤进行安全教育。

这五项内容可以视为优化安全模式运营的目标，这不仅为建筑安全优化提供了一个可以实现的路径，同时也为运营者提供了有价值的安全信息积累，帮助运营者更好地实现对建筑的智能运维安全管理。

3. 应急管理

BIM 构建和管理技术的优势在于没有盲区的应急能力，而传统运维模式仅涉及人员流动、应急响应与救援。以 BIM 为核心的智能运维体系可以在危险发生之前对危险进行评估，达到防患于未然的效果。例如 BIM 对线路老化、火灾易发区域、消防管道等有着不间断的监控，并且监控系统之外可能还有一层监控系统，使危险无所遁形。

如应急管理中主要的消防管理，BIM 的运维管理系统可以通过喷淋感应器感应温度、位置等信息，如遇火情，在建筑的 BIM 界面中，就会自动进行火警警报，着火的位置和房间会立即被定位显示。控制中心也可以及时查询周围情况和设备情况，为及时疏散和处理火灾提供信息支撑。这样，智能运维就脱离了传统运维“各自为战”的状况，将消防与其他安全系统紧密联系起来。

6.3 建筑智能运维案例分析

6.3.1 3A系统与5A系统

在最初的智能运维系统设计中，研究人员认为一栋智能建筑所必需的功能应该由三大部分构成，它们分别为建筑自动化（又称楼宇自动化，Building Automation，BA）、通信自动化（Communication Automation，CA）和办公自动化（Office Automation，OA）。这三个自动化通常称为3A系统，它们是智能建筑中最基本的功能。

3A系统可以说是一个很简单的系统，它为智能运维设计者提供了一个可以参考的思路。但是，仅仅归纳出三个功能，对于智能建筑来说还是不足的。比如智能运维中比较重要的消防与保安功能，没有一个合理的归纳位置，如果将其归纳到楼宇自动化系统中，则显得过于突兀与冗杂。于是，基于3A系统，功能更多的5A系统由此诞生。其中主要是消防与保安功能从楼宇自动化中独立出来，形成完整的消防自动化（Fire Automation，FA）和保安自动化（Scurity Automation，SA），这样便形成了现代楼宇的5A系统。

6.3.2 广联达智能运维系统方案

3A系统或5A系统只是一个比较通用的标准，建筑运维管理的学者与相关企业也提出了各自不同而又更加细致的智能运维系统。

广联达公司提供了一套较为完整、全面的智慧运维系统，该系统充分考虑了业务应用的扩展和平台能力的升级，主要由八个部分构成，分别为竣工数字化移交系统、集成系统、运维数据管理系统、BIM运维处理、BIM轻量化图形引擎、运维工单管理系统、物联网支撑平台系统、智能运维管控中心。

1. 竣工数字化移交系统

竣工数字化移交系统的运维方案提出在项目竣工移交阶段，针对运维阶段所需的各类文件资料、设备和空间数据，按照运维基础数据标准要求，通过一个工具完成运维基础信息的填报、审核和维护更新，从而建立一个支持多项目管理的结构化、数字化的运维基础信息数据库，保障运维基础数据的一致性，提升运维业务应用的开发效率。

相较于传统竣工移交，竣工数字化移交系统的各项文件资料依旧是必不可少的，但不同的是需要对各项数据进行符合智能运维标准的输入与加工。

竣工数字化移交系统可以设置人员角色、控制功能和数据权限来保障系统数据安全性。按照运维基础数据标准，该系统可以自定义设置数据标准字典和填报标准模板，包括资料、图纸、模型、设备、空间等信息数据。通过设置多个项目或多个任务进行数据填报审核工作，按照标准化项目模板进行运维基础数据填报审核，并且过程中可以自动校验个

性化设置是否规范以辅助审核。为了提升数据采集效率，系统提供设备型号库辅助填报工具。

竣工数字化移交系统避免了普通资料票据移交中凸显出的问题，包括掌握丢失、协商不一致、查阅困难等。可见，智能运维系统的竣工数字化移交，在初始阶段就可以解决诸多问题。

2. 集成系统

集成系统是建筑中诸多功能性设备，如防火、安全设备，甚至具体到空调风机、电梯等设备。可以在建筑中找到的设备均可归入集成系统。

以消防系统为例，在以往的传统运维建筑之中，可能需要多名保安，多个烟雾识别器、消防栓组成系统。但是这些都是由单独的个体、单独的因子组成的，它们是零散的、分离的、不具备主动性的。全新的智能运维要的是将每一个原来的分散因子进行组合、集成，当一处发生情况时合理分配资源，从而能够主动预测、集成管理、消除隐患，甚至通过设备进行主动灭火，消除突发危机。

3. 运维数据管理系统

运维数据管理系统是针对智能运维的基础数据而设立的系统。

数据管理是利用计算机硬件和软件技术对数据进行有效地收集、存储、处理和应用的过程，目的在于充分、有效地发挥数据的作用。

随着计算机技术的发展，数据管理经历了人工管理、文件系统、数据库系统三个发展阶段。在数据库系统中所建立的数据结构，更充分地描述了数据间的内在联系，便于数据修改、更新与扩充，同时保证了数据的独立性、可靠性、安全性与完整性，减少了数据冗余，提高了数据共享程度及数据管理效率。

（1）BIM 运维数据管理。

BIM 运维数据管理负责统一管理全局的模型数据，通过权限控制、变更控制、版本控制管理模型数据、模型文档的上传、浏览和集成。

权限控制管理提供开放式、分层级的权限体系，对于数据文档支持用户级的使用权限控制。变更控制管理提供变更控制流程，通过规范的审批步骤实现用户对数据文档发起任何变更时都通过流程控制。版本控制管理提供模型版本管理，模型修改后生成历史版本，不同版本之间可进行差异比较，支持恢复到指定历史版本。

（2）BIM 运维关系管理。

关系管理将 BIM 运维与业务系统中的设备进行关联与绑定，主要功能包括定义系统、关系绑定、关系解绑、关系绑定变更。

根据运维基础数据标准的要求，划分自定义构件所属系统，维护系统的属性信息。关系绑定将三维模型的构件与业务系统的物理对象进行绑定，如房间、设备等，绑定后三维模型可结合业务运行数据实时展现对应设备的运行状态与详情信息。同时可解除三维模型构件与物理对象（房间、设备）之间的绑定关系，绑定关系解除后，三维模型不再进行业务运行数据的展示。也可结合设备置换等情况进行绑定关系的变更，绑定关系变更后，三维模型不再显示被变更物理对象的相关信息。

4. BIM 运维处理

BIM 运维处理将 BIM 与实体物件进行一种准确无误的对接。BIM 本质上就是一种数据，无论呈现的形式是三维模型还是数据图表。在运维数据管理系统中，BIM运维关系管理也是数据与各种建筑设备的精准对接，那么，它与BIM运维处理有什么区别呢？实际上，两者处于的阶段是不同的。运维数据管理系统是在建筑的运营阶段生效，而BIM运维处理是伴随着竣工移交这个过程进行的。由此两者的区别便显而易见，运维数据管理系统针对建筑中的设备等生效，而BIM运维处理是将模型与具体的建筑构件相对应，这个过程，不仅是移交建筑模型，为后续管理做准备，也将建筑的具体情况以模型的方式示以各方，助力竣工移交的顺利进行。

为了保障项目运维基础数据的准确性和一致性，项目的BIM运维处理将根据委托方提供的相关竣工模型资料，结合项目涉及的运维业务场景需求，通过现场调研和实地勘察，详细制定一份项目BIM运维的标准。根据项目BIM运维标准中的编码规范，将BIM运维中的设备、空间等进行编码补充，完成与现场实际对应的建筑部件的映射绑定，完善构件之间的真实关联关系。

5. BIM轻量化图形引擎

图形引擎主要用于处理大规模的BIM数据。智能运维依托于数据，因此处理引擎的能力非常重要。

BIM轻量化图形引擎需要考虑满足项目智能运维管控中心的业务应用场景、图形平台的可持续支撑能力以及整体方案兼容性等。国内完全自主知识产权的BIM轻量化图形引擎，支持私有化部署，实现文件格式解析、模型图纸浏览和BIM数据存储等，为智能运维管控中心提供稳定可靠的图形平台能力支撑。

在Web浏览器上实现灵活、高效、丰富的三维模型显示，需要图形引擎具备大模型处理能力，能够流畅地对全专业模型进行浏览和操作，保证视觉的流畅性。

6. 运维工单管理系统

工单就是工作单据。工单为由一个和多个作业组成的简单维修或制造计划，上级部门下达任务，下级部门领受任务的依据。工单可以是独立的，也可以是大型项目的一部分，可以为工单定义子工单。由工单的定义，可以得知其在建筑运维中占着极为重要的地位。工单系统（Ticket System）又称为工单管理系统，它的出现，本质就是为合理安排工单而诞生的。它是一种网络软件系统，根据不同组织、部门和外部客户的需求，来有针对地管理、维护和追踪一系列的问题和请求。一个功能完善的工单系统又可以称为帮助台系统。

工单系统的构建需要一些功能性要求。它的技术实现途径与其他设备或系统的管理技术重叠，主要有以下内容。

（1）运维工单系统需处理以下事项：自动上报的设备故障报警及设备运行故障、设备定期保养维护、报修申请单、电话投诉或报修、设备巡检发现的问题。

（2）支持故障报警的判断处置流程，根据误报、设备维修还是真故障进行工单生成触发。

（3）根据设备台账中的保养周期、保养内容、上次保养时间、运行工况分析等内容，自动生成保养工单池并按设置的规则进行推送。

（4）根据报修申请单进行填报并设置级别，统一由工单池管理规则进行处理，长时间未处理将发出催单。

（5）支持移动端巡检，按照指定巡检计划扫描设备工牌检查项工作并反馈当前设备运行状态，支持离线模式工作。

⑥ 维修人员能够根据故障级别、派单时间和维修内容的轻重缓急从工单列表中点击接单，接单后将自动打开工单查看详情。

⑦ 支持与其他物业工单系统的数据集成交互，完成定制化对接，满足委托方运维管理问题的处理流程闭环。

⑧ 移动端能够调看目标设备的相关技术资料以协助检查、诊断与维修。

⑨ 支持转单和挂单功能。

7. 物联网支撑平台系统

物联网在建筑运维中的运用，离不开 BIM 技术物联网支撑平台系统中的支撑，其本质的含义是适配与兼容。由于物联网平台的集成、稳定、可扩展能力将直接影响后期系统的使用和扩展，因此系统不仅需要考虑满足项目智能运维管控中心的业务应用需求，还需考虑系统的可持续支撑能力以及整体方案兼容性等。

采用国内完全自主知识产权的物联网支撑平台系统，支持私有化部署、运维设备连接和运行数据处理，具备海量扩展能力，同时提供标准的 RESTful 架构和实时接口以满足智能运维管控中心系统调用设备运行数据时的需要。

物联网支撑平台系统的数据存储提供分布式存储技术的以满足海量设备数据的存储和批量分析，同时提供时序数据库满足实时的数据统计分析。

8. 智能运维管控中心

以上七个系统主要功能是对设备进行管控，以及对数据与模型进行兼容。然而，它们缺乏一个系统来将这些系统组合拼装起来，并把信息传递给管理人员。那么，这个任务就是由智能运维管控中心来完成。它将一切的数据、模型组合拼装，给出图像及下一步的计划，将结果展现管理人员的眼前。

6.3.3 智能运维管控中心的应用

智能运维管控中心基于 BIM 三维可视化及轻量化的特点，提供的以下功能模块。

1. 智能运维总览模块

智能运维总览模块基于 BIM 三维可视化呈现建筑运行关键指标总览，如图 6.1 所示，为运维管理者提供数据决策支撑。智能运维总览模块基于 BIM 轻量化图形引擎提供的能力，实现建筑的三维全景式展示和漫游，具体功能包括沉浸式漫游、路径漫游、剖切展示、模型测量、小地图浏览、二维与三维联动等。

2. 设备综合管理模块

运维过程中，所涉及的设备是十分庞杂的，而智能运维管控中心的设备综合管理模块就负责对这些设备或系统进行协调，如图 6.2～图 6.6 所示。设备综合管理模块具有以下作用：①由于设备资产数据众多，该功能的综合查询工具可以快速查找所需设备和空间，并在 BIM 模型上高亮显示，直观展示其所处位置，实现三维可视化定位；②为了便于管理，可以按照系统和子系统分别汇总展示设备信息和运行状态；③复杂系统可以在 BIM 模型上直观呈现，也可查看单系统或多系统的管道和设备分布情况参数，并且直观展示整

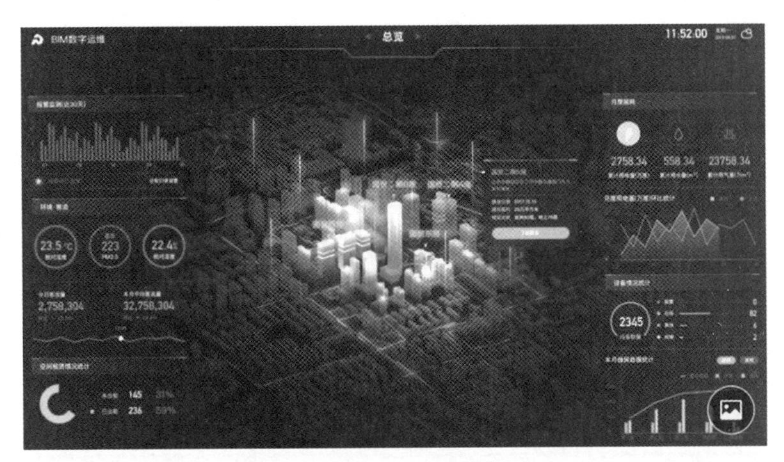

图 6.1　建筑运行关键指标总览

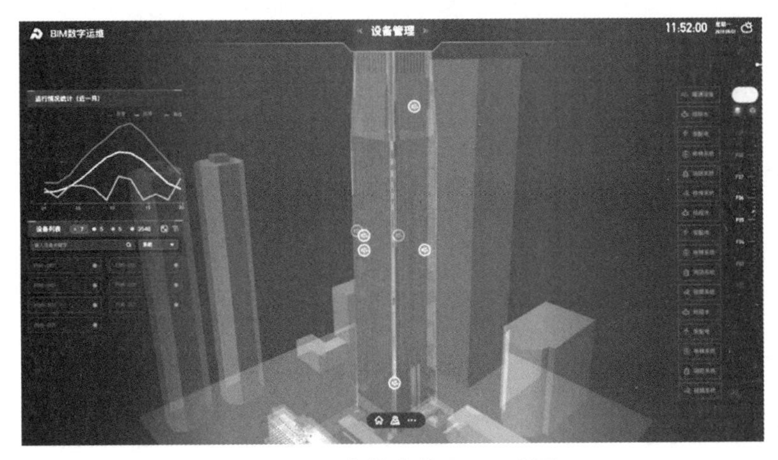

图 6.2　设备综合管理——首页

图 6.3　暖通一级系统

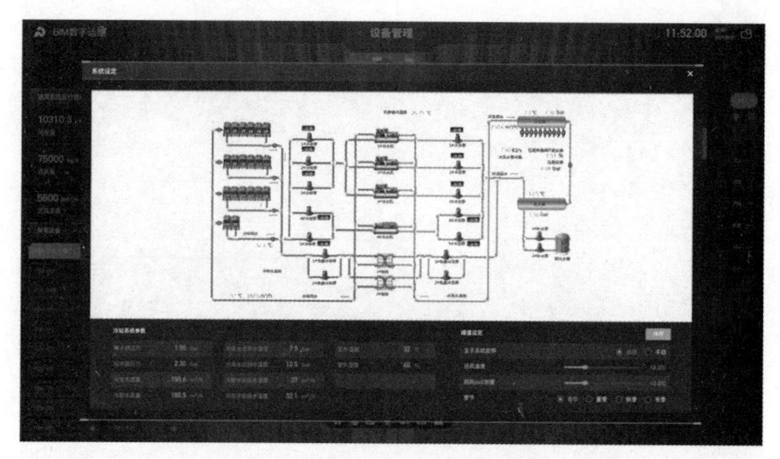

图 6.4　送风二级系统及阈值

图 6.5　单一设备管理——信息查询

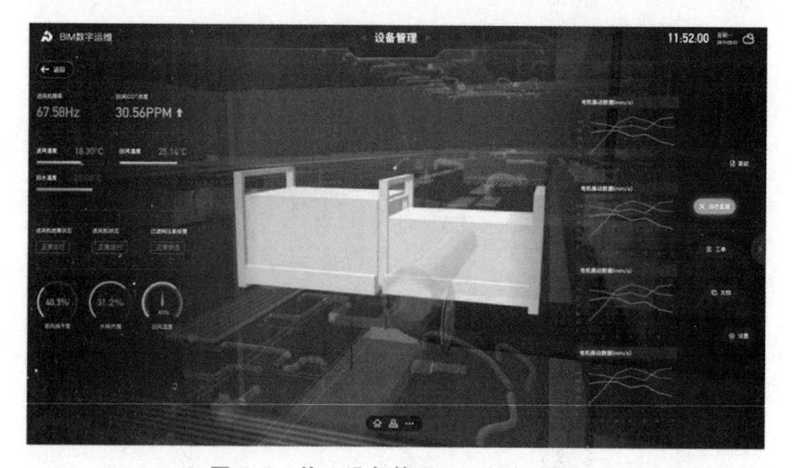

图 6.6　单一设备管理——运行监测

个设备或系统的上下游关联关系；④设备综合管理的全局模式汇总一级系统设备数量和运行情况参数，方便查询系统的相关资料，浏览查看一级系统模型；⑤设备综合管理的子系统模式汇总各级系统设备数量和运行情况参数，方便查询系统的相关资料，设定系统控制参数及阈值，浏览查看二级系统模型；⑥设备综合管理的设备列表模式，按系统维度进行设备列表查询，浏览查看设备模型；⑦可以发挥三维模型优势，能够定位到单一设备在模型中的空间位置，并查看设备的属性信息、运行监控信息、维保记录、资产信息、图纸信息、说明书等；⑧直观展示单一设备的关联设备管道和关联空间，能够联动设备周边的监控摄像头进行现场图像查看；⑨查看设备关键参数的运行监测分析图表，设定设备控制参数。

3. 报警综合管理模块

报警综合管理模块作为集成系统的一部分，基于BIM建立，如图6.7～图6.9所示，主要功能是在突发情况下，组合并合理分配资源。报警综合管理模块有以下作用：①基于BIM快速定位报警的设备和空间，可以高亮显示其所在位置；②集中展示设备故障报警和运行报警信息及详情，报警设备数量较多时进行聚合展示；③单台设备同时有多条报警信息时则提示报警次数角标；④按照报警级别（严重、较重、一般）、状态（处理、未处理），以及分系统的可视化展示来查询报警相关信息；⑤严重级别的报警，报警图标自动弹出报警卡片；⑥查看单个报警设备的详情、报警详情、关联设备、所在空间、影响空间和关联视频监控；⑦根据现场核实结果进行报警处置，关闭误报的报警，跟踪记录设备调试时发生的报警，真实的报警则生成报警工单并推送给工单系统；⑧历史报警信息的汇总查看，支持查看、统计、分析历史任意时间段的报警分类（级别、状态、系统）。

4. 视频监控管理模块

视频监控属于监测方式的一种，但无论技术如何实现，线路如何布置，最终的信息是需要呈现给管理人员的。对此，视频监控管理模块有以下作用：①支持模型炸开式展示全部摄像头的具体位置分布和运行状态；②支持单楼层展示摄像头的位置分布和运行状态；③支持根据业务需求自定义摄像头分组，可以添加、移除分组中的摄像头，汇总展示分组内的视频图像；④能够查看单个摄像头的相关信息，并提供标准视频窗口，展示和控制视频图像，满足在报警时处置警情的要求。视频监控管理模块如图6.10～图6.13所示。

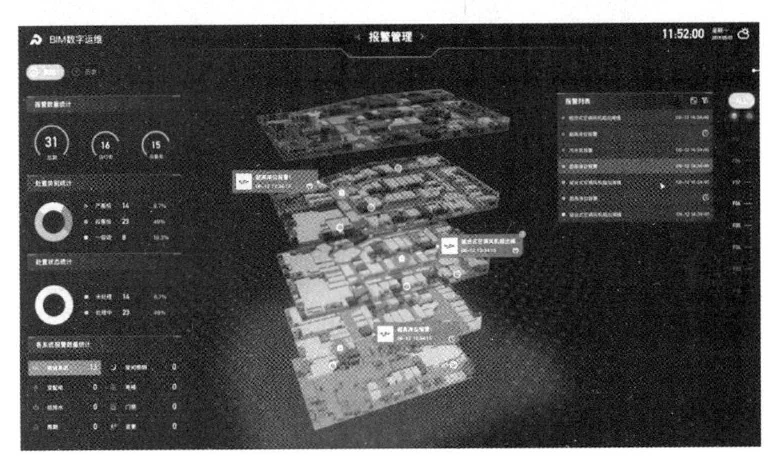

图6.7 报警综合管理——首页

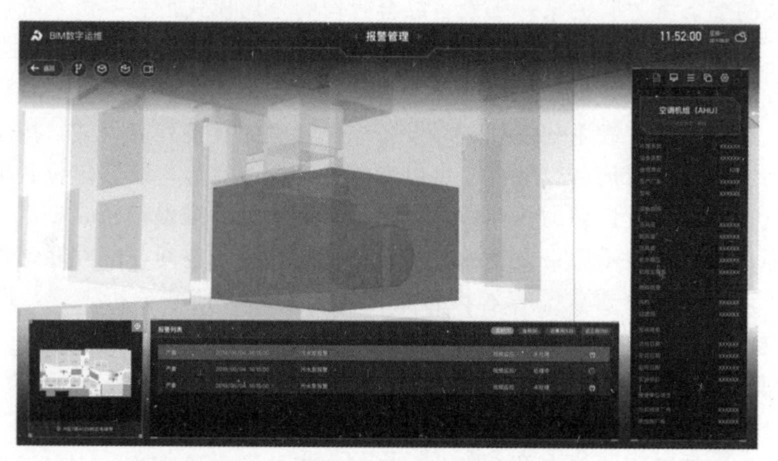

图 6.8　报警综合管理——报警详情

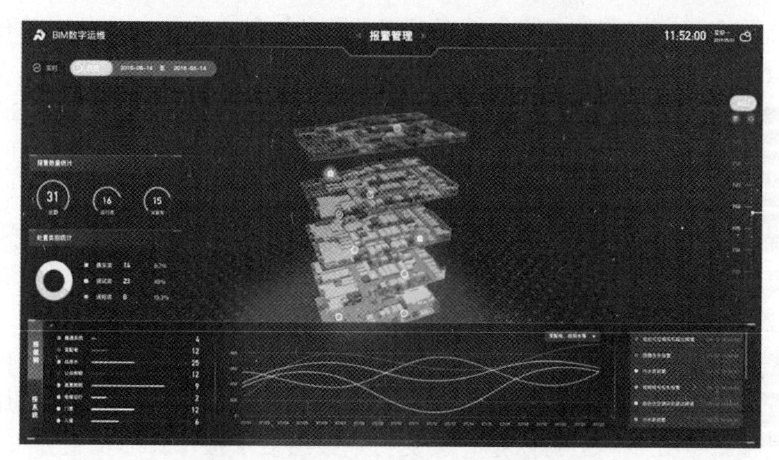

图 6.9　报警综合管理——历史报警

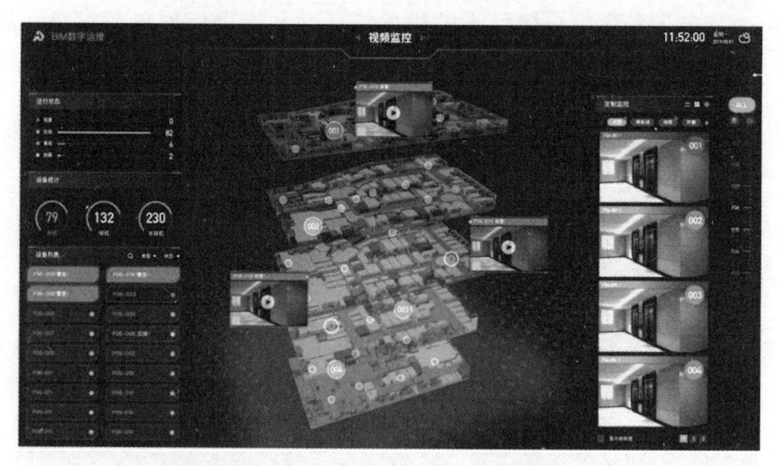

图 6.10　视频监控管理——首页

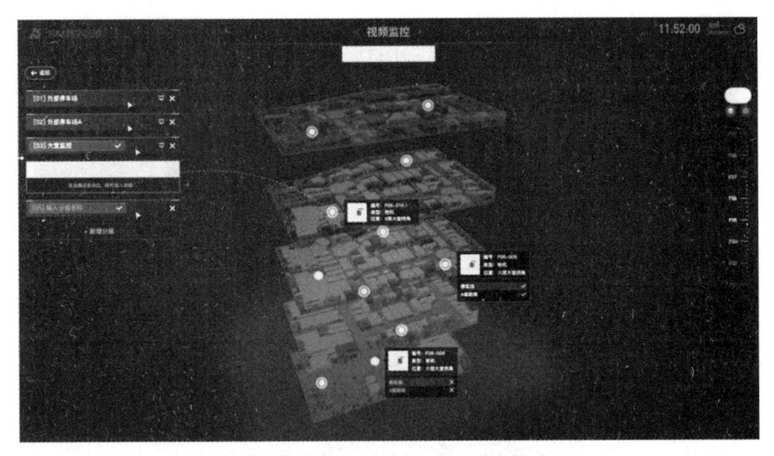

图 6.11 视频监控管理——设置分组

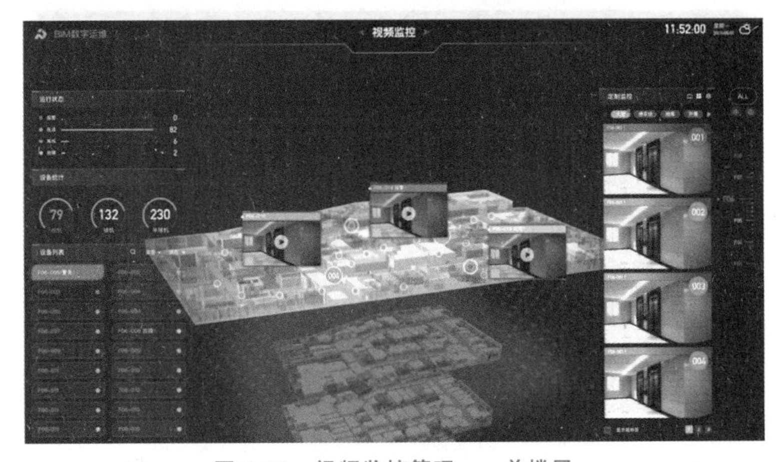

图 6.12 视频监控管理——单楼层

5. 数据地图模块

应用数据地图来分析和展示与位置相关的数据，要比统计表中单纯的数字更为明确和直观。

在智能运维管理中，数据地图模块具有以下作用：①基于 BIM 以色块或热力图方式可视化展示建筑环境运行数据和变化趋势，提供预警提示功能；②以数据方式支持楼层纵向切片对比展示、分层展示、分区域展示；③基于 BIM 以色块方式直观可视化展示实时的车位数量、车位占用情况等；④支持查看、分析历史任意时间段的运行数据的变化趋势。数据地图模块如图 6.13、图 6.14 所示。

6. 模拟消防管理模块

模拟消防管理模块作为集成系统的一部分，主要功能是将突发情况呈现在屏幕上。模拟消防管理模块具有以下作用：①基于 BIM 集中展示消防系统的设备信息，包括火灾报警探测器的工作状态、位置及相关联动设备状态；②支持查看消防报警防火分区内关联的摄像头、关联设备的状态信息；③真实火灾报警，屏幕强制弹出消防报警提示窗口，进入消防管理模块；④在模型上自动定位火警位置、显示报警信息，高亮显示出关联防火分区的区域范围；⑤支持楼层炸开动态显示每层楼的逃生路线、可使用的疏散出口以及疏散楼

图 6.13　数据地图——能耗管理

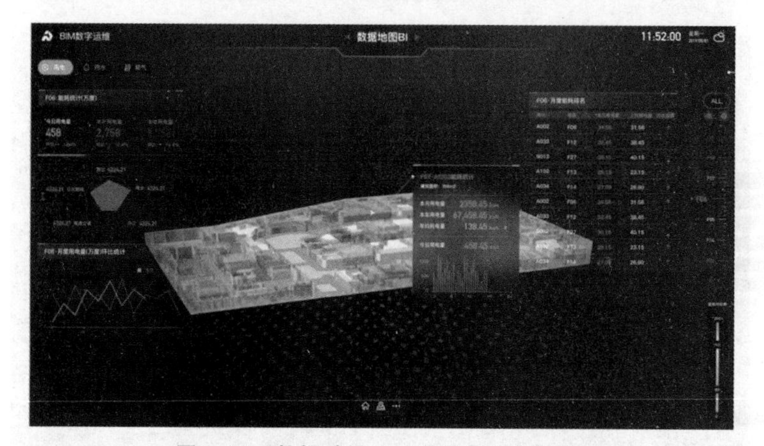

图 6.14　数据地图——单楼层能耗管理

梯；⑥报警点位置至最近逃生出口的立体线路规划动态展示，包括报警点位置至最近疏散楼梯的线路、楼梯间行动线路、转换层行走路线、楼梯间至逃生出口线路；⑦支持可视化模拟消防预案，直观分析逃生疏散路径以及火灾影响范围，为消防决策提供有效依据。模拟消防管理模块如图 6.15、图 6.16 所示。

图 6.15　模拟消防管理——消防模拟

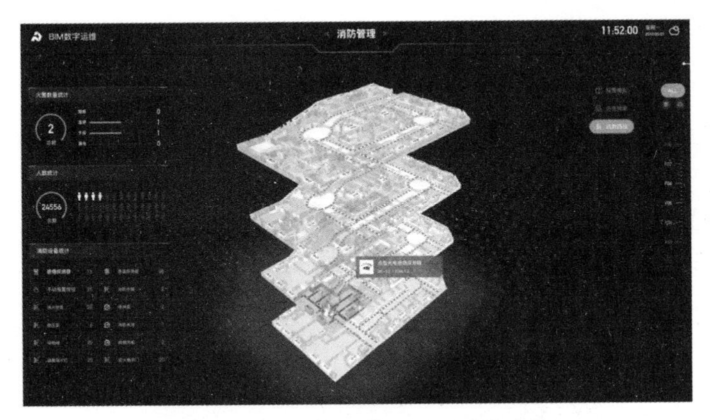

图 6.16　模拟消防管理——消防疏散

本章小结

传统的运维管理就是物业管理，包括设备维护管理，空间和客户管理，能源和环境管理，安全、消防和应急管理四个主要部分。随着BIM、物联网、虚拟现实等新技术的快速发展和融合，运维管理正向数字化、高效化、可视化的智能运维方向发展，智能运维方兴未艾。竣工交付是工程从建造形态向运维形态变化的转折点，智能运维管理的首要问题就是运维形态的数字表征与交互，基于横向一体化数据运维平台，建立BIM，将空间、设备、节能、安保、应急等可信计算，实施智能运维，构建建筑自动化、通信自动化、办公自动化、消防自动化和保安自动化的智能建筑系统。

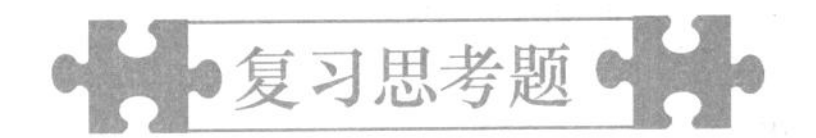

复习思考题

1. 简述运维管理与运维管理的范围。
2. 简述对智能运维的理解。
3. 简述智能BIM运维的应用内容。
4. 简述智能运维优化管理的内容。
5. 简述智能运维3A系统和5A系统的概念。
6. 考虑如何实现消防自动化。

第 7 章 智慧基础设施

思维导图

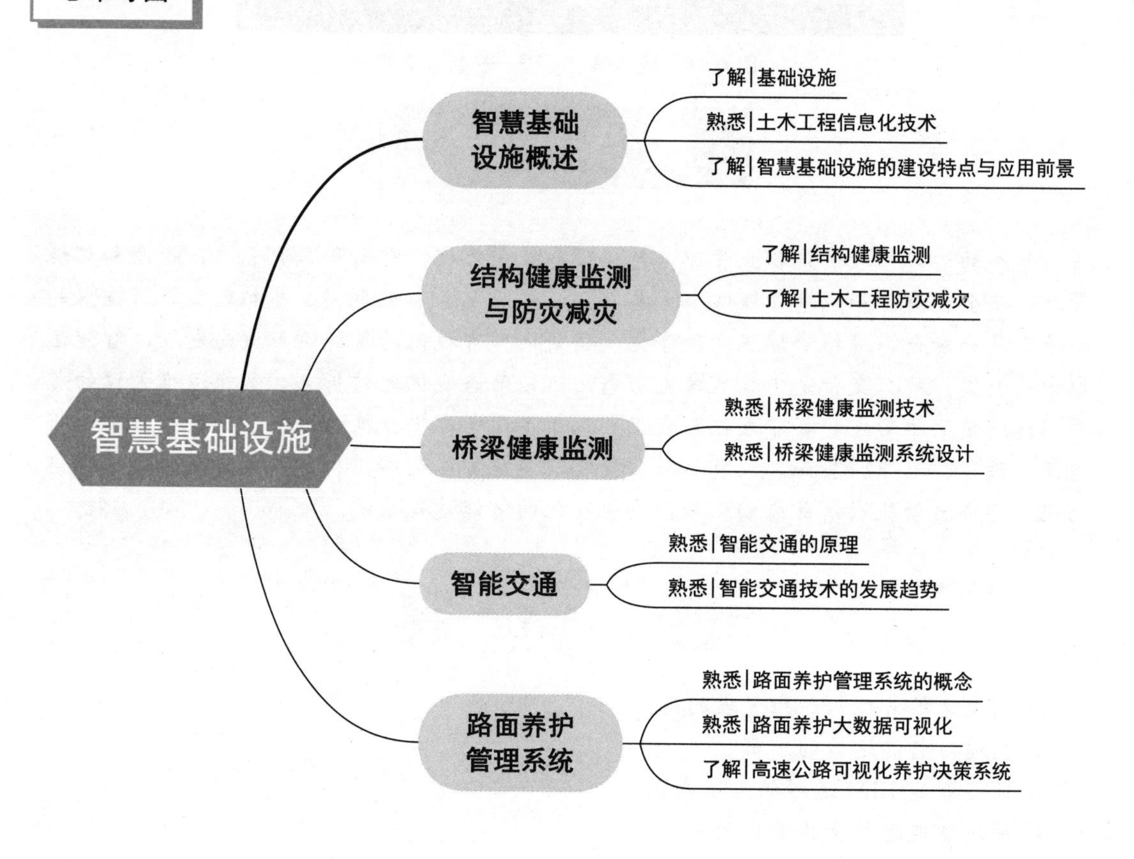

7.1　智慧基础设施概述

7.1.1　基础设施

基础设施（Infrastructure）是指为社会生产和居民生活提供公共服务的物质工程设施，是用于保证国家或地区社会经济活动正常进行的公共服务系统。基础设施一般包括交通、邮电、供水供电、商业服务、科研与技术服务、园林绿化、环境保护、文化教育、卫生事业等市政公用工程设施和公共生活服务设施。

在现代社会中，经济越发展，对基础设施的要求也就越高。完善的基础设施对加速社会经济活动，促进其空间分布形态演变起着巨大的推动作用。基础设施可按其所在地域或使用性质划分，如农村基础设施、城市基础设施、电力基础设施、水利基础设施、交通基础设施等。

基础设施建设具有乘数效应，能带来几倍于投资额的社会总需求和国民收入。一个国家或地区的基础设施是否完善，是其经济是否可以长期持续稳定发展的重要基础。与西方发达国家相比，我国的基础设施建设还有很大的发展空间。

随着近几年互联网、云计算、大数据等信息技术的迅猛发展，打造智慧基础设施的呼声越来越高，而物联网和土木工程信息化技术是交通和城市类智慧基础设施发展的两个重要技术基础。

7.1.2　土木工程信息化技术

土木工程信息化技术是指通过对工程建设活动中所产生大量数据的采集、处理、分析以及信息服务的方式，为土木工程勘察、设计、施工、运维和管理提供信息支持和资源共享。它以“面向土木工程服务”为目的，利用计算机和通信网络等现代科学技术对土木工程信息进行生产、收集、处理、加工、存储、传输、检索和利用，并以共享的方式为土木工程建设各个阶段及用户提供支持和决策服务。通过数据的深层加工与分析、可视化及虚拟浏览，利用网络方式进行数据开放和共享，从服务角度为专业应用提供资源。

土木工程信息化技术服务主要包括信息管理服务、专业应用服务、结构综合预警、结构安全评估、数字化服务以及智慧化服务等。其利用计算机、通信、人工智能、互联网、云计算、大数据和物联网等技术手段，对传统土木工程技术手段、施工方式及运营维护进行改造与提升，促进土木工程技术手段、施工方式及运营维护的不断完善，实现土木工程活动过程中数据的有序存储、高效传输、实时更新和有效管理，并达到数据共享的目的，为建设及管理提供规划、设计、决策服务。

信息时代最突出的标志就是人类构建了一个与现实世界相对应的虚拟的信息世界，其本质特征就是以互联网为生产工具，知识与信息成为生产力要素最重要的组成部分。在物联网和土木工程信息化技术的发展推动下，交通和城市基础设施的建设与运营维护正在不断走向智慧化。

7.1.3 智慧基础设施的建设特点与应用前景

智慧基础设施是在借助物联网和土木工程信息化两个核心技术支持下实现的，智慧基础设施可以依据大量传感器采集的信息，实时地监控、测量、分析，并依据监测结果进行反应，利用数据的反馈回路为决策提供信息支持。

智慧基础设施与传统基础设施的区别在于，其安装了数字化“电子神经”网络，并被联入互联网。智慧基础设施内嵌入了物联网，并与互联网融合在一起。智慧基础设施是物理基础设施和数字基础设施相结合的结果，旨在提供改进的信息，以便使用者做出更好、更快和成本更低廉的决策。

智慧基础设施转型能释放现有基础设施更多的内在价值，相同的投入条件下，智慧基础设施所带来的价值更高。它能够减少数据获取难度、提高数据价值、延长设施的生命周期。同时，智慧基础设施将带动电子、信息产业发展。此外，由于智慧基础设施的高附属价值，可能颠覆部分基础设施领域的管理模式和运营方式，对传统商业模式进行质的改变。智慧基础设施的建设，除了能够带动钢铁、水泥、电力、能源等传统行业，还将消化芯片、光纤、传感器、嵌入式系统等大量的计算机软硬件产品，从而拉动高科技产业增长，创造大量的知识型就业岗位。以软件行业为例，该行业每增加 1000 亿元产值，就可新增 30～35 万知识型就业岗位。

下面通过结构健康监测与防灾减灾、桥梁健康监测、智能交通、路面养护管理系统几个方面的相关案例，介绍交通和城市智慧基础设施研究的技术应用。

7.2 结构健康监测与防灾减灾

7.2.1 结构健康监测

结构工程是一门研究土木工程中具有共性的结构选型、力学分析、勘察设计、工程材料、检测监测技术及养护管理的学科。结构工程的信息化既包括技术开发的信息化，又包括管理的信息化，具体内容有勘测设计的信息化、结构健康监测（SHM）等。

随着勘测技术的发展，土木工程勘测经历了模数转换、数字化勘测、信息化勘测三个阶段，信息化建设逐步贯穿各个环节。国外的勘测设计一体化、智能化研究已有六十多年的历史。20 世纪 60 年代初，一些发达国家在公路设计领域开展了计算机辅助勘测设计的研究，研制了各种勘测设计软件。20 世纪 80 年代后期，国外的计算机辅助勘测设计开始由单项开发转向整体开发及系统开发。在勘测设计中运用的各类勘测技术主要有航空摄影测量、数字地形模型（DTM）、全球定位系统（GPS）、实时动态差分（RTK）和地理信息系统（GIS）等，对实现勘测设计一体化和数字化具有重要的意义。

结构健康监测技术目前已被普遍认为是提高工程结构安全、健康，以及实现结构长生命周期和可持续管理的最有效方法之一。基础设施结构在漫长的服役周期内，由于环境侵蚀、日常服役荷载甚至超载的作用，会导致结构的性能逐渐发生退化并且随时可能遭遇地震、台风等极端自然灾害的侵袭。土木工程结构的安全、健康、耐久对保障其生命周期与安全服役至关重要，因此对作为国民经济和社会发展核心的基础设施的重大土木工程结构进行健康监测十分必要。重大土木工程结构一般包括公共建筑结构（超高层建筑、大跨空间结构等）、重大交通工程结构（高铁、隧道和长大桥梁等）、重大地下工程结构（地下综合交通枢纽、地下综合管廊等）、重大海洋工程结构（海洋平台、海上人工岛等）、重大能源工程结构（核电站安全壳、LNG储罐等）等。目前我国每年的土木工程建设规模已经超过世界上其他所有国家的总和，对相关重要结构进行健康监测是工程可持续管理和有效维护的可靠途径。

结构健康监测技术的基本思想是通过测量结构的响应来推断结构特性的变化，进而探测和评价结构的损伤及安全状况。结构健康监测（Structural Health Monitoring，SHM）技术起源于1954年，最初目的是进行结构的荷载监测。随着结构设计日益向大型化、复杂化和智能化发展，结构健康监测技术的内容也逐渐丰富起来，不再是单纯的荷载监测，而是向结构损伤检测、损伤定位、结构剩余生命周期预测乃至结构损伤的自动修复等方面发展，并要基于探测到的响应，结合系统的特性分析，来评价结构的健康状况并做出相应的维护决策。

结构健康监测技术一般包括传感系统、信号传输与存储、结构状态参数与损伤识别，以及结构性能评估等几部分。经过几十年的发展，无线传感、光纤传感、微波雷达等新型智能传感技术迅速推广，各类型传感器和数据采集系统等结构健康监测技术所需要的硬件基础逐步建立，也开发了针对监测信号的各类型结构识别方法、损伤识别方法、结构性能评估预测和风险分析等方法。这些技术的发展整体推动了结构健康监测技术的发展及工程应用。

结构健康监测技术具有以下四大功能：①结构全生命周期安全与成本最优，通过健康监测实现预知性维护管理，最优化全生命周期成本；②大型复杂结构安全保障与新型设计方法验证，作为最优化的辅助手段验证全新设计理论同时保障安全运营；③结构管理养护的自动化与智能化，实现结构监测的快速化与自动化；④受灾结构的信息收集与快速评估，实时获得结构服役期间的响应并实时预警。

目前，国内大多数的建筑结构监测主要还局限在施工阶段，典型工程实例有上海金茂大厦建设过程中的施工健康监测以及上海音乐厅整体移位工程中的施工健康监测。图7.1所示为福州海峡奥林匹克体育中心主体育场工程的施工健康监测案例。该工程为一复杂的大型体育建筑，上部钢结构分为东西两片罩棚，下部为混凝土看台及各功能用房，平面形状近似椭圆，长轴长约360m，短轴长约310m。钢结构罩棚最高点52.826m，上部钢结构罩棚采用双向斜交空间桁架折板结构体系。混凝土看台支座正上方投影径向悬挑长度为45～63m，支座正上方投影斜向悬挑长度为50～65m。福州海峡奥林匹克体育中心主体育场作为2015年青运会等重大比赛的主会场，为了保障此重要公共建筑的结构安全性，在该场馆的各关键受力位置布置一系列的传感器，如加速度传感器、光纤光栅应变计、倾角仪、风速风向仪等。各传感器的实时数据通过采集仪传输到控制端，控制端对信号数据进行自动分析判断，对可能发生的工程灾害提前发出预警。

除了结构工程，岩土工程也是土木工程中重要的组成部分，业务范围主要有基础工程、地基处理、水库桥梁建设、地下空间开发、地铁隧道工程、地质灾害防治等，主要工

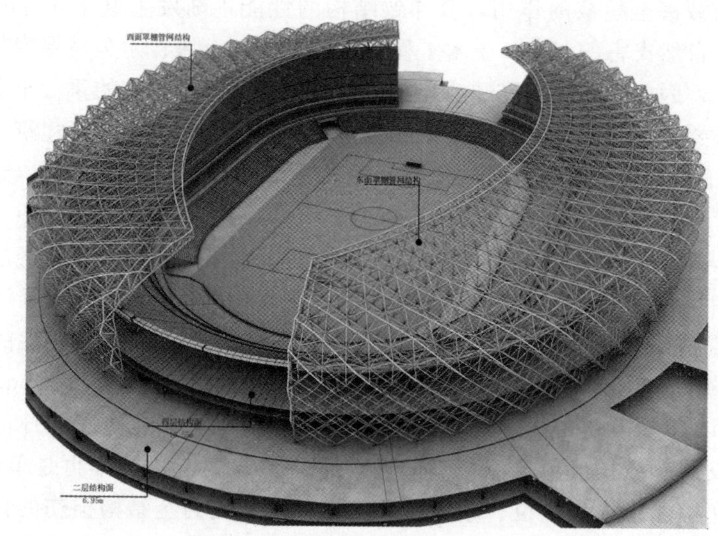

图 7.1 福州海峡奥林匹克体育中心主体育场工程

作内容包括岩土工程的勘察、设计、施工和监测等四个方面。近年来岩土工程信息化的发展极大提高了工作效率。国外对岩土工程信息化的研究分为两个方面，一个方面主要集中在 GIS 的开发与应用上，另外一个方面主要是三维地质建模的研究，其关键技术是离散光滑插值（DSI）技术，该技术基于目标体的离散化，用一系列具有物体几何和物理特性的相互连接的离散点来模拟地质体，目前已成为建模软件 GOCAD（地质目标计算机辅助设计）的核心技术。

7.2.2 土木工程防灾减灾

日本地震预警系统

在土木工程防灾减灾方面，虽然目前的物联网技术还做不到全智能化，但随着技术的不断提高，许多国家已在工程灾害预警中进行了一些探索和尝试，如日本的地震预警系统。

目前，我国已建立具有自主知识产权的地震预警系统，并陆续在北京、天津、河北、福建、甘肃和川滇交界地区建成预警示范系统并上线运行，图 7.2 为福建省地震信息化预警，向社会提供实际服务。地震发生时，地震台站的探测仪器会检测到 P 波，将信号发送给计算机，计算机计算出震级、烈度、震源、震中位等，并将结果反馈给预警系统，最后，预警系统抢在 S 波到达前，向预警信息接收终端发出预警，整个过程全自动运行。福建省作为“国家地震烈度速报与预警工程的先行示范区，已逐渐形成官方推广样本的“福建经验”，并自 2018 年起，正式对外发布预警信息。2019 年 4 月 18 日，我国台湾省花莲县海域发生 6.7 级地震，福建省地震预警系统在震后 26s 第一时间发布地震预警，为福建省各地赢得 45～96s 的预警时间。

(a)“福建地震预警”手机 App 示意图

(b)福建省晋江市地震预警信息发布分中心技术人员模拟演示终端机发出预警信息的情景

图 7.2 福建省地震信息化预警

7.3 桥梁健康监测

桥梁健康监测的基本内涵是通过先进的健康监测系统对桥梁结构的工作状态及整体运行实时监控，并对桥梁结构安全健康状况做出评估，使得桥梁在特殊气候、交通条件下或运营状况异常严重时触发预警信号，为桥梁安全运营与维护管理提供科学的决策依据和指导。为此，健康监测系统主要对以下几方面进行监控。

(1) 通过测量结构各种响应的传感装置获取反映结构整体行为的各种记录，重点是在车辆和风力作用下桥梁主体结构（主塔、主梁、主缆、主索等）的振动、位移和应变等。

(2) 桥梁重要的非结构部件（如支座、伸缩缝等）和附属设施（如振动控制器等）的工作状态。

(3) 结构构件的损伤识别和确定损伤部位。

(4) 桥梁所处气候环境条件（如环境风、温度等）。

桥梁健康监测的研究，不仅要求在测试技术上具有连续、快速和大容量的结构信息采集与通信能力，还要求对桥梁的整体行为进行实时监控，并准确及时地评估桥梁的健康状况，保证桥梁安全运营。另外，更重要的是，大跨度桥梁设计中还存在许多未知因素。假定条件，通过健康监测获得的运营中的桥梁动力、静力行为和气候环境的真实信息，可验证大桥的理论模型和计算假定，以进一步完善大跨度桥梁设计。因此，大型桥梁的健康监测概念涵盖了结构监控与健康评估、设计验证和桥梁结构理论研究与发展三大方面的内容。

7.3.1 桥梁健康监测技术

桥梁健康监测有别于传统的桥梁检测过程。传统的检测手段只是对桥梁的外观及其结构特性进行监测，而且只能在特定的时间和空间下进行。近十几年出现了利用GPS进行测试的新手段，目前GPS测试方法仅限于位移监测。对于桥梁振动测试，GPS测试方法还有难度，目前得到普遍认同的另一种最有发展前途的方法就是结合振动理论、振动测试技术、系统识别技术、信号采集与分析等跨学科的实验模态分析法。

1. GPS监测系统

1）GPS的基本概念

GPS监测系统是一套实时监测系统，主要由四部分组成，分别为GPS测量系统、信息收集系统、信息处理和分析系统、系统运作和控制系统。其硬件包括GPS测量仪（包括GPS天线和GPS接收器）、监测站、信息收集总控制站（基准站）、光纤网络通信、GPS系统和显示屏幕等。GPS接收器配备6个以上卫星跟踪通道，与大桥上布置的GPS测量仪同步进行定点位移测量，以10次/秒的测点更新频率提供独立的实时测点测量结果，从接收信息、数据和图像处理到桥梁位移图像屏幕显示过程在2s内完成。GPS监测系统可以在无人值守的情况下进行24h连续作业，完成桥梁的实时健康监控。

2）GPS位移监测原理

GPS位移监测原理是采用卫星定位系统监测大桥运营中的位移，利用接收导航卫星载波相位进行实时相位差分析（GPS-RTK技术），实时地对大桥位移进行测量，并通过固定光纤网络传输数据而进行运作。

GPS-RTK系统由GPS基准站、GPS监测站和通信系统组成。基准站将接收到的卫星差分信号经光纤实时传递给监测站。监测站接收卫星差分信号及GPS基准站信息，进行实时差分后，可实时测得站点的三维空间坐标，此结果将送到GPS监控中心。然后，监控中心对接收机的GPS差分信号结果进行桥梁、桥面、桥塔的位移、扭转角计算，给出实时的桥形变化提供给大桥管理部门进行安全性分析。

3）GPS位移监测的特点

GPS位移监测的特点有：①大桥上各测点只要能接收到6个以上GPS基准站传来的GPS差分信号，即可进行差分定位，各监测站得到的是相互独立的观测值；②GPS定位受大气影响小，可以在暴风雨和大雾中进行监测；③GPS测量位移自动化程度高，从接收信号、捕捉卫星到完成差分定位都是由仪器自动完成的，所测结果自动存入监控中心；④GPS定位速度快、精度高。

2. 实验模态分析法

实验模态分析法的应用已有十几年历史，其原理是通过对结构在不确定的动荷载下振动参数的实测和模态分析，结合系统识别技术对结构进行评估，其中对振动参数进行模态分析和系统识别是关键技术。

系统识别目前普遍采用两种方法：频域法和时域法。频域法利用所施加的激励，对桥梁来说主要是车载和风力激励，由此得到的响应，经过FFT（Fast Fourier Transform）分析仪得到频响函数，然后采用多项式拟合方法得到模态参数。时域法是利用随机或自由响应数据来识别模态参数，比频域法更趋于完善，它不必进行 FFT 分析，从而清除了 FFT 分析带来的误差，但也存在一些缺陷，由于参数识别时运用了所测振动信号的全部信息，而不是选取有效频段，往往使得其中一些重要的模态信息未被充分收集。

传统的模态识别方法是基于实验室条件下的频率响应函数进行的参数识别方法，它要求同时测得结构上的激励和响应信号。但是，结构的运行条件和实验室测试条件明显不同，在实验室中结构的特性可以较为准确地模拟，同时结构激励已知。而对于正常使用的结构来讲，激励往往是不可测量的，同时大部分情况下是非稳态的，例如波浪作用下的海岸结构、飞行状况下的航空结构、风荷载作用下的高耸电视塔及环境激励下的桥梁结构。此外，地脉动作用下结构不同点处所受作用不同，风荷载作用下结构不同高度受力不同，这些都导致要想完全获得激励的信息是非常困难的。在工程结构的动态识别中，输入信号往往是未知的，因此模态参数的识别过程仅是基于输出信号的。对于一些大型结构，无法施加激励或施加激励费用很昂贵，这种情况下要求识别结构在工作条件下的模态参数。工作模态参数识别方法与传统模态参数识别方法相比有以下特点。

(1) 仅根据结构在环境激励下的响应数据来识别结构的模态参数，无须对结构施加激励，激励是未知的，如无须对大桥、海上结构、高层建筑等大型结构进行激励，仅须直接测取结构在风力、交通等环境激励下的响应数据就可以识别出结构的模态参数。该方法识别的模态参数符合实际工况及边界条件，能真实地反映结构在工作状态下的动力学特性，如高速旋转的设备在高速旋转和静态时结构的模态参数有很大差别。

(2) 该方法不施加人工激励完全靠环境激励，节省了人工和设备费用，也避免了对结构可能产生的损伤问题。

(3) 利用环境激励的实时响应数据识别结构参数，能够识别由于环境激励引起的模态参数变化。尽管传统模态参数识别方法已在许多领域得到了广泛应用，但近年来，工作模态参数识别方法得到了航天、航空、汽车及建筑领域的研究人员的极大关注。

3. 结构损伤检测定位方法

对于结构损伤检测定位方法，目前常用的有模型修正法和指纹分析法两种。

1) 模型修正法

模型修正法在桥梁监测中主要用于把实验结构的振动反应记录与原先的有限元模型计算结果进行综合比较，利用直接或间接测量到的模态参数、加速度时程记录、频响函数等，通过条件优化约束，不断地修正模型中的刚度和质量信息，从而得到结构变化的信息，实现结构的损伤判别和定位。其主要修正方法有：矩阵型法、子矩阵修正法和灵敏度修正法。

2) 指纹分析法

指纹分析法是通过与桥梁动力特性有关的动力指纹及其变化来判断桥梁结构的真实状态。在桥梁监测中，频率是最容易获得的模态参数，而且精度较高，因此通过监测结构频率的变化来识别结构是否损伤是最简单的。此外，振型也可用于结构损伤的发现，尽管振型的检测精度低于频率，但振型包含更多的损伤信息，利用振型判断结构是否损伤的方法有柔度矩阵法。

7.3.2 桥梁健康监测系统设计

1. 监测系统的设计准则和测点布置

大型桥梁健康监测系统的设计准则主要考虑两方面的因素，首先是建立该系统的目的和功能，其次是投资成本和效益分析。桥梁健康监测项目与桥梁规模有关，不同桥梁的监测项目存在着较大差异。存在这些差异的原因除桥型和桥位环境因素外，还有各自建立监测系统的功能要求和目的不同，而且投资成本也是重要原因，所以监测项目和测点数量也不完全相同。

对于特大型桥梁，其建立的健康监测系统一般是以桥梁结构整体行为安全监控与评估和设计验证为目的，有时也包含研究和探索。一旦建立系统的目的确定，系统的监测项目也可相应确定。但系统中各监测项目的规模、测点数量、所采用的传感仪器和通信设备等的确定需要考虑投资成本的限度。因此，为了建立高效合理的监测系统，在系统设计时必须对监测系统方案进行成本-效益分析。

根据功能要求和成本-效益分析，可以将监测项目和测点数量优化到所需要的最佳范围。这就是桥梁健康监测系统的两个设计准则。

2. 监测项目

根据上述设计准则，尽管各种桥梁和其健康监测系统监测目的所要求的监测项目不完全相同，但绝大多数大跨度桥梁健康监测系统都选择了以下具有代表性的监测项目。

1）风力效应监测

根据大桥健康监测系统的风速、风向监测，利用 GPS 监测系统得出桥身、塔顶、主缆索的三维位移实时监测资料，对大桥进行风力效应监测和桥梁结构的抗风振验算，监测大桥所处位置特定风速的持续周期，用以检验桥梁的涡激共振平均周期。

2）桥梁结构温度场监测

桥梁结构温度场与太阳辐射强度、材料热能散发率、环境温度、风速、风向等因素有关。监测环境温度和桥梁结构温度场，可以推算大桥的结构有效温度和温度差，进而确定温度荷载产生的影响。利用 GPS 监测系统长时间监测大桥整体结构的位移变化，来验证因环境温度而引发的日夜和季节性的位移变化周期，再与监测的结构有效温度和温差互相验证，增强对结构温度应力的监控。

3）交通荷载效应监测

交通堵塞是交通车辆荷载的主要设计考虑因素，其中每天交通堵塞的次数、交通堵塞发生的位置、持续时间、车辆分布模式和交通流量等设计假设，是大桥交通荷载效应监测的主要项目。通过实际监测验证设计假设的有效性，利用 GPS 监测系统得出桥梁各主要部位的位移资料，与实测交通荷载和车辆分布状况的监测资料相互验证。

4）大桥主缆索的索力监测

利用 GPS 监测系统得出桥梁主缆索的三轴向位移资料，运用有关的索力公式推算主缆索承受的拉力。

5）大桥主要构件的应力监测

大桥结构设计普遍采用导量位移，任何索塔和主梁偏移设计轴线，都会影响桥梁结构的内力分布和承载力。因此，应力监测主要是利用 GPS 监测系统得出桥身截面中轴线的位置，将其输入模拟桥身等效刚度的结构分析模型，得出全桥整体结构的内力分布。

桥梁健康监测系统涉及结构、计算机、通信等多个领域，需要多学科的研究，还需要做大量的工作，如缆索的无损识别研究、材料耐久性和疲劳因素引起的原因及其检测方法研究、桥梁整体性与损伤识别研究、桥梁结构劣化模型研究、自动载运系统识别和数据处理方法等。

下面以福州鼓山大桥为例，介绍桥梁健康监测技术。

以福州市首座独塔自锚式悬索桥——鼓山大桥的通航部分主桥为工程背景，建立一个基于传感网的实时监测系统。鼓山大桥及接线工程为福州市二环、三环的连接线，鼓山大桥全长 1520m，由南引桥、鼓山大桥主桥及北引桥三大部分组成。主桥的上部梁体主要采用宽钢箱梁，其中锚固段采用混凝土箱梁。

鼓山大桥的桥梁健康监测系统通过这些设在大桥不同位置的各类传感器收集结构反应和大桥工作环境变化的信息。各种传感器的布置如图 7.3 所示。

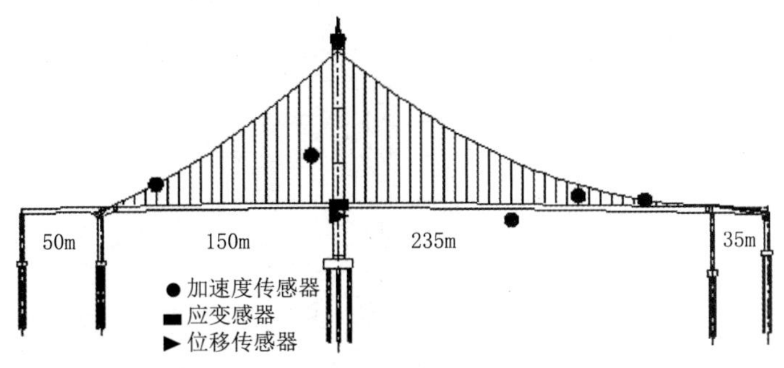

图 7.3　鼓山大桥各种传感器的布置

鼓山大桥健康监测系统是一个远程多参数测量系统，如图 7.4 所示。为了保证各传感器子系统的可靠运行和相互协调融合，必须对健康监测系统进行合理设计。鼓山大桥的健康监测系统是基于传感器网络的桥梁实时监测系统的组成原理来建立的。整体上，系统可以分成本地子系统（测量子系统和本地控制及数据处理子系统）和远程监测子系统。数据采集软件在工控机的控制下通过数据转换器对仪器中的数据进行实时采集。控制、显示、实时分析软件布置在工控机上，能实时同时显示各测点的时域波形，并实时存盘，根据存盘间隔定时对实时数据做二次预处理，将分析结果及实时数据发送至数据库服务器。数据库服务器的设置使得用户、管理人员、工程人员可通过互联网同时进入鼓山大桥监控网站查看实时数据，甚至可以下载自己所需的数据并进行分析。数据远程分析软件布置在福州大学的计算机上，管理人员通过互联网访问数据库服务器下载想要的数据，并随时接收到桥梁现场自动测量部分传送来的桥梁状态参量或报警信号，并进行必要的后续数据处理与分析。

(a) 加速度传感器

(b) 位移传感器

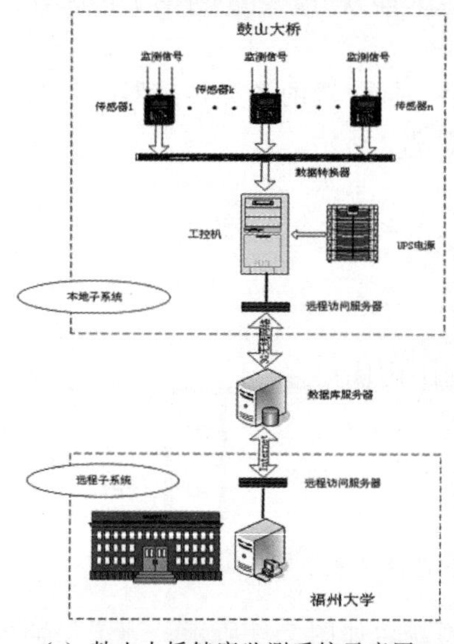

(c) 鼓山大桥健康监测系统示意图

(d) 布置在鼓山大桥上的工控机

(e) 鼓山大桥监控网站首页

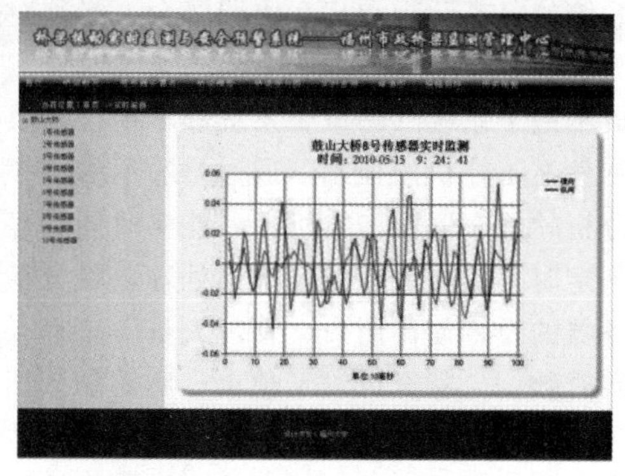

(f) 鼓山大桥 8 号传感器实时加速度波形

图 7.4　鼓山大桥健康监测系统

7.4 智能交通

交通信息化是推进现代交通发展的必然选择。其具体包括智能交通系统（Intelligent Traffic System，ITS）、道路交通安全管理系统、交通工程基础设施资产管理系统和交通应急管理系统四个方面。其中，智能交通系统的功能主要表现为提高交通安全水平、道路通行能力、运输生产率和经济效益。在数字化和人工智能发展的大环境下，智能交通成为智慧城市、智慧道路的关键组成。智能交通服务于人们日常出行，为道路使用者提供大量交通信息，优化出行方式，从而提高基础设施的利用率，提高道路通行能力，降低能耗和事故风险。智能基础设施只有充分利用现代智能交通技术，才可以快速发展，发挥更大作用。

7.4.1 智能交通的原理

智能交通系统是将信息技术、计算机技术、互联网技术、大数据技术、自动控制理论、人工智能技术等先进的自动化技术与方法应用于道路系统，通过交通分析与优化，以解决交通拥堵和减少交通事故为目标，构建而成的先进交通工程系统。智能交通是当今世界发展的潮流，也是实现智慧基础设施的重要手段。

智能交通为实现道路交通的安全、有序、高效运行，着重于利用先进的信息技术，优化人、车、路三者的协调运行方法，力求在短时间内解决交通问题，提高基础设施的现代化水平。在智能交通系统中，道路使用者可以用手机 App、计算机平台、车载设备等实时与智能基础设施通信，提出使用者需求和接收管理部门的指令，使交通服务方式更为智能化。

智能交通涉及学科多，专业知识范围广，其智能化的实现是一个传统道路工程与计算机技术、通信技术的有机结合。智能化表现为人工参与程度的减少，自动化水平的提升，最终实现无人干预的全自动化交通环境，在此环境下，基础设施自动运营从而自发满足人们出行需求。

智能交通包括智能交通设备和智能交通出行者。智能交通设备主要包括室内设备、路上设备和车载设备。室内设备为各种智能交通室内监控平台，是交通管理者进行交通管理与控制的平台及界面。路上设备为道路上安装的交通信息显示屏、通信设备、诱导设备等现代交通信息设备。车载设备为智能化汽车设置的先进交通设备，包括车载 GPS、定速巡航、各式传感器等。而智能交通出行者包括传统意义上的人与车辆，以及全自动的无人驾驶车辆。因此，智能交通系统由车辆、手机、云端、卫星、信号灯、步行者、道路、停车场、无线网络等诸多要素构成，如图 7.5 所示。

1）智能交通数据处理流程

智能交通以交通控制中心为核心单元，以通信数据采集、传输、处理与分析、发布为交通控制流程。智能交通数据处理流程具体如下。

（1）数据采集。

智能交通设备需要精确、大量和快速的交通数据采集和实时观测方法。智能交通数据

图 7.5 智能交通系统构成要素

包括交通量、视频信息、车速、出行时间、车辆位置、载重、延误等信息。这些数据采集是利用各种智能交通检测设施进行的，包括自动车辆识别设施（不停车收费系统的关键构成）、基于 GPS 的自动车辆定位设施、各式信号传感器、视频摄像机等。

(2) 数据传输。

快速和实时的数据通信技术体现了智能交通系统的先进性。在智能交通系统中，采集的数据需要从交通检测现场传输至交通控制中心，然后交通控制中心通过数据分析与决策，将指令发送至出行者。数据传输技术包括网络、短信、广播、专用短程通信等手段。

(3) 数据处理与分析。

交通控制中心对采集的数据进行处理与分析，包括数据偏差校正、数据清洗、数据合成和数据自适应逻辑分析，采用交通控制软件校正数据的不一致性。

(4) 数据发布。

交通数据发布又称交通信息发布，交通控制中心向交通出行者发布实时的交通、环境、设备状况数据，以及在数据处理基础上决策的交通指令，具体包括出行时间、行车速度、交通事件、建议路径、作业区状况等。这些数据通过可变情报板、公路广播、网络平台等方式进行发布。

2) 智能交通的功能

智能交通在道路交通中，可以实现以下功能。

(1) 提高交通安全水平。

不均匀的车速、不良的天气状况和重交通流等不利条件易导致交通事故。智能交通系统可以有效提高交通安全水平，通过各种智能化系统，对交通实时监控。例如，实时天气监视系统可以采集能见度数据、风速、降雨量、路面温度、湿度等信息，为交通管理者提供最新的实时驾驶环境信息，有利于其迅速调整交通控制方案。这些气象监视信息可用于更新可变情报板、可变限速标志的显示内容，提高驾驶员警觉性。一旦事故发生，智能救援系统将派遣紧急救援车辆迅速前往事故现场，实施救援，并引导车流离开事故路段，从而有效避免交通拥堵和二次事故。

（2）减轻基础设施的破坏程度。

重车特别是超载车会对交通基础设施产生影响，造成路面损坏和交通拥堵。智能交通系统能实现重车的实时监控，及时采取管理措施。例如，动态称重系统通过动态监测货车车型、车体尺寸和质量，判别车辆超载状况，进而迫使承运者遵守规则，从而减轻基础设施的损坏程度。智能交通系统不仅利于执法管理，而且可以减少基础设施的维护费用。

（3）实现智能交通控制。

现有的公路监控系统和城市交通控制系统采用半自动半人工的模式，可以减轻交通拥堵和促进路网交通流通畅有序，但现有系统尚不够智能化，应对实时多变的交通环境的能力尚有不足。智能交通系统使得交通信号灯可以实时改变显示模式，根据交通流量、车速及时自动调整配时方案。例如，自适应信号控制系统结合智慧交叉口，采用公交优先技术，利用交通检测器观测车辆运行方式，进行动态交通管理与控制。在区域信号控制系统中，大量的自适应信号控制交叉口协同工作，满足路网交通需求，减少出行时间。

（4）智能停车管理。

无序的停车行为易造成城市道路拥堵，引发事故，引起停车场与市政道路衔接处的交通问题。现有停车管理系统维护费用高、管理效率不足、甚至造成停车场内部拥堵。智能交通系统一方面有效监视停车场内过长停车行为，并对此采取管制措施；另一方面进行停车诱导，引导路上车辆进入停车场内停车。例如，智能化停车管理系统实现停车自动化监控和管理，促使驾驶员服从停车规则，并提高停车位的周转率。

（5）交通数据采集与分析。

详细的交通、环境、设备运行数据是智慧基础设施运营的基础信息平台。已有的线圈检测器可以探测路段或交叉口的车辆数量。智能交通信息采集系统采用微波、雷达、红外等设备，收集道路上的车辆数量和车型数据，有助于基于数据分析进行交通资源分配。

7.4.2 智能交通技术的发展趋势

交通工具的变化、智能车路系统的逐步完善，成为智能交通大规模的建设与发展的标志。未来智能交通发展呈现三个重要趋势：互联网＋、大数据和无人驾驶。

1. 互联网＋

互联网＋就是“互联网＋传统行业”，以先进的计算机技术和通信技术为基础，促使互联网与传统行业全面融合，为传统行业提供转型升级、人工智能、移动通信等新的发展机遇。互联网＋智能交通是指将互联网、物联网、5G、大数据、云计算、GPS/北斗系统、人工智能等信息技术手段进行协同创新，推动互联网前沿技术成果应用与交通、汽车、导航等领域的深度融合。目前，互联网＋和智能交通的融合趋势表现为以下方面。

（1）技术创新。

利用互联网＋技术，包括天地一体化网络、移动通信网络、窄带物联网、北斗系统等技术，优化智能交通系统的基础理论和应用界面。

（2）大数据平台。

构建交通信息的共享数据平台，将交通管制、交通拥堵、紧急救援、交通事故等出行大数据通过互联网进行传输、融合并在地图上实时呈现，为交通分析提供数据分析平台。

（3）多行业融合。

基于汽车行业发展态势，汽车行业、能源产业、互联网企业、智能交通公司、运营公司等多个领域相互融合，共同促进智能交通发展。

（4）基础设施融合。

结合互联网、北斗系统、5G等先进技术，融合道路基础设施，实现智慧公路和智慧城市交通。

在“互联网＋”的环境下，智能交通的研究、实施和开发将发生重大变革。由于“互联网＋”技术的进步，大量驾驶工作将由机器人完成，进而导致人、车、路的基本属性发生重大变化，给智能交通带来了大量新的研究课题和应用领域。

2. 大数据

从大数据中提炼出有效的交通特征数据，发现交通规律，从而反馈和控制智能交通系统。大数据在智能交通系统中，有多种应用方式，具体如下。

（1）出行者信息服务。

通过车流和环境大数据分析，智能交通系统能识别拥堵路段，进而为出行者提供更为合理的路径诱导方案。

（2）交通管理信息服务。

通过气象、交通和路面状况等大数据分析，交通管理人员可以更有效地组织交通、运营交通控制系统，特别是在交通拥堵路段，大数据分析有助于更快地疏导交通。

（3）交通安全服务。

通过交通事故现场、事故周边路面状况和交通流量等大数据分析，应急救援中心可以快速派遣救援人员，也可以结合事故数据规律，进行事故预警。

（4）交通信号控制服务。

通过大数据分析不同交通信号控制方案下交通流实时状况，便于信号控制方案的自适应调整和优化，例如大数据可为SCOOT、SCATS等自适应信号控制算法提供更为完善的计算基础。

3. 无人驾驶

无人驾驶是目前智能交通领域最为热门的先进技术。无人驾驶指采用人工智能、自动化、人机交互、机械电子、导航等先进技术，实现车辆的自动驾驶与安全避撞。无人驾驶系统包括硬件子系统（各种车载传感器）和软件子系统（车辆轨迹规划软件、图像识别软件、报警软件），辅助或者替代驾驶员执行动态的驾驶任务。

无人驾驶车辆如图7.6所示，无人驾驶车辆装有各式传感器，实现与周边车辆、沿线道路、交通设施的信息互动，其功能包括车辆车道保持、盲点监测、前向避撞、紧急制动、行人自动避让、自动车灯等技术。在无人驾驶环境下，道路交通特征明显区别于传统情况，此时应对交通基础设施建设提出新的要求。

无人驾驶的关键技术包括以下内容。

（1）自动停车。在停车场内，无人驾驶车辆可以根据车辆位置、停车场布局和周边环境特征，利用图像和距离分析，自动控制车辆转向、速度，使其进入停车位。

（2）巡航控制。无人驾驶车辆利用激光或者雷达，探测与障碍物的距离，实现车速控制和紧急刹车。

图 7.6 无人驾驶车辆

(3) 车道保持。采用车辆前置摄像头，通过视频分析，判别车辆与两侧交通标线的距离，从而使得无人驾驶车辆自动修正方向盘角度，并发出警报，如图 7.7 所示。

图 7.7 车道保持技术

(4) 视觉辅助。考虑驾驶盲区和能见度较低的夜间、大雾、大雨天气，采用传感器辅助驾驶视觉，及时发现路上障碍。

7.5 路面养护管理系统

7.5.1 路面养护管理系统的概念

路面养护管理系统是随着计算机发展水平和科技进步应运而生的研究领域，发展至今已有三十余年的历史。路面养护管理系统以现代管理科学思想为基础，借助计算机强大的数据运算能力和运用系统分析的方式，为公路养护管理提供科学的数据分析工具及管理方法，以尽可能少的资金、人力投入实现公路养护最佳效益为目标，进而提升公路的服务水平。

路面养护管理系统根据不同的养护需求和评价标准，在系统内容和结构上可分为两个层次以实现不同管理层次的需求，即项目级路面养护管理系统和网级路面养护管理系统，两者的数据需求、检测方法、数据分析模型和决策模型等都不相同。项目级和网级路面养护管理系统功能都包括路面数据管理、道路状况分析、道路性能预测、养护决策选择和养护对策实施等。

项目级路面养护管理系统是以路网中某一路段的养护管理为研究对象。不同于网级养护管理，项目级养护管理主要侧重于养护决策选择以及从经济角度来科学地制订项目级养护决策方案，其中的养护费用和养护周期条件是基于网级路面养护管理系统为基础的。项目级养护管理的目标是追求路段养护效益最大化，相比于网级路面养护管理系统的数据需求，项目级路面养护管理系统更需要结合当地情况和更为详细的数据，才可以对相应路段的养护决策方案进行更为精细化的设计。

网级路面养护管理系统是以路网宏观管理为主，用于统计分析省级路网现阶段以及未来几年内的网级养护需求，优化养护费用分配并制订省级路网的相关养护计划，以求实现路网养护在固定费用下效益最大化或是固定效益要求下费用最小化的目标。网级路面养护管理系统能帮助养护管理决策部门在对网级路面制订养护决策方案时提供一些重要的依据，主要内容包括路网规划、制订计划、资金预算、资源分配。

早期的路面养护管理系统重点研究对象有路面性能评价、路面性能预测、路面养护需求分析、养护投资效益分析、道路养护资金优化分配和养护决策推荐等技术，这些技术在实际的推广应用过程中不断迭代、升级，同时系统还开发了适应不同养护管理需求的多种养护管理平台和模式，相应地配套制定了与养护管理系统相匹配的数据采集与检测系统相关的标准、规范。一些发达国家更是以国家立法的形式，将系统决策生成的养护计划及资金作为来年路网养护预算审批及决策的重要参考。

随着科学技术的发展，如GIS、数字图像信息采集和数字图像识别处理技术等，可以将其融入路面养护管理系统中，从而将路网空间位置信息和养护决策效果等进行可视化输出，为决策者提供科学的参考，可以针对不同路段的空间位置进行更为精确的养护效果分析和评价，或者通过自动检测设备对路面的功能破损和结构破损进行机器识别、信息采集和数据分析，进而对路面实际的行驶质量进行精确评估，为科学的公路路面养护决策提供帮助。

7.5.2 路面养护大数据可视化

世界各国路面养护管理系统的研究发展经历了以下几个发展阶段。

第一个阶段是将道路路网基础数据保存在数据库管理系统中。这种系统主要功能是数据的管理，如路网数据查询、更新等，但不具备数据分析能力。

第二个阶段是对属性数据与图形文件数据相结合的数据存储方式进行管理，但仅有属性数据存储在管理系统当中，图形文件数据以文件的形式单独存储，数据集之间关联程度低，导致数据冗余度较高，且无法对其同时进行提取和显示，实用性较差。

第三个阶段则是采用数据库分库的方法来统一存储和管理图形文件数据和属性数据。通过设置合适的关联规则，实现道路的属性数据及与其相关联的空间位置等图形文件数据的同时获取和分析，并可以将处理结果以图形或数据表格等形式展现给用户，实现初步可视化。

第四个阶段是融合现代 WebGIS 技术，将路面动态、静态和地理信息数据分别进行存储和管理，路面养护管理系统逐渐由单一的数据分析模式转向信息共享模式，针对不同用户群可提供不同的可视化样式，数据处理及路面性能预测、决策模型等也逐渐完善。

可以看到，路面养护数据应用传统的人工管理方式不利于数据中隐含信息的有效传播和资源共享，故其不能高效地应用在高速公路养护管理中。为更好地将路面养护大数据应用在高速公路养护管理中，将海量数据进行压缩与高效表达，进行数据知识发掘，可采用高质、高效的数据可视化方式。

为更好地帮助人们理解现实环境和社会行为间的作用关系，数据可视化一直是现象描述和探索最常用的方法。数据可视化不仅仅是一种计算结果的展现方式，还是数据分析和知识理解的有效手段。数据可视化形式丰富多样，不仅可以将数据以传统图表进行显示，还可以将数据进行合理的处理后以复杂的图形展示，使得其中隐藏的信息更容易被用户识别。伴随着大数据时代的到来，数据信息爆发式增长和问题复杂度逐渐提高，数据可视化及其相关技术和方法愈来愈被人们重视并运用到各行各业的研究、规划和管理工作中。

公路因其独特的地理空间特性，GIS 可视化可以与其很好地结合，将公路中的时间属性数据与空间属性数据进行关联以实现可视化，不仅可以帮助决策者观察路网属性，还可以根据可视化结果，复合式路面使用性能、交通量及重要程度等养护数据进行网级决策计划制订，并观察实施后的路面服务性能的 GIS 可视化结果，改进决策计划。因此，GIS 作为一门新兴学科，其强大的数据分析能力和可视化功能，可以很好地帮助公路养护管理走向科学化和智能化。

在公路养护过程中，根据养护数据单纯的经验探讨或量化计算往往难以满足高速公路服务性能预测、制订决策计划等相关问题的理解需要。而借助可视化手段，不但可以清晰地观察各高速公路要素间的交互影响过程，对路面状态进行多维度评价，而且可以很好地表现路面病害现象、服务性能参数的时空不确定性，预测道路使用性能未来发展趋势。随着大数据时代的来临，公路道路数据获取能力提升，公路养护管理对于数据管理和数据可视化应用需求进一步增强，逐渐从宏观阐释过渡到细节问题探索、从客户端离线分析转化为数据实时在线管理。通过公路养护管理的相关计算模型，结合可视化技术帮助决策者直观地观察道路养护投资的具体情况。从静态到动态，从二维到三维，从专题图到虚拟现实应用，世界各国在路面养护管理方面的数据可视化需求变得愈发强烈。

7.5.3 高速公路可视化养护决策系统

现以福州大学道路与机场工程研究中心编制的福建省高速公路可视化养护决策系统为例，介绍路面养护智能决策系统的构架。

1. 系统功能

根据需求分析将系统划分为五个子系统，包括数据管理子系统、路面状况信息查询子系统、养护决策子系统、系统管理子系统及图表输出子系统，每个子系统由若干个小的功能模块组成，如图 7.8 所示。

五大子系统对应不同用户群体开放不同权限等级，每个子系统都有独立的业务逻辑和功

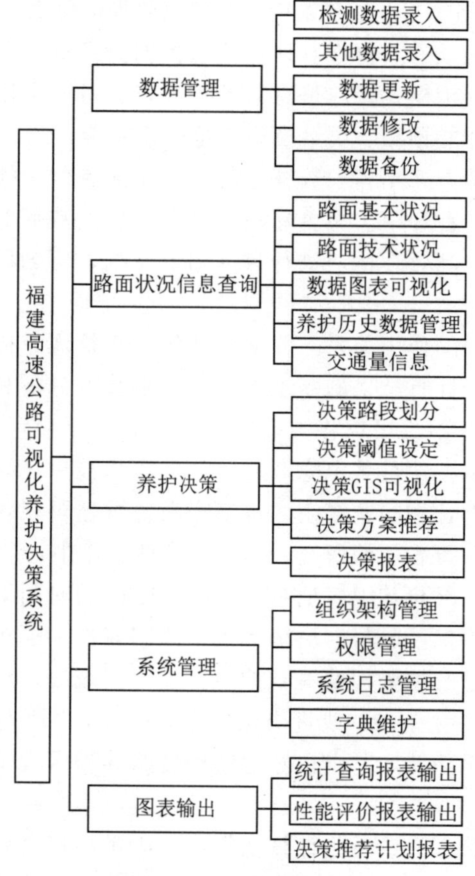

图 7.8　系统功能结构图

能。着重搭建 GIS 可视化功能，每个子系统间需要保证数据标准的一致性，减少数据库请求操作，使数据和信息可以在不同子系统或模块之间重复利用，提升系统性能。各个子系统的主要功能如下。

（1）数据管理子系统。

数据管理子系统主要用于对高速公路养护所有相关基本数据进行存档、统计，实现系统中的数据及数据库管理的增、删、改、查及备份，提供合适的数据接口实现检测数据自动上传、更新功能，且提供道路基本数据、路面技术状况数据、系统评价模型及决策树数据编辑修改接口。除此之外，还提供空间数据库与属性数据库的连接、编辑、删除和增加等功能。

（2）路面状况信息查询子系统。

路面状况信息查询子系统可以优化数据库存取速度，实现网级大数据的 GIS 可视化功能，将路面基础信息及路面状况技术指标通过可视化图表和地图模型进行不同类型数据的分析和展示，帮助专业人员分析路面状况技术指标系数及病害发展因素，实时改进后续性能评价及决策模型，并且可以根据用户需求生成指定报告，为公路路面养护管理提供方便、快捷的信息支持。

（3）养护决策子系统。

养护决策子系统是通过用户设定一定的养护决策权重，如路段重要度、交通量影响因素、急迫性、资金约束等。通过模型验算路段或路网性能衰变，结合 GIS 及其可视化，精确福建省高速公路可视化养护决策的时机。根据年度网级养护规划，提供适时、适量的路面养护决策推荐，帮助高速公路养护管理部门以最少的投入获取最大的管理效益，借助养护决策模型为高速公路短期和中长期的路面养护决策提供优化参考。

（4）系统管理子系统。

系统管理子系统的功能主要包括系统用户管理、权限设置和系统运行日志等。通过设置不同权限来限制不同系统使用者的操作范围，且高等级用户可以对下级用户权限进行修改，为系统灵活化提供支持。通过系统运行日志，可以为系统的综合运营及日常维护提供参考，防止数据被错误调用或删除。

（5）图表输出子系统。

图表输出子系统主要是各子系统中图表输出功能的集合，提供不同报表、统计分析图及 GIS 可视化输出功能，可生成项目级或网级综合报表，给用户提供方便、快捷的信息支持。

福建省高速公路可视化养护决策系统以高速公路养护管理数据库及其他业务数据库为数据基础，以高速公路养护决策可视化推荐为核心，由数据采集层、数据源层、数据管理层、展示层和用户层五部分组成。通过各类路面状况检测设备或人工采集将数据上传至数据源层，再由数据管理层按照道路养护管理的具体业务逻辑进行数据调取，经过逻辑运算处理后的结果通过地图、表格、图片、统计图等多种形式进行直观展示。系统用户包括项目级用户、网级用户、有养护决策需求的用户等，按照不同用户的需求，对相应的用户开放对应的功能和数据操作权限。

系统总体业务逻辑流程示意图如图 7.9 所示。

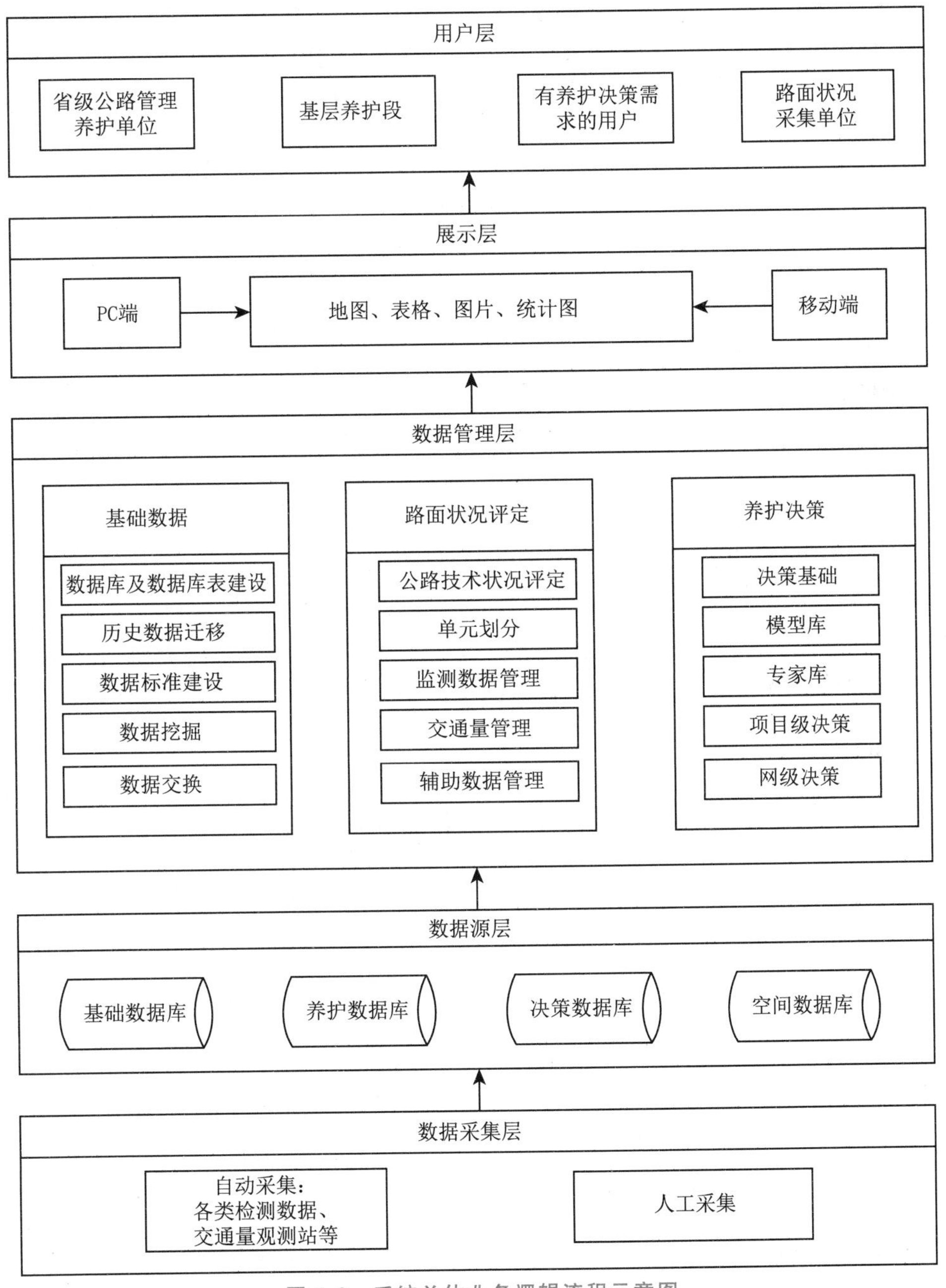

图 7.9　系统总体业务逻辑流程示意图

2. 数据可视化

数据可视化流程分为获取、分析、过滤、挖掘、表示、修饰和交互七个步骤，主要有原始数据的转换、数据的视觉转换以及界面交互三大部分，同时还包括 GIS 的应用。

(1) 原始数据的转换。

原始数据的转换包括数据可视化流程中的获取、分析、过滤和挖掘。本系统立足于高速公路养护管理，以数据管理、路面性能评价、养护决策推荐三个环节为主，每个环节相互衔接，实际上是数据的流动和传输。因此本系统应用到的数据为福建省高速公路通车运营后所积累的数据，大体上可分为基础设施数据、动态养护数据、养护决策数据、养护工程数据、气候环境数据等，其一并构成了类型多样、海量多元的异构数据库，如图 7.10 所示。

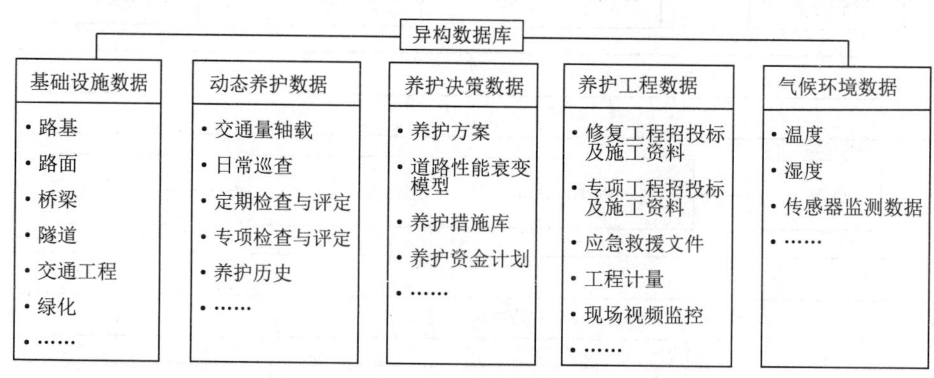

图 7.10　异构数据库

基于异构数据库，需要筛选出能服务于路面养护决策的数据，也就是数据清洗工作。路面养护决策是一项基于历史数据、建立模型算法并预测未来养护计划的过程。按数据服务于路面养护决策所在的阶段，将路面养护大数据分为基础数据、过程数据、决策数据、工程数据。按数据是否随时间发生变化或进行周期性地更新，又将基础数据分为静态数据、动态数据。路面养护大数据的详细分类及说明见表 7－1。

表 7－1　路面养护大数据的详细分类及说明

数据类型	数据子类	数据所处阶段	数据说明
基础数据	静态数据	路线通车至今，制订养护决策计划前	路线及路面的基础属性信息，一般不随时间发生变化
	动态数据		每年随时间更新的数据，反映或表征路面某一性能或特征的变化情况
过程数据	模型算法	路线通车至今积累建立	用于辅助路面养护决策的各类模型算法、模型参数及模型校正数据
	动态加工数据	养护决策过程	为满足决策需要，采用一定的算法或标准对动态数据进行加工处理后的数据
决策数据	决策结果	养护决策过程	经过决策算法及优化后的养护方案及决策结果
工程数据	养护工程数据	养护规划期内及后续年份	养护规划期内实际实施的养护工程数据
	动态数据及养护后评价数据		养护规划期内及后续年份不断更新的路面状况、交通量及养护后评价数据

(2) 数据的视觉转换。

数据的视觉转换，是将数据蕴含的维度进行抽象化，比如将其数值用颜色、位置或标尺等各种视觉暗示的方法进行组合以展现数据集中隐含的信息。可视化是从原始数据到条形图、折线图和散点图的飞跃，数据可视化组件可分为四种：视觉暗示、坐标系、标尺及背景信息。

数据的视觉转换如图 7.11 所示，系统在决策模块将不同的数据可视化组件进行合理的组合，可以让用户更好地从可视化图形中发现隐含的问题，或者找到问题的某个切入点。

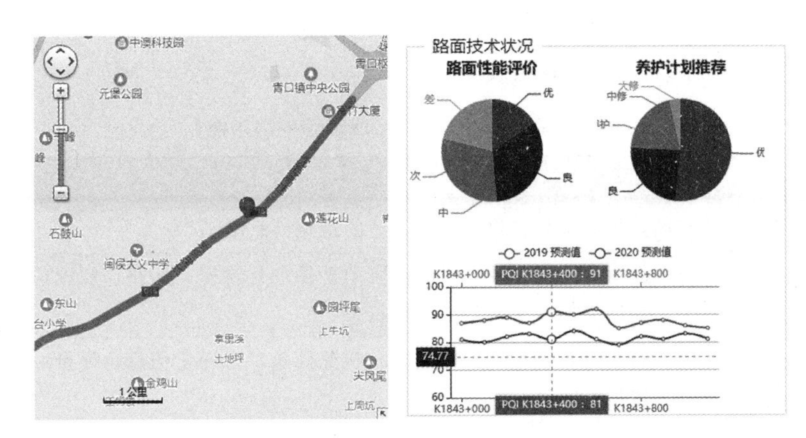

图 7.11　数据的视觉转换

(3) 界面交互。

在养护管理系统中，影响用户操作和体验的关键环节就是各个可视化界面的交互设计。而在数据可视化的过程中其实有两种交互，数据间的交互和人机交互。在人机交互过程中，用户由被动观察者变为主动思考者，会自主思考、探索可视化界面提供的信息，界面交互给用户控制数据和探索数据提供了通道，让用户可以更好地参与数据分析，实现计算机智能和人类智慧的结合。

(4) GIS 的应用。

考虑到高速公路分布面广的特点，传统的图表，如条形图、折线图和点阵图，并不能很直观地表现出数据隐含的层次关系，而空间数据存在自然的层次结构。运用 GIS 既可管理对象的空间数据，又可管理对象的属性数据，并通过编程实现两者的自动关联，即可以把传统的静态记录转变为信息丰富的地理信息可视化的电子地图，同时 GIS 还将管理对象与其属性有关的事件和空间位置信息关联，便于决策者观察路网的整体路面性能状态及决策状况。

将 GIS 应用于高速公路养护管理系统具有以下三个优点。

① 与高速公路的空间性及其属性数据高动态性的特点高度吻合，具备采集、管理、分析和输出多种地理空间信息的能力，可以保证道路有效属性数据的积累，为道路养护提供地理空间参考工具。

② 高速公路养护决策与路网地理空间信息关联性大，GIS 具有区域空间分析、多要素综合分析和动态预测的能力。

③ 可通过数据库对高速路网的属性和空间数据进行统一管理，并由编程技术结合相

应的属性和空间数据关联模型进行专门的地理空间分析，生成蕴含多种属性信息的可视化专题地理空间图形。

高速公路的地理和空间特性，使其成为GIS应用的重要领域。GIS能对一条路的空间位置（即具体的里程桩号）和特征（即路面状况信息、路面基本信息、交通量等）进行可视化的分析及表达，可以为使用者提供直观、实时、可预测的信息，能极大地解决高速公路养护管理与预警问题。因此，组建GIS高速公路养护管理系统具有处理地理空间信息方面的独特优势，将道路养护管理与GIS结合，使养护管理中的多维复合数据更加直接、形象。

GIS在养护管理系统中的功能见表7－2。

表7－2　GIS在养护管理系统中的功能

功能	功能说明
基本地图管理	将空间数据实体数字化，形成合适的道路信息图
特别图层管理	通过改变图像路段的颜色表明路段的各种变化情况，如路面状况信息、交通量信息等，提供更加直观的可视化信息
属性数据管理	可以将高速公路属性数据（如路面状况信息、交通量信息、评价结果、里程桩号等）与地理空间信息融合管理
空间查询	选定合适的空间范围来查询所在范围内的路段属性数据及评价结果等，也可以通过点击事件查询路段，系统能通过数据库对查询信息进行合适的可视化输出

3. 数据库技术

数据库是由存在一种或多种关系的数据元素与包含这些数据元素的集合组成的数据结构，并按照一定的逻辑关系来组织、存储和管理数据的仓库。

在高速公路路面养护管理系统中，数据库是必不可少的重要角色，数据库提供了各类高速公路数据的存储、统计、查询和分析功能，数据的准确性和完善性直接关系到可视化效果、各种模型分析和养护决策推荐方案的形成。数据库系统按数据流向可分为三个层次，数据库、数据库管理系统和数据库应用系统。

高速公路养护管理过程中的信息数据可以分为两大类：动态数据和静态数据，如图7.12所示。除此之外，高速公路路面养护管理系统的数据库通常还包括系统的运行日志、用户管理日志、数据库操作日志等多种动态数据表，便于系统的后期运营和维护，系统宏观数据流向图如图7.13所示。

高速公路路面养护管理系统具有以下数据库功能。

（1）高速路网信息数据管理：可根据一定的模板进行批量导入检测数据，也可以通过前端手动输入，完成数据录入、删除等操作。

（2）统计查询：根据用户需求和业务逻辑需要，可从数据库大量的数据中高效查询到相应的数据，并可按条件进行排序、可视化演示，为后续决策推荐提供支持。

（3）路面状况性能评价：获取所选区间的综合数据进行路面状况性能评价，并可视化输出。

（4）养护决策推荐：根据设定的约束条件、养护资金、决策方案等，按一定的筛选条件动态获取业务逻辑所需的数据，满足需要多表联合查询的高效性。

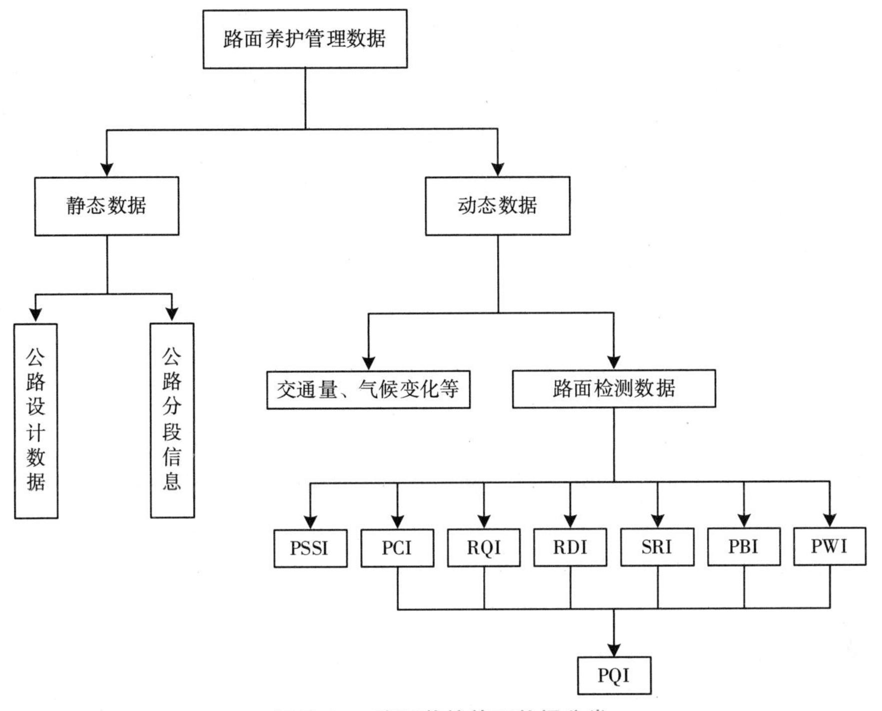

图 7.12　路面养护管理数据分类

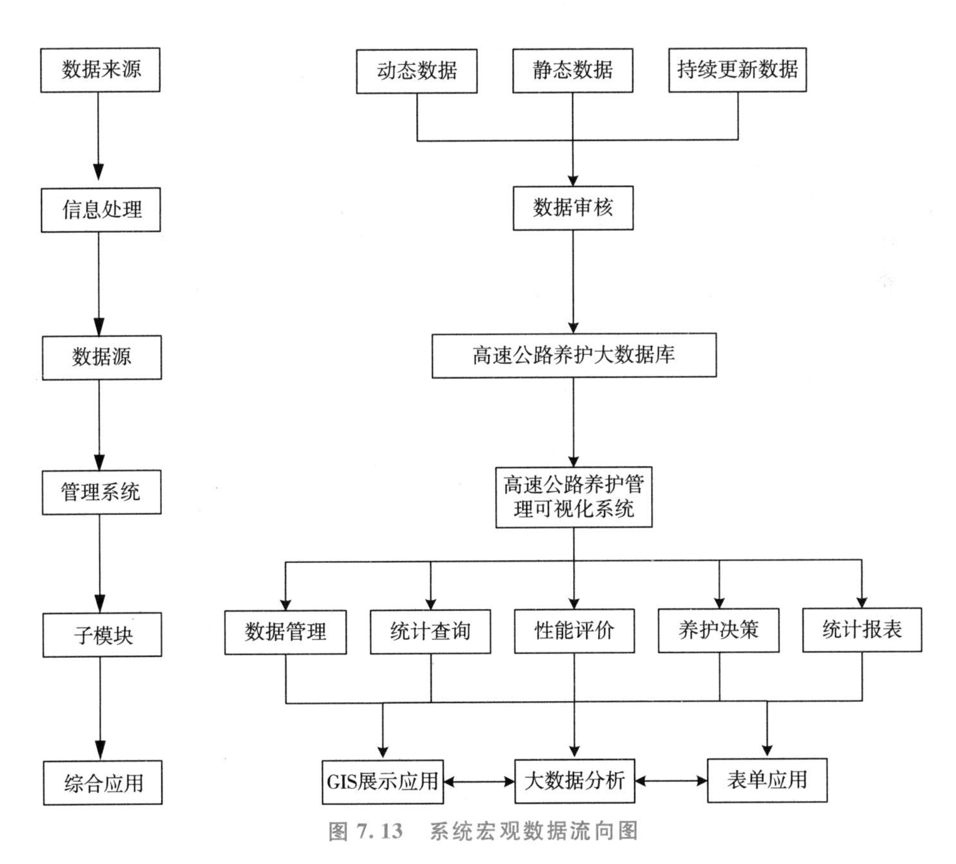

图 7.13　系统宏观数据流向图

（5）报表输出：根据筛选条件，进行数据获取、整合并按指定格式输出。

4. 可视化人机交互辅助决策设计

路面养护管理系统决策优化是在一定约束条件下（如资金约束、效益约束等）为用户提供可以保持路网在较高服务水平之上的路网养护计划和各路段养护对策计划。本系统中的决策推荐模块具体包括：网级养护决策排序模型、项目级养护决策树制定、人机互动趋近式决策。

（1）网级养护决策排序模型。

网级养护决策内容基本包括以下几点：①对路网年度养护路段进行规划；②需要养护的路段，制定对应的养护决策；③养护决策实施达到最大效益的最佳时间段；④在路面状况水平约束下，计算网级养护投入资金；⑤在养护资金约束下，制定最优养护决策。

路面养护决策的核心始终围绕以下两点：一是为维持一定的路面性能水平，寻求资金花费最少、养护效益最高的养护策略；二是在一定资金或其他资源约束条件下，寻求养护效益最高、资金分配最科学的养护策略。路面养护决策是一个需要对多目标、多层次、多阶段的非确定性决策问题进行优化、分析，最终得到一个定量化的最优解的复杂系统。相关研究人员在养护决策优化过程中，引入了矩阵相乘法、数学规划法、层次分析法、智能计算决策法等多种数学优化模型。

（2）项目级养护决策树制定。

在理想情况下，数学规划法能够满足性能、资金等约束条件，又能考虑路网内每个项目级路段的养护决策及其不同实施时间的组合，得出适合于路网规划期内的最佳养护决策。但路网的养护决策是大规模的优化决策问题，数学规划法不能有效地解决其随机性和复杂性，得出的最优解往往会与实际情况相差较大，数学模型的理论性远大于实际应用性。随着计算机技术的发展，研究人员开始将人工智能和机器学习技术应用于解决复杂的高速公路网级决策问题。系统结合 GIS 可视化技术和人机交互技术形成一套行之有效的人机互动趋近式的网级养护决策推荐系统。

系统通过制定养护决策树实现更加精细化的养护决策推荐和多维网级决策排序模型，以及 GIS 可视化，让决策者更为精确地了解目前路网各种养护措施的覆盖范围、养护费用和养护排序，如图 7.14 所示。

（3）人机互动趋近式决策。

人机互动趋近式决策功能模块流程如图 7.15 所示。为了使决策者或者相关专家可以参与决策制定流程中，借助计算机系统对路网大量属性数据进行运算，使决策推荐结果更加贴合实际，达到动态决策和趋近或决策效果，增加系统的实用性。

基于以上内容，该系统实现了网级高速公路养护管理及可视化功能，具体包括高速公路数据存储和管理、性能指标统计查询、时间数据库和空间数据库设计与关联、高速公路网级和项目级决策推荐、决策模型动态修改、系统权限管理和图表输出功能。该系统基于 B/S 架构开发，采用 Java 开发编程，服务器端可实现云端部署，用户仅需使用 Web 浏览器即可轻松访问、登录，且本系统针对移动端浏览器进行特殊优化处理，提升用户体验，增强系统实用性，成功实现了基础设施的智慧管理和决策。

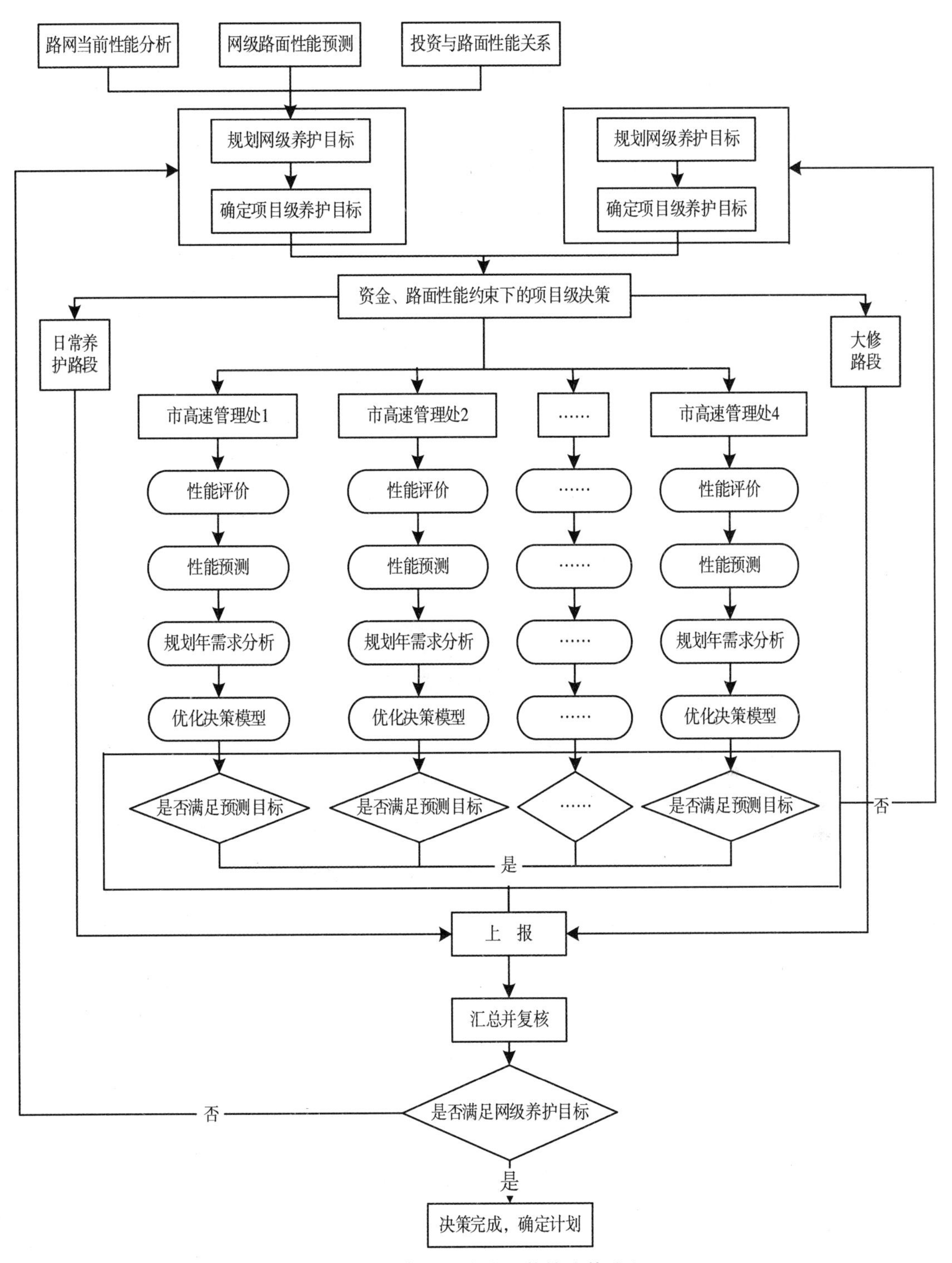

图 7.14　高速公路路面养护决策流程

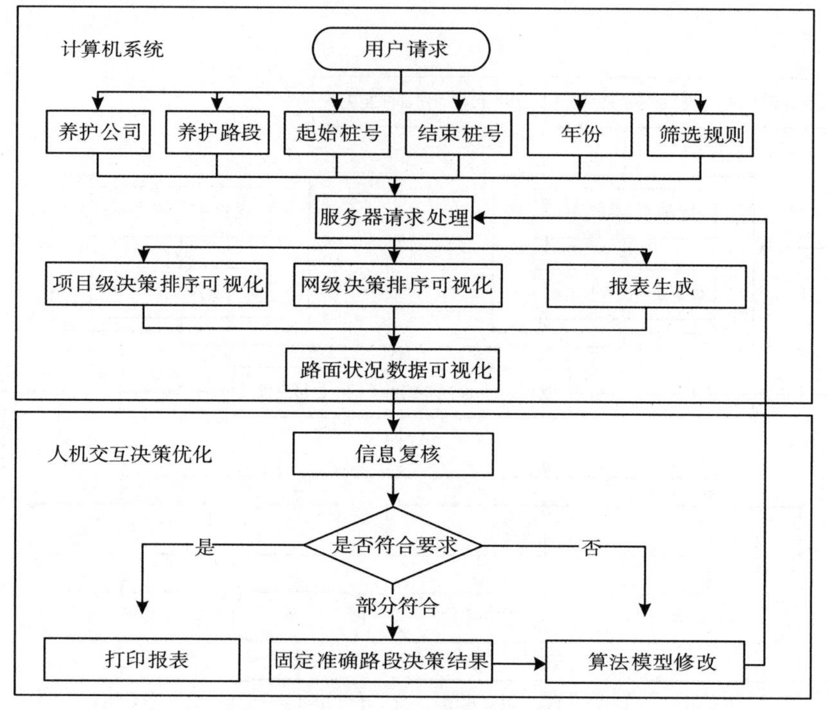

图 7.15　人机互动趋近式决策功能模块流程

本章小结

目前，智慧基础设施的建设尚处于发展中，其建设方法和技术标准尚未有统一定论，为了让读者能够了解智能建造在土木和交通基础设施的应用和发展前景，本章从智慧基础设施的基本概念出发，逐步引出土木工程与交通智能建造相关技术和发展现状，最后以实际路面养护管理系统为例，让读者了解公路养护决策系统的同时，帮助读者加深对智慧基础设施的了解。

复习思考题

1. 基础设施是什么？其又分为哪几种类别？
2. 物联网技术的含义及特点以及智慧基础设施的功能和应用。
3. 结构健康监测与桥梁健康监测异同点。
4. 智能交通概念及其数据处理流程。

参考文献

北京络捷斯特科技发展股份有限公司，朱晓峰，2019. 大数据分析与挖掘 [M]. 北京：机械工业出版社 .

贲可荣，张彦铎，2018. 人工智能 [M]. 3 版 . 北京：清华大学出版社 .

蔡自兴，蒙祖强，2016. 人工智能基础 [M]. 3 版 . 北京：高等教育出版社 .

陈明，2018. 数据科学与大数据技术导论 [M]. 北京：北京师范大学出版社 .

崔京浩，2006. 伟大的土木工程 [M]. 北京：中国水利水电出版社，知识产权出版社 .

段向胜，周锡元，2010. 土木工程监测与健康诊断：原理、方法及工程实例 [M]. 北京：中国建筑工业出版社 .

广联达科技股份有限公司，2019. 数字建筑：建筑产业数字化转型白皮书 [R]. 北京：广联达科技股份有限公司 .

姜绍飞，吴兆旗，2011. 结构健康监测与智能信息处理技术及应用 [M]. 北京：中国建筑工业出版社 .

姜曦，王君峰，2017. BIM 导论 [M]. 北京：清华大学出版社 .

李伯虎，2018. 云计算导论 [M]. 北京：机械工业出版社 .

李德毅，于剑，中国人工智能学会，2018. 人工智能导论 [M]. 北京：中国科学技术出版社 .

李久林，等，2017. 智慧建造关键技术与工程应用 [M]. 北京：中国建筑工业出版社 .

李云贵，2018. 中美英 BIM 标准与技术政策 [M]. 北京：中国建筑工业出版社 .

李云贵，2020. BIM 技术应用典型案例 [M]. 北京：中国建筑工业出版社 .

刘向勇，2017. 楼宇智能化设备的运行管理与维护 [M]. 重庆：重庆大学出版社 .

陆泽荣，刘占省，BIM 技术人才培养项目辅导教材编委会，2016. BIM 技术概论 [M]. 2 版 . 北京：中国建筑工业出版社 .

娄岩，2016. 大数据技术与应用 [M]. 北京：清华大学出版社 .

吕云翔，钟巧灵，张璐，等，2018. 云计算与大数据技术 [M]. 北京：清华大学出版社 .

屈钧利，杨耀秦，2014. 土木工程概论 [M]. 西安：西安电子科技大学出版社 .

石胜飞，2018. 大数据分析与挖掘 [M]. 北京：人民邮电出版社 .

王良明，2019. 云计算通俗讲义 [M]. 3 版 . 北京：电子工业出版社 .

王万良，2020a. 人工智能导论 [M]. 5 版 . 北京：高等教育出版社 .

王万良，2020b. 物联网控制技术 [M]. 2 版 . 北京：高等教育出版社 .

王伟，2018. 云计算原理与实践 [M]. 北京：人民邮电出版社 .

叶雯，路浩东，2017. 建筑信息模型（BIM）概论 [M]. 重庆：重庆大学出版社 .

张飞舟，杨东凯，2019. 物联网应用与解决方案 [M]. 2 版 . 北京：电子工业出版社 .

张雷，范波，2013. 计算智能理论与方法 [M]. 北京：科学出版社 .

张尧学，2018. 大数据导论 [M]. 北京：机械工业出版社 .

郑树泉，王倩，武智霞，等，2019. 工业智能技术与应用 [M]. 上海：上海科学技术出版社 .

中国建筑业协会工程项目管理专业委员会，2018. 建筑产业现代化背景下新型建造方式与项目管理创新研究 [M]. 北京：中国建筑工业出版社 .

中国建筑业信息化发展报告编写组，2019. 中国建筑业信息化发展报告：装配式建筑信息化应用与发展 [M]. 北京：中国电力出版社 .

朱洁，罗华霖，2016. 大数据架构详解：从数据获取到深度学习 [M]. 北京：电子工业出版社 .